全国电力行业"十四五"规划教材
工程教育创新系列教材

U0159083

电力电子技术

赵国鹏 编

刘进军 主审

中国电力出版社
CHINA ELECTRIC POWER PRESS

内 容 提 要

本书为全国电力行业"十四五"规划教材。

本书适合作为电力方向应用为主的高校电力电子技术教材,强调应用电力电子技术的思维来学习知识,即分时段线性电路的学习方法,编者应用各时段电路图形、表格等直观和简洁地描述分时段线性电路的分析过程及结果。本书注重电力电子电路的分析方法和思维的锻炼,让读者具备分析其他电力电子电路的能力。同时,本书包含主电路和控制电路,方便读者对电力电子系统有一个完整的了解。

本书对电力电子技术的内容进行了精选,涵盖了电力电子技术教学的多个方面,共分 6 章,从电力电子器件开始介绍,然后讲述了在电力系统中的 4 种电力变换常见电路,并介绍了电力电子技术在电力系统中的应用技术。

本书可作为以电力为专业特色的高等院校的电气工程及其自动化和相关专业的本科生课程的教材,也可供从事电力电子技术的工程技术人员参考。

图书在版编目(CIP)数据

电力电子技术/赵国鹏编 . —北京:中国电力出版社,2023.9
ISBN 978-7-5198-7099-7

Ⅰ.①电… Ⅱ.①赵… Ⅲ.①电力电子技术—高等学校—教材 Ⅳ.①TM76

中国版本图书馆 CIP 数据核字(2022)第 182893 号

出版发行:中国电力出版社
地   址:北京市东城区北京站西街 19 号 (邮政编码 100005)
网   址:http://www.cepp.sgcc.com.cn
责任编辑:雷 锦(010-63412530) 贾丹丹
责任校对:黄 蓓 郝军燕
装帧设计:赵姗姗
责任印制:吴 迪

印   刷:固安县铭成印刷有限公司
版   次:2023 年 9 月第一版
印   次:2023 年 9 月北京第一次印刷
开   本:787 毫米×1092 毫米 16 开本
印   张:15.75 插页 5
字   数:417 千字
定   价:55.00 元

前　　言

电力电子技术的基础理论范围广泛、内容较多，作为电气工程及其自动化或相关本科专业的一门专业基础课，存在着课程学时少与学习内容多之间的矛盾，同时也面临为了适应各个高校各自专业的特色而选择课程内容的问题，使得各个学校讲述内容的侧重点不同，不能按照统一标准进行要求。针对电力电子技术在电力系统中应用为主要专业特色的高校，编者对电力电子技术的基础理论知识点进行了遴选，编写了适合电力方向应用为主的高校的电力电子技术教材。

电力电子技术的学习需要强调应用电力电子技术的思维来学习知识，即分时段线性电路的学习方法。电力电子电路由多个分时段的线性电路构成，非常注重分析各个时段电路的工作状态以及各时段电路工作状态之间的转变过程，电路工作结果的正确性取决于每一个时段结果是否都正确，非常注重过程的正确性。编者应用各时段电路图形、表格等描述分时段线性电路的分析过程及结果，虽然看着有些繁琐，但应用电路工作过程可视化的、变化的图表分解电路各工作时段是学习电力电子技术最严谨和最有效的方法，同时，描述电路工作过程的文字也以各工作时段为逻辑分条讲述，更具有与各时段电路一一对应的逻辑性。本书注重电力电子电路的分析方法和思维的锻炼，让读者具备分析其他电力电子电路的能力。

电力电子装置包含主电路和控制电路，为了使读者完整地了解电力电子技术，编者在介绍主电路基本工作原理基础上增加了控制部分的内容，应用控制框图描述整个电力电子装置的工作原理，方便读者对电力电子系统有一个完整的了解。

本书可作为以电力为专业特色的高等院校的电气工程及其自动化和相关专业的本科生课程的教材。本书共分 6 章，在绪论中，主要介绍电力电子技术的概念、历史和系统构成。第 1 章为电力电子器件，主要讲述常用的几种电力电子器件的结构、工作原理、特性和主要参数，电力电子器件在电力电子电路中常被等效为理想开关，故本书对电力电子器件常用的理论知识做了基本阐述，并不深入展开。第 2 章为交流 - 直流变换电路，讲述了常用的整流电路。第 3 章为直流 - 直流变换电路，本书对大功率或高电压应用场合中常用的直流 - 直流变换电路进行了讲解，没有提及在小容量场合中常用的直流 - 直流变换电路。第 4 章为直流 - 交流变换电路，对逆变电路基本原理做了讲解。第 5 章为交流 - 交流变换电路，主要讲述了在柔性电力系统中常用的交流 - 交流变换电路。第 6 章为电力电子技术的应用，主要介绍了电力电子技术在电力系统中应用的实例。

本书在编写过程中得到了华北电力大学电气与电子工程学院电力电子技术课程教研组各位老师的大力支持，向他们表示衷心的感谢！本书在编写过程中还参考了同行和前辈们编写的教材和文献资料，在此也表示衷心感谢！

本书由西安交通大学刘进军教授主审。刘进军教授在审阅中提出了许多宝贵的修改意见和建议，在此致以衷心的感谢！

由于编者经验不足，以及教学实践时间较短，对电力为专业特色的高校的电力电子技术教材的内容和侧重点的把控难免存在一些不足，错误及不妥之处在所难免，殷切希望广大同行和读者批评指正。

编　者

目　录

电力电子技术
综合资源

绪　　论

[思维导图]

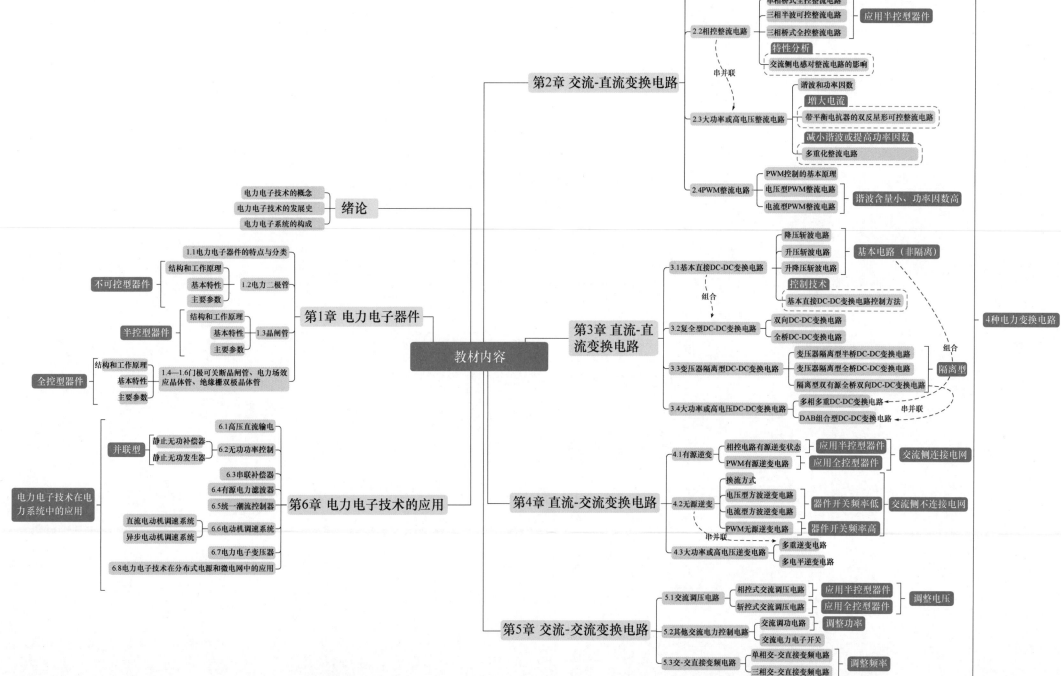

一、电力电子技术的概念

电力电子技术（power electronics）是以由电力电子器件所构成的电路及其控制技术为基础，对电能进行变换和控制的技术，是将电子技术应用于电力领域的技术，属于电气工程学科。

如图 0 - 1 所示，电子技术分为信息电子技术和电力电子技术，信息电子技术又包含模拟电子技术和数字电子技术。很显然信息电子技术与处理信息有关，电力电子技术与电能的变换和控制（电力变换）有关。关于电力电子技术的范畴，可以用美国学者威廉·E·纽威尔提出的倒三角形（见图 0 - 2）来描述，与电力电子技术对应的学术称呼是电力电子学。电力电子技术是一个综合的学科，它由电力学、电子学和控制理论三个学科交叉形成。

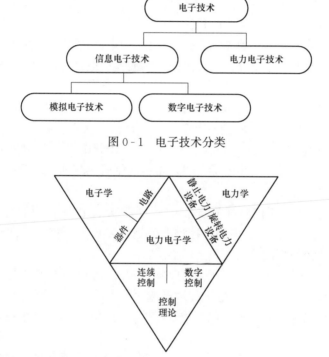

图 0 - 1　电子技术分类

图 0 - 2　威廉·E·纽威尔提出的描述电力电子技术的倒三角形

电力电子技术所研究的电力变换主要包括 4 种基本变换，对应的电路称为变换电路（converter）：①交流 - 直流（AC - DC）变换，其电路称为整流电路；②直流 - 直流（DC - DC）变换，其电路包含直流斩波电路和变压器隔离型 DC - DC 变换电路；③直流 - 交流（DC - AC）变换，其电路称为逆变电路；④交流 - 交流（AC - AC）变换，其电路包含交流电力控制电路和变频电路。

二、电力电子技术的发展史

电力电子器件是电力电子装置构成的基础，电力电子技术的发展以电力电子器件的发展为主要驱动。如图 0 - 3 所示，以电子技术和电力电子技术发展的关键时间节点为基础介绍了电力电子技术的发展史。

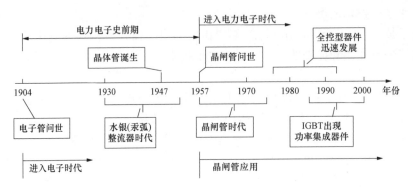

图 0-3 电力电子技术发展史

1904 年电子管问世，从此进入了电子时代，电子管在真空中对电子流进行控制，也开启了电子技术用于电力领域的真空管时代。

20 世纪 30 年代到 50 年代，水银整流器广泛用于电能的控制，称为水银（汞弧）整流器时代。各种整流电路、斩波电路、逆变电路、周波变换电路等电力电子电路的理论已经发展成熟并广为应用。

1947 年美国贝尔实验室发明了第一只硅晶体管，随着硅半导体器件发展出现了现代的微电子技术。

1957 年美国通用电气公司发明了半导体晶闸管。1958 年半导体晶闸管商业化，标志着进入了电力电子时代，以晶闸管出现为分界，常将晶闸管出现前的时期称为电力电子技术的史前期，目前晶闸管仍在广泛应用。

20 世纪 70 年代后期，以门极可关断晶闸管（GTO）、电力晶体管（GTR）和电力场效应晶体管（电力 MOSFET）为代表的全控型器件迅速发展，全控型器件既可控制其开通又可控制其关断，电路控制更加灵活。

20 世纪 80 年代末到 90 年代初，可耐更高电压和流过更大电流的复合型器件——绝缘栅双极晶体管（IGBT）出现，电力电子技术迅速发展，进入了一个快速发展时期。

在未来，随着新能源技术、新一代宽禁带器件等的发展，电力电子技术将会进入另一个新的快速发展阶段。

三、电力电子系统的构成

电力电子技术应用广泛，在对电力电子电路基本原理的讲解之后，在第 6 章将举例介绍其应用，电力电子技术覆盖电力技术、电子技术和控制技术，人们常用弱电控制强电来描述电力电子技术。典型的电力电子系统如图 0-4 所示，包含控制电路和以电力电子器件为核心的主电路。

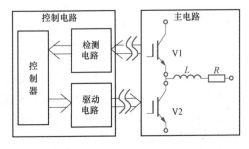

图 0-4 典型的电力电子系统

控制电路由信息电子电路构成，包含电压和电流等物理量的检测电路、用于驱动信号功率放大的驱动电路和实现控制功能的控制器。按照电力电子系统功能需求由控制器形成控制信号，通过驱动电路去控制主电路中电力电子器件的导通或关断，来完成整个电力电子系统的功能，也就是实现电力变换和控制功能。由于主电路中的电压和电流一般较大，而由信息电子电路构成的控制电路的电压和电流较小，因此在主电路和控制电路之间需要电气隔离，常采用光隔离（应用光耦合器）和磁隔离（应用隔离变压器）的电气隔离的手段。

在控制器中应用控制理论的知识实现电力电子装置的控制功能，电力电子系统常用闭环反馈控制方式，如图 0-5 所示。

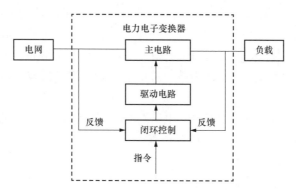

图 0-5　典型的电力电子系统控制方式

四、本书简介和学习方法

本书内容除绪论外，主体内容分为 6 章，概括为以下三部分内容：

（1）第一部分是第 1 章，即电力电子器件。电力电子器件是构成电力电子电路或装置的基础，本书中主要讲述常用的几种电力电子器件（电力二极管、晶闸管、GTO、电力 MOS-FET 和 IGBT）的结构、工作原理、特性和主要参数，电力电子器件在电力电子电路中常被等效为理想开关，故本书对电力电子器件常用的理论知识做了基本阐述，并不深入展开，如需更深入地学习电力电子器件，可以参考半导体物理和电力半导体器件等方面的教材和课程。

（2）第二部分是第 2 章～第 5 章，即 4 种电力变换电路，该部分内容是全书的主体。第 2 章为交流-直流变换电路，讲述了常用的整流电路，包含不可控整流电路、相控整流电路、大功率或高电压整流电路和脉冲宽度调制（PWM）整流电路；第 3 章为直流-直流变换电路，包含基本直接 DC-DC 变换电路、复合型 DC-DC 变换电路、变压器隔离型 DC-DC 变换电路和大功率或高电压 DC-DC 变换电路，本书主要对功率较大或电压较高的应用场合中常用的直流-直流变换电路进行了讲解，没有提及在小容量场合中常用的直流-直流变换电路；第 4 章为直流-交流变换电路，对逆变电路基本原理做了讲解，包含有源逆变电路、无源逆变电路和大功率或高电压逆变电路；第 5 章为交流-交流变换电路，主要讲述了在电力系统中常用的交流-交流变换电路，包含交流调压电路、交流调功电路、交流电力电子开关和交-交直接变频电路。

在该部分内容的介绍中，突出电力电子电路的分析方法对理解电路工作原理非常有益，电力电子技术的学习需要强调应用电力电子技术的思维来学习知识，即分时段线性电路的学习方法。电力电子电路由多个分时段的线性电路构成，非常注重分析各个时段电路的工作状态以及各时段电路工作状态之间的转变过程。本书在学习电力电子电路过程中，应用下面流程进行学习：①学习电路基本特点及开关器件在该电路中的工作规则；②应用分时段线性电路的分析方法，给出各时段电路图，通过文字描述与各时段电路一一对应的电路工作过程，用表格展示各时段的工作情况，画出各物理量的波形图和求解各物理量的值。本书将电路的非线性工作过程分解为若干个线性的工作过程，并通过电路工作过程可视化的、变化的图表进行讲解。

（3）第三部分是第 6 章，即电力电子技术的应用。主要介绍了电力电子技术在电力系统中应用的实例。电力电子装置包含主电路和控制电路，为了使读者完整地了解电力电子技术，本书在介绍主电路基本工作原理基础上增加了控制部分的内容，应用控制框图描述整个电力电子装置的工作原理，方便读者对电力电子系统有一个完整的了解。

另外，在各个章节最后都有本章小结，总结了全章的重点内容，习题及思考题用于对所学内容的练习与巩固。

在学习本课程前，学生应该学习过“电路”“电子技术基础”“电机学”三门课程，也学习过“自动控制理论”中闭环控制的基本原理。

学习电力电子技术的基本要求：

（1）掌握常用的电力电子器件的结构、工作原理、特性和主要参数，能正确选择和使用电力电子器件；

（2）掌握各种电力电子变换电路的工作原理，熟练地应用分时段线性电路的分析方法分析电路，得出工作波形和物理量的值；

（3）掌握电力电子技术在电力系统中应用的原理，了解所用电力电子电路的主电路工作原理和控制方法。

第 1 章 电 力 电 子 器 件

电力电子器件（power electronic device）是电力电子技术的基础，是电力电子装置中的核心部件，通过控制电力电子器件的开关状态来实现电力电子装置的功能。本章将概述电力电子器件的概念、特点和分类等问题，将分别介绍常用的电力电子器件的工作原理、基本特性和主要参数。

1.1 电力电子器件的特点与分类

1.1.1 电力电子器件的特点

电力电子器件是指实现电能变换或控制的电子器件。电力电子器件所采用的主要材料仍然是硅。与处理信息的电子器件相比，具有以下特点：

（1）能够承受高电压和大电流。处理信息的电子器件主要承担信号传输任务，电力电子器件主要完成电能变换任务，电力电子器件能承受较高的电压和流过较大的电流。

（2）能够处理的电功率较大。电力电子器件处理电功率的能力一般远大于处理信息的电子器件，可以大至兆瓦级电功率。

（3）工作在开关状态。处理信息的半导体器件既可以工作在放大状态，也可以工作在开关状态，而电力电子器件一般都工作在开关状态，目的是减少器件本身的损耗。开关状态包含导通状态和关断状态。器件为导通状态时，其阻抗很小，接近于短路，只有很小的导通压降，而流过器件的电流由外电路决定；器件为关断状态时，阻抗很大，接近于断路，基本无电流流过，而器件两端电压由外电路决定。在分析电路过程中，当不考虑器件开通和关断的动态过程时，为了简单起见往往用理想开关来代替电力电子器件。

（4）电力电子器件自身的功率损耗远大于处理信息的电子器件的功率损耗。尽管电力电子器件工作于开关状态，但是仍存在功率损耗，电力电子器件功率损耗通常包含四个部分，如图 1-1 所示。导通时（t_{on} 内），器件不是理想的短路，器件上有一定的通态压降 u_{on}，尽管该电压值很小，但与数值较大的通态电流 i_{on} 作用，形成了电力电子器件的通态损耗 p_{on}；关断时（t_{off} 内），器件不是理想的断路，器件上会有微小的

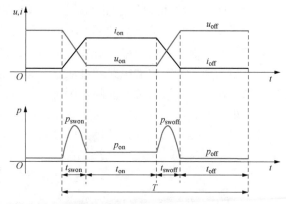

图 1-1 电力电子器件的功率损耗

断态漏电流 i_{off} 流过，尽管该电流值很小，但与数值较大的断态电压 u_{off} 作用，形成了电力电子器件的断态损耗 p_{off}；还有，在电力电子器件由关断状态转为导通状态（t_{swon} 内）或者由导通状态转为关断状态（t_{swoff} 内）的转换过程中，器件上的电压和流过的电流作用，

产生的损耗分别称为开通损耗 p_{swon} 和关断损耗 p_{swoff}，总称开关损耗。通常来讲，电力电子器件的断态漏电流都极其微小，断态损耗很小，因而通态损耗是电力电子器件功率损耗的主要部分，但是，当器件工作频率（开和关的频率）较高时，其开关次数变多，开关损耗则上升为器件损耗的主要部分。所以，电力电子器件除了在封装上考虑散热设计外，还需要安装散热器，同时器件也规定了最高结温。

（5）需要专门的驱动电路来控制器件。电力电子器件通常由信息电子电路来控制，由于电力电子器件处理的电功率较大，普通的信息电子电路信号的功率无法满足功率需求，所以不能直接用于控制电力电子器件，需要增加额外的中间电路对这些信息电子电路信号进行适当的放大，该电路就是电力电子器件的驱动电路。

1.1.2　电力电子器件的分类

按照电力电子器件能够被驱动电路的驱动信号所控制的程度，可将电力电子器件分为以下 3 类：

（1）不可控型器件。不能用驱动信号来控制其通断的电力电子器件，器件的导通和关断完全由其在主电路中承受的电压和流过的电流来决定。不可控型器件主要就是指电力二极管。

（2）半控型器件。通过驱动信号可以控制其导通而不能控制其关断的电力电子器件，器件的关断完全由其在主电路中承受的电压和流过的电流来决定，常用的半控型器件主要是指晶闸管。

（3）全控型器件。通过驱动信号既可以控制其导通，又可以控制其关断的电力电子器件。常用的全控型器件有门极可关断晶闸管、电力场效应晶体管、绝缘栅双极晶体管等。

除了不可控型器件外，电力电子器件一般都有三个端子（或者称为极），其中两个端子连接在主电路中，是可以承受主电路电压和流过主电路电流的端子，而第三端被称为控制端（或控制极），连接到相对于主电路来说电压和电流较小的驱动电路中。通过驱动电路在电力电子器件的控制端和一个主电路端子之间施加一定的信号来控制电力电子器件的导通或者关断，这个与驱动电路相连的主电路端子是驱动电路和主电路的公共端，一般是与主电路相连的两个端子中流出主电路电流的那个电力电子器件端子。

按照驱动电路加在电力电子器件控制端和公共端之间信号的性质分为以下两种：

（1）电流驱动型。驱动电路通过从器件的控制端注入或者抽出电流来实现器件的导通或关断，如晶闸管、门极可关断晶闸管等。

（2）电压驱动型。驱动电路通过在器件的控制端和公共端之间施加一定的电压信号来实现器件的导通或关断，例如电力场效应晶体管、绝缘栅双极晶体管等。

1.2　电　力　二　极　管

电力二极管（power diode）属于不可控型电力电子器件，自 20 世纪 50 年代初期就获得了应用，其结构简单和工作可靠，在电力电子装置中应用广泛。

1.2.1　电力二极管的结构和工作原理

电力二极管的结构和工作原理与信息电子电路中的二极管相同，都是以 PN 结为基础，区别是电力二极管比信息电子电路中的二极管能承受更高电压和流过更大电流。电力二极管有多种型号，且有多种不同的外形，适用于不同的容量，图 1 - 2 为电力二极管的外形、结构和电气图形符号。

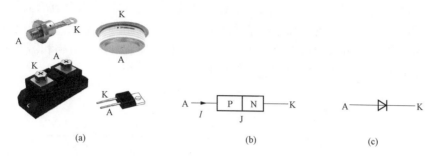

图 1 - 2 电力二极管的外形、结构和电气图形符号

(a) 外形；(b) 结构；(c) 电气图形符号

1.2.2 电力二极管的基本特性

1. 静态特性

电力二极管的静态特性主要是指其伏安特性，如图 1 - 3 所示。当电力二极管阳极 A 和阴极 K 之间加正向电压时，电流与电压成指数关系，当电力二极管承受的正向电压大于门槛电压 U_{TO} 时，正向电流开始明显增大，处于导通状态。当电力二极管阳极 A 和阴极 K 之间加反向电压时，只有微小的反向漏电流，处于关断状态。电力二极管具有一定的反向耐压能力，但当施加的反向电压过大时，会出现反向击穿，反向击穿电压用 U_{BR} 表示，此时电流会急剧增大，

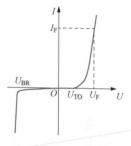

图 1 - 3 电力二极管的伏安特性

需要外电路采取措施，将反向电流限制在一定范围内，当反向电压降低或消失后电力二极管仍可恢复原来的状态，如果反向电流未被限制住，使得 PN 结的功率大于允许的功率，那么可能导致过热而烧毁电力二极管。

2. 动态特性

动态特性是反映通态和断态之间转换过程的开关特性，图 1 - 4（a）给出了电力二极管由正向偏置转为反向偏置的动态过程的电压和电流的波形。对原处于正向导通状态的电力二极管施加反压，该电力二极管不能立刻关断，需要经过短暂的动态过程才能进入截止状态，过程如图 1 - 4（a）所示，分为 4 个区间。在区间 Ⅰ 中，电力二极管被施加反压，正向电流开始下降，下降速率由反向电压大小和电路中的电感（加反压的两端至器件之间线路电感和器件内部电感）决定。在区间 Ⅱ 中，正向电流降为零后，由于 PN 结两侧在正向导通时存储有大量少子，需要被反压抽取出后才能关断，故形成较大的反向电流，此区间电压仍然不为负。在区间 Ⅲ 中，当空间电荷区附近所存储的少子即将被抽尽时，电流斜率的绝对值在减小，电路中的电感作用减小，管压降变为负极性，之后开始抽取离空间电荷区较远的浓度较低的少子，此时电流斜率的绝对值仍然在减小。在区间 Ⅳ 中，反向电流达到最大值（I_{RP}）之后，绝对值开始减小，在此区间中，电流斜率为正，在电路电感的作用下会使电力二极管两端产生比外加反向电压大的反向过冲电压 U_{RP}，在电流变化率接近零的 t_3 时刻，电力二极管两端的反向电压才降至外加电压（U_R）的大小，电力二极管反向关断。

图 1-4（b）为电力二极管由零偏置转为正向偏置的动态过程波形图，在该过程中，电力二极管正向压降出现了一个尖峰过冲电压 U_{FP}，其产生原因有两个：①注入大量少子以使电导调制效应起作用需要一定的时间，在开始导通初期，电流较小，载流子注入较少，电导调制作用并不明显，电力二极管的管压降随着电流的增大而上升，当电流增大到一定值时，载流子注入增多，电力二极管内部载流子浓度增大，电导调制效应增强，随着电流的增大电力二极管的管压降增大到峰值后开始下降；②电路中存在电感（线路电感和器件内部电感），电流变化会在电路电感上产生压降，电流上升率越大，U_{FP} 越大。

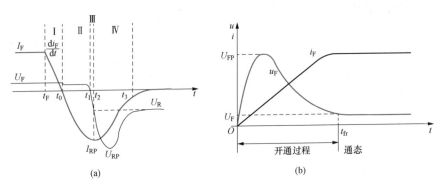

(a)　　　　　　　　　　　　(b)

图 1-4　电力二极管的动态特性

（a）正向偏置转为反向偏置；（b）零偏置转为正向偏置

1.2.3　电力二极管的主要参数

每个电力电子器件都具有多个参数，本章只介绍电力电子器件的主要参数。

（1）正向平均电流 $I_{F(AV)}$（额定电流）。$I_{F(AV)}$ 是指在电力二极管长期运行时，在指定的管壳温度和散热条件下，其允许流过的最大工频正弦半波电流的平均值。选择电路中的电力二极管时，为了防止器件的结温超过所允许的最高结温而损坏器件，按照电路中的实际电流（任意波形）与正向平均电流（额定电流）所造成的发热效应相等，即有效值相等来选取电路中所用电力二极管的额定电流，并留一定的裕量。在图 1-5 中，当电流峰值为 I_m 时，正弦半波电流平均值为

$$I_{F(AV)} = \frac{1}{2\pi} \int_0^\pi I_m \sin\omega t \, \mathrm{d}(\omega t) = \frac{I_m}{\pi} \tag{1-1}$$

正弦半波电流的有效值为

$$I = \sqrt{\frac{1}{2\pi} \int_0^\pi (I_m \sin\omega t)^2 \mathrm{d}(\omega t)} = \frac{I_m}{2} \tag{1-2}$$

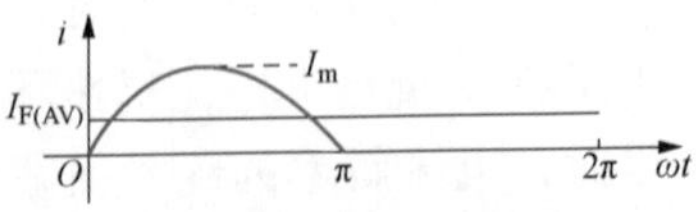

图 1-5　工频正弦半波电流与
正向平均电流

故正弦半波的平均值 [正向平均电流 $I_{F(AV)}$] 与有效值（I）的关系为 $I = 1.57 I_{F(AV)}$。

（2）反向重复峰值电压 U_{RRM}（额定电压）。它是指电力二极管能重复施加的反向最高峰值电压，通常是其雪崩击穿电压的 2/3。实际应用电力二极管时，通常以在电路中可能承受的反向最高峰值电压的两倍来选择额定电压。

1.3 晶　闸　管

晶闸管（thyristor）是一种半控型器件，也称为可控硅整流管（silicon controlled rectifier，SCR）。通过驱动脉冲可控制其开通时刻，但不能控制其关断时刻。由于晶闸管的电流容量大、电压耐量高以及开通的可控性，被广泛应用到电力电子装置中。

1.3.1　晶闸管的结构和工作原理

晶闸管的外形、结构和电气图形符号如图 1-6 所示，也具有多种外形，引出阳极 A、阴极 K 和门极 G 三个连接端。如图 1-6（b）所示，晶闸管内部是 PNPN 的四层半导体结构，包含 P_1、N_1、P_2、N_2 四个区，形成了 J_1、J_2 和 J_3 三个 PN 结，阳极 A 由 P_1 区引出，阴极 K 由 N_2 区引出，门极 G 由 P_2 区引出。晶闸管阳极 A 和阴极 K 之间加正压时，由于 J_2 处于反向偏置状态，阳极 A 和阴极 K 之间处于阻断状态；晶闸管阳极 A 和阴极 K 之间加反压时，由于 J_1 和 J_3 处于反向偏置状态，阴极 K 和阳极 A 之间处于阻断状态。

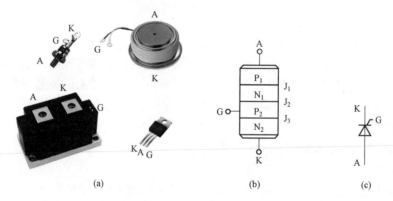

图 1-6　晶闸管的外形、结构和电气图形符号
（a）外形；（b）结构；（c）电气图形符号

晶闸管导通的工作原理常用双晶体管模型来解释，如图 1-7（a）所示，晶闸管等效地由一个 $P_1N_1P_2$ 晶体管 V1 和一个 $N_1P_2N_2$ 晶体管 V2 组合而成。工作原理和导通过程电流变化情况分别如图 1-7（b）和图 1-7（c）所示，如果驱动电路向门极注入驱动电流 I_G，即晶体管 V2 的基极流入电流 I_G，则由于 V2 的放大作用而产生 I_{c2}，I_{c2} 给 V1 提供了基极电流（I_{b1}），再由于 V1 的放大作用而产生 I_{c1}，这时 V2 的基极电流（I_{b2}）变为 I_G 和 I_{c1} 的和，从而使 V2 的基极电流（I_{b2}）增大，经过 V2 和 V1 进一步放大后得到更大的 V2 的基极电流，如此形成强烈的正反馈，最后 V1 和 V2 进入饱和状态，使晶闸管导通，即使撤掉驱动电流 I_G，晶闸管由于内部已形成了正反馈，会仍然维持导通状态，即驱动信号失去了控制作用。在晶闸管控制端施加一个电压或者电流的脉冲信号来控制其开通，一旦晶闸管已进入导通或者阻断状态，不必通过继续施加控制端信号来维持晶闸管的状态，故晶闸管的驱动过程常称为触发，此时驱动脉冲也称为触发脉冲。

由以上分析可知，将晶闸管导通的条件归纳为：存在触发电流，并且晶闸管阳极和阴极之间电压为正。触发电流常用一个电压源 u_{GK} 产生，所以导通条件也可以归纳为 $u_{AK}>0$，并且 $u_{GK}>0$。晶闸管导通以后，即使撤掉触发电流 I_G，晶闸管也不能关断。晶闸管关断的条

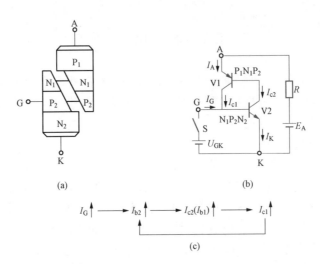

图1-7　晶闸管的双晶体管模型、工作原理及导通过程电流变化情况

(a) 双晶体管模型；(b) 工作原理；(c) 导通过程电流变化情况

件归纳为：使得晶闸管电流减小到维持电流 I_H（几十毫安）以下，这样才能进入阻断状态。具体方法有两种：①将阳极和阴极之间的电压去掉或反向；②增大外电路电阻使得电流减小到维持电流以下。维持晶闸管导通的条件：使晶闸管的电流大于能保持晶闸管导通的最小电流（即维持电流）。由于通过门极施加触发电流只能控制其开通，不能控制其关断，故晶闸管被称为半控型器件。

1.3.2　晶闸管的基本特性

1. 静态特性

晶闸管的伏安特性如图1-8所示，即晶闸管阳极与阴极之间的电压 U_{AK} 与阳极电流 I_A 之间的关系，位于第1象限的是正向特性，是一组随着触发电流 I_G 增大而不同的曲线簇，位于第3象限的是反向特性。

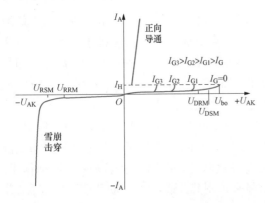

图1-8　晶闸管的伏安特性（$I_{G3} > I_{G2} > I_{G1} > I_G$）

当 $I_G = 0$ 时，在晶闸管阳极和阴极之间加正的电压 U_{AK}，则处于正向阻断状态，只有很小的正向漏电流，逐渐增大 U_{AK} 至正向转折电压 U_{bo}，则漏电流急剧增大，器件由正向阻断状态变为正向导通状态（由高阻区经虚线负阻区到低阻区）。随着门极触发电流幅值的增大，正向转折电压降低，受 I_G 大小控制。当 $I_G = 0$ 时，增大 U_{AK} 可强迫晶闸管导通，这种开通方式常会损坏晶闸管，所以 U_{AK} 一定要小于 $I_G = 0$ 时的 U_{bo}。导通后的晶闸管的伏安特性和二极管的正向伏安特性相似，晶闸管管压降很小，在1V左右。当 $U_{AK} < 0$ 时，其伏安特性类似于二极管的反向特性，只有极小的反向漏电流。当反向电压达到反向击穿电压后，反向漏电流会急剧增大，与二极管的反向特性相似。

2. 动态特性

图 1-9 给出了晶闸管开通和关断过程的波形。

(1) 开通过程。由于晶闸管内部的正反馈的建立需要时间，再加上外电路电感的限制，晶闸管受到触发后，阳极电流的增大需要一定时间，从门极电流阶跃时刻开始，到阳极电流上升到稳态值的 10% 的时间称为延迟时间 t_d，与此同时晶闸管阳极与阴极之间的正向压降也在减小。阳极电流从 10% 上升到稳态值的 90% 所需要的时间称为上升时间 t_r，开通时间 $t_{gt}=t_d+t_r$。普通晶闸管延迟时间为 0.5～1.5μs，上升时间为 0.5～3μs。

(2) 关断过程。原处于导通状态的晶闸管当 U_{AK} 由正变为负时，由于电路电感的存在，其阳极电流衰减也需要一定时间。阳极电流逐渐衰减到零后，会流过反向恢复电流，同电力二极管的关断动态过程类似，反向恢复电流达到最大值 I_{RM} 后其绝对值衰减，由于存在电路电感，晶闸管两端电压会出现反向的尖峰值 U_{RP}，最终反向恢复电流接近于零，晶闸管关断。正向电流降为零到反向恢复电流衰减值接近于零的时间称为反向阻断恢复时间 t_{rr}。反向恢复过程（t_{rr} 时间内）结束后，由于载流子复合过程比较慢，晶闸管要恢复其对阳极和阴极之间正向电压的阻断能力还需要一段时间，该时间称为正向阻断恢复时间 t_{gr}。在正向阻断恢复时间内如果重新对晶闸管阳极和阴极之间施加正向电压，晶闸管会不受门极电流控制而重新正向导通。所以实际应用中，应对晶闸管施加的反向电压时间应该足够长，以使晶闸管充分恢复其对阳极和阴极之间正向电压的阻断能力，电路才能可靠工作。晶闸管的电路换向关断时间 $t_q=t_{rr}+t_{gr}$，这个时间为几百微秒。

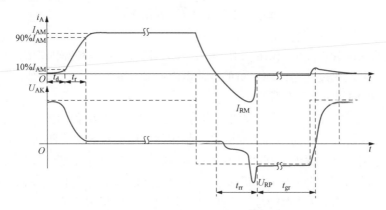

图 1-9　晶闸管开通和关断过程波形

1.3.3　晶闸管的主要参数

1. 额定电压

(1) 断态重复峰值电压 U_{DRM}。在晶闸管门极断开时，断态不重复峰值电压 U_{DSM} 为断态正向最大瞬时电压，此电压不可连续施加，会造成器件永久损坏，断态不重复峰值电压应低于 $I_G=0$ 时正向转折电压 U_{bo}。断态重复峰值电压是在门极断路而结温为额定值时，允许重复加在器件上的正向峰值电压，不会对器件造成永久性损坏。规定断态重复峰值电压为断态不重复峰值电压的 90%，并留有一定裕量。

(2) 反向重复峰值电压 U_{RRM}。反向不重复峰值电压 U_{RSM} 为反向最大瞬时电压，反向不重复峰值电压应低于反向击穿电压。反向重复峰值电压是门极断路而结温为额定值时，允许重复加在器件上的反向峰值电压。规定反向重复峰值电压为反向不重复峰值电压的 90%，并留有一定裕量。

晶闸管的额定电压为 U_{DRM} 和 U_{RRM} 中较小的标值。实际选择器件额定电压时，需得出在电路中的晶闸管可能承受的正向峰值电压和反向峰值电压值，两个值中较大的值作为额定电压。这样选择额定电压可以保证在任何情况下晶闸管承受的电压均小于额定电压（U_{DRM} 和 U_{RRM} 中较小的标值），一般为了安全起见，选择额定电压时，通常会取晶闸管可能承受的峰值电压的 2～3 倍的裕量。

2. 额定电流

晶闸管的额定电流为通态平均电流 $I_{T(AV)}$，晶闸管在环境温度为 40℃ 和规定的冷却条件下，稳定结温不超过额定结温时所允许流过的最大工频正弦半波电流的平均值。与电力二极管中正向平均电流类似，选择电路中的晶闸管时，为了防止器件的结温超过所允许的最高结温而损坏器件，按照电路中的实际电流（任意波形）与通态平均电流（额定电流）所造成的发热效应相等，即有效值相等来选取电路中所用晶闸管的额定电流，并留一定的裕量，通常情况下裕量是 1.5～2 倍。

3. 维持电流 I_H

维持电流 I_H 是指晶闸管维持导通所必需的最小电流，小于维持电流晶闸管将关断，该电流一般为几十毫安到几百毫安。

1.4 门极可关断晶闸管

门极可关断晶闸管（gate-turn-off thyristor，GTO）是一种晶闸管的派生器件，但属于全控型器件，可以通过在门极施加负的脉冲电流使其关断。

1.4.1 GTO 的结构和工作原理

GTO 与普通晶闸管的结构是一样的，均为 PNPN 的四层半导体结构，其原理也可以用两个晶体管结构来解释。与晶闸管不同的是在制作时采用特殊的结构使其导通后处于临界饱和状态。普通晶闸管处于深度饱和状态而无法通过门极负驱动电流使其退出饱和状态，但处于临界饱和状态的 GTO 可以利用门极负驱动电流使其退出临界饱和状态而关断。图 1-10 给出了 GTO 的外形和电气图形符号，GTO 也有阳极 A、阴极 K 和门极 G 三个连接端。

GTO 的导通过程与普通晶闸管一样，也有正反馈过程，只不过 GTO 导通时饱和程度较浅，在给门极加负的脉冲时，GTO 退出饱和而关断。

1.4.2 GTO 的动态特性

在 GTO 的开通和关断过程中门极驱动脉冲电流 i_G 和阳极电流 i_A 的波形如图 1-11 所示。开通过程与普通晶闸管类似，关断过程有所不同，GTO 关断需要 3 个过程：①在时间 t_s 内抽取饱和导通时所存储的大量载流子，从而使等效晶体管退出饱和状态；②在时间 t_f 内等效晶体管从饱和区退至放大区，电流逐渐减小；③时间 t_t 为残余载流子复合所需要的时间。

图 1-10 GTO 的外形和电气图形符号
(a) 外形；(b) 电气图形符号

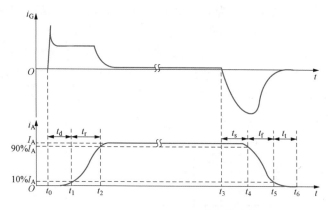

图 1-11　GTO 的开通和关断过程电流波形

1.4.3　GTO 的主要参数

GTO 的很多参数和晶闸管相应的参数相同，以下介绍与晶闸管不同的参数：

（1）最大可关断阳极电流 I_{ATO}（额定电流）。它是指在规定条件下，由门极控制可关断的阳极电流的最大值。与晶闸管用通态平均电流作为额定电流不同，GTO 定义其门极能可靠关断的最大阳极电流为额定电流。GTO 的参数有多个，选择 GTO 时各参数均要满足要求，其中 GTO 的阳极电流有两个参数，一个是最大可关断阳极电流（额定电流），因为阳极电流过大，GTO 进入深度饱和状态，导致门极关断失败，在满足最大可关断阳极电流参数需求后需要考虑另一个与发热有关的参数，即通态平均电流，这一点与普通晶闸管是相同的，这个参数也必须满足需求。

（2）电流关断增益 β_{off}。最大可关断阳极电流 I_{ATO} 与门极负脉冲电流最大值 I_{GM} 之比称为电流关断增益，即 $\beta_{off} = I_{ATO}/I_{GM}$，它是表征 GTO 关断能力强弱的重要特征参数，通常 β_{off} 较小，只有 5 左右。GTO 关断时门极施加的负脉冲电流峰值较大，对驱动电路的设计提出了很高的要求。

1.5　电力场效应晶体管

电力场效应晶体管（power MOSFET），又称电力 MOSFET，属于电压驱动型的全控型器件，可用栅极电压来控制漏极电流，栅极驱动电压为正时电力 MOSFET 导通，必须通过持续在控制端和公共端之间施加一定电平的电压信号来使其开通并维持在导通状态，撤出栅极电压或使其为负时，电力 MOSFET 关断。

1.5.1　电力 MOSFET 的结构和工作原理

电力 MOSFET 按照导电沟道可分为 P 沟道和 N 沟道，其工作原理与信息电子技术中的普通 MOS 管相同，但结构上差异较大，使得电力 MOSFET 可以承受更高的电压，流过更大的电流。图 1-12 给出了电力 MOSFET 的结构和电气图形符号，电力 MOSFET 引出三个电极分别是栅极 G、漏极 D 和源极 S。如图 1-13（a）所示，当栅极和源极之间电压为零时，即 $U_{GS}=0$，若漏极和源极之间加正压，即 $U_{DS}>0$，由于 P 区与 N 区之间形成的 PN 结反偏，故漏极和源极之间不能流过电流，电力 MOSFET 关断；如图 1-13（b）所示，当栅极和源极之间的电压$U_{GS}>U_T$（U_T为开启电压）时，在绝缘的栅极上加正电压，会将其下面P区中的空穴（P区多数载流子）推开，而将P区中的电子（P区少数载流子）吸到栅极下面的P区表面，电子浓度将超过空穴浓度，使P区表面的P型半导体反型成N型半导体（电子为多数载流子，空穴为少数载流子），即形成N沟道，使得PN结消失，如果$U_{DS}>0$，漏极和源极之间导电，电力MOSFET导通。

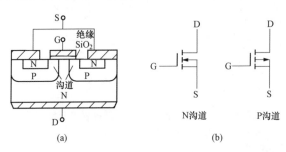

图1-12　电力MOSFET的结构和电气图形符号

(a) 内部结构断面示意图（N沟道）；(b) 电气图形符号

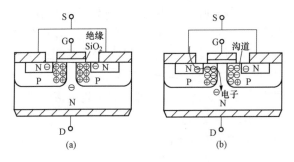

图1-13　电力MOSFET导电机理

(a) $U_{GS}=0$，$U_{DS}>0$；(b) $U_{GS}>U_T$，$U_{DS}>0$

1.5.2　电力MOSFET的基本特性

1. 静态特性

图1-14是电力MOSFET的漏极伏安特性，又称为输出特性，其描述了在不同的U_{GS}下，漏极电流I_D与U_{DS}（漏极与源极之间的电压）之间的关系曲线，包含三个区域：当$U_{GS}<U_T$时，电力MOSFET工作在截止区，漏极和源极之间电压U_{DS}增大时，漏极电流I_D基本不变；当$U_{GS}>U_T$时，电力MOSFET工作在饱和区，漏极和源极之间电压U_{DS}增大时，漏极电流基本不变，改变U_{GS}可使I_D变化；当电力MOSFET工作在非饱和区时，漏极和源极之间电压U_{DS}增大时，漏极电流增大。电力MOSFET工作在开关状态，即在截止区和非饱和区之间来回切换。

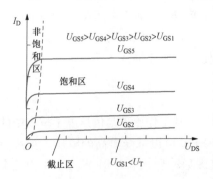

图1-14　电力MOSFET的输出特性

电力MOSFET的漏极和源极之间有寄生二极管，使得在漏极和源极之间加反压时电力MOSFET会导通，使用电力MOSFET时一定注意其可以反向导电。

2. 动态特性

图 1-15 是电力 MOSFET 的等效结电容和开关过程。当驱动脉冲电压 u_p 上升沿到来时，栅极与源极之间存在的电容 C_GS 开始充电，则栅极与源极之间的电压 u_GS 开始按照指数充电曲线上升，当 U_GS 达到开启电压 U_T 时，N 沟道逐渐形成，开始出现漏极电流 i_D。从驱动脉冲 u_p 前沿到来时刻至 i_D 的数值达到稳态电流值的 10% 的这段时间，称为开通延迟时间 $t_\mathrm{d(on)}$。此后，i_D 随着 u_GS 的上升而上升。漏极电流 i_D 从稳态电流值的 10% 至稳态值的 90% 这段时间称为电流上升时间 t_ri。当漏极电流 i_D 达到稳态值时，栅极与源极之间的电压 u_GS 上升至电力 MOSFET 进入非饱和区的栅极与源极之间电压值 U_GSP，此时漏极与源极之间的电压 u_DS 开始下降，u_DS 下降的这段时间称为电压下降时间 t_fv。在 u_DS 电压下降的过程中，栅极电压 u_GS 将维持在 U_GSP 这个值，并形成一个平台，到 u_DS 下降时间结束后，u_GS 才继续上升直至达到其稳定值，产生该平台的原因是栅极与漏极之间存在电容 C_GD，在该平台时段内 C_GD 开始通过漏、源极放电，从而抑制了 C_GS 充电过程中 u_GS 的增长。电力 MOSFET 的开通时间定义为 $t_\mathrm{on}=t_\mathrm{d(on)}+t_\mathrm{ri}+t_\mathrm{fv}$。

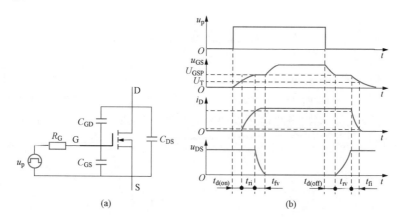

图 1-15　电力 MOSFET 的等效结电容和开关过程
(a) 等效结电容；(b) 开关过程

电力 MOSFET 的关断过程基本上是与其开通过程顺序相反的过程，其电压和电流变化趋势也与开通过程相反，当驱动脉冲电压 u_p 下降到零时，栅极与源极之间的电容 C_GS 开始通过驱动电路放电，栅极与源极之间的电压 u_GS 按指数曲线下降，当下降到电力 MOSFET 退出非饱和区的栅极与源极之间电压值 U_GSP 时，漏极与源极之间的电压 u_DS 开始上升，这段时间称为关断延迟时间 $t_\mathrm{d(off)}$。由于 u_DS 上升后开始给栅极与漏极之间的电容 C_GD 充电，从而抑制了 C_GS 放电过程中 u_GS 的下降，会在 u_GS 波形中出现一段平台。此后，u_GS 从 U_GSP 开始下降，i_D 开始下降，从 u_DS 开始上升至电流下降至稳定值的 90% 这段时间称为电压上升时间 t_rv，从 i_D 稳定值 90% 下降至稳定值 10% 这段时间称为电流下降时间 t_fi。定义电力 MOSFET 关断时间 $t_\mathrm{off}=t_\mathrm{d(off)}+t_\mathrm{rv}+t_\mathrm{fi}$。

由于电力 MOSFET 是只靠多子导电的单极型器件，不存在少子储存效应，因而其关断过程非常迅速，是常用电力电子器件中关断速度最快和开关频率最高的器件。电力 MOSFET 的显著特点是驱动电路简单，需要驱动功率小，开关速度快，工作频率高。但由于其无电导调制效应,如果想提高阻断电压,需要增厚管芯,会导致导通电阻增大,无法流过大电流,故电力 MOSFET 耐压较低,电流容量较小,在低功率电力电子装置中广泛应用。

1.5.3　电力 MOSFET 的主要参数

电力 MOSFET 定义了多个最大额定参数值,在电路中的电力 MOSFET 要小于最大额定参数。以下列举常用的几个最大额定参数,下列参数均需考虑所在的结温和外壳温度。

（1）最大额定电压参数。

1）漏极电压最大值 U_{DSM}:漏极和源极之间的电压最大允许值。

2）栅源电压 U_{GS}:栅极和源极之间电压最大允许值。栅极和源极之间的绝缘层很薄,例如 $|U_{GS}| > 20V$ 将导致绝缘层击穿。

（2）最大额定电流参数。

1）漏极直流电流 I_D:漏极允许通过的最大直流电流值。实际工作中漏、源极流过的电流与额定漏极直流电流 I_D 相比较,并要留有足够的电流裕量。

2）漏极脉冲电流幅值 I_{DP}:漏极允许通过的最大脉冲电流值。该参数与脉冲宽度和占空比有关。

1.6　绝缘栅双极晶体管

绝缘栅双极晶体管（insulated - gate bipolar transistor,IGBT）的结构、简化等效电路和电气图形符号如图 1 - 16 所示,三个电极分别是集电极 C、发射极 E 和栅极 G。栅极驱动电压为正时 IGBT 导通,撤出栅极电压或使其为负时,IGBT 关断,故 IGBT 是一种电压驱动型的全控型器件。

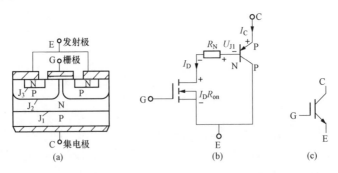

图 1 - 16　IGBT 的结构、简化等效电路和电气图形符号
（a）内部结构断面示意图；（b）简化等效电路；（c）电气图形符号

1.6.1　IGBT 的结构和工作原理

由图 1 - 16 （a）可知,IGBT 比电力 MOSFET 多一层 P 型半导体区,形成一个 PN 结 J_1,由于存在电导调制效应,通态压降低,导通损耗小,使得 IGBT 具有很强的通流能力,并能耐较高的电压。简化等效电路如图 1 - 16 （b）所示,IGBT 等效为一个由电力 MOS-FET（NPN 结构）驱动的晶体管（PNP 结构）,因此 IGBT 的驱动原理与电力 MOSFET 的驱动原理基本相同,导通与关断由栅极和发射极之间的电压 u_{GE} 决定。当 IGBT 被驱动（u_{GE} 为正压）时,内部的电力 MOSFET 内形成沟道,进而为晶体管提供基极电流而使 IGBT 导

通；当 u_{GE} 为反压时，电力 MOSFET 内的沟道消失，晶体管的基极电流被切断，使得 IGBT 关断。

PNP 晶体管为双极型电流驱动型器件，由于具有电导调制效应，通态压降低，导通损耗小，其通流能力很强，但开关速度较慢，开关频率较低；电力 MOSFET 是单极型电压驱动型器件，无电导调制效应，开关速度快，开关频率高，电流容量小。IGBT 综合了 PNP 晶体管和电力 MOSFET 这两种器件的优点。

1.6.2 IGBT 的基本特性

1. 静态特性

图 1-17 为 IGBT 的伏安特性，它描述的是栅极与发射极之间电压在一定值时，集电极电流 I_C 与 U_{CE}（集电极与发射极之间电压）之间的关系。IGBT 的伏安特性也分为正向阻断区、有源区和饱和区三个区。当 $U_{GE} > U_{GE(th)}$ 时，IGBT 开通；当 $U_{GE} < U_{GE(th)}$ 时，IGBT 关断。其中 $U_{GE(th)}$ 表示开启电压，一般为 3~6V。$U_{GE} < 0$ 时，IGBT 进入反向阻断区。IGBT 工作在开关状态是指在正向阻断区和饱和区之间来回切换。

2. 动态特性

图 1-18 给出了 IGBT 的开关过程的波形图，IGBT 开通过程中大部分时间是作为电力 MOSFET 来运行的，故开通过程与电力 MOSFET 开通过程很相似。延迟时间 $t_{d(on)}$：从驱动电压幅值的 10% 的时刻到集电极电流 i_c 幅值的 10% 的时刻的时间。电流上升时间 t_{ri}：在集电极电流 i_c 波形中，从 10% I_{CM} 的时刻至 90% I_{CM} 的时刻的时间。集电极

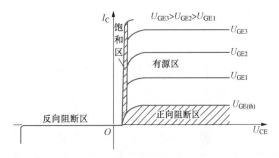

图 1-17 IGBT 的伏安特性

电压 u_{CE} 的下降时间 t_{fv} 与电力 MOSFET 时有所不同，分为 t_{fv1} 和 t_{fv2} 两段。t_{fv1} 为 IGBT 中电力 MOSFET 单独工作的电压下降过程，t_{fv2} 为电力 MOSFET 和 PNP 晶体管同时工作的电压下降过程，t_{fv2} 段电压下降过程变缓，其原因是 u_{CE} 下降时 IGBT 中的电力 MOSFET 的栅极与漏极之间的电容增大（电力 MOSFET 内部寄生电容 C_{GD} 与 u_{CE} 的值有关），而且 IGBT 中的 PNP 晶体管由放大区转入饱和区也需要一个过程。开通时间 t_{on} 如图 1-18 所示。

IGBT 关断过程与电力 MOSFET 的关断过程也相似，关断延迟时间 $t_{d(off)}$：从脉冲幅值 90% 的时刻至 u_{CE} 幅值 10% 的时刻的时间。t_{rv}：集电极与发射极电压 u_{CE} 上升时间。电流下降时间 t_{fi}：从 90% I_{CM} 的时刻至 10% I_{CM} 的时刻的时间。与电力 MOSFET 时有所不同，t_{fi} 也可以分为 t_{fi1} 和 t_{fi2} 两段。其中 t_{fi1} 对应

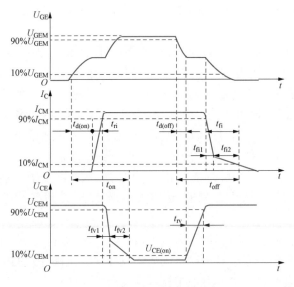

图 1-18 IGBT 的开关过程

IGBT内部的电力 MOSFET 的关断过程，t_{fi1} 内集电极电流 i_C 下降较快；t_{fi2} 对应 IGBT 内部的 PNP 晶体管的关断过程，t_{fi2} 内 i_C 下降较慢，原因是电力 MOSFET 已经关断，IGBT 又无反向电压，导致 N 基区内的少了复合缓慢而引起 i_C 下降较慢。关断时间 t_{off} 如图 1 - 18 所示。

1.6.3　IGBT 的主要参数

IGBT 与电力 MOSFET 相类似，定义了多个最大额定参数值，在电路中的 IGBT 要小于最大额定参数。以下列举常用的几个最大额定参数，下列参数均需考虑所在的结温和外壳温度。

（1）最大集射极间电压 U_{CES}。它是集电极和发射极之间的电压最大允许值，由器件内部的 PNP 晶体管所能承受的击穿电压所确定，实际应用中还要留有一定裕量。

（2）最大集电极电流。它包括最大直流电流 I_C（IGBT 集电极允许流过的最大直流电流）和最大集电极峰值电流 I_{CP}（条件为 1ms 脉宽）。

（3）最大集电极功耗 P_{CM}。它是在规定的温度下允许的最大耗散功率。

 本章小结

本章讲述了常用的几种电力电子器件，包括不可控型器件——电力二极管、半控型器件——晶闸管和全控型器件——GTO、电力 MOSFET、IGBT。

（1）在电力电子器件的特点与分类中，首先介绍了与信息电子器件相比电力电子器件的特点，然后讲述了电力电子器件的分类。按照被驱动信号所控制的程度分为不可控型器件（主要是电力二极管）、半控型器件（主要是晶闸管）和全控型器件（包含 GTO、电力 MOSFET 和 IGBT）；按照驱动信号的性质分为电压驱动型器件和电流驱动型器件。电压驱动型器件包含电力 MOSFET 和 IGBT，电流驱动型器件包含晶闸管和 GTO。

（2）讲述了电力二极管、晶闸管、GTO、电力 MOSFET 和 IGBT 的结构、工作原理、基本特性和主要参数，以便于选择器件。

（3）几种电力电子器件工作的开关频率范围、功率范围及主要应用领域如图 1 - 19 所示，电流驱动型器件具有电导调制效应，使得器件的通态压降低，导通损耗小，可以流过较大功率，电流驱动型器件晶闸管和 GTO 在导通时等效的两个三极管进入的饱和区程度不同，所以三极管深度饱和的晶闸管可流过的功率要大于三极管临界饱和的 GTO。电压驱动型器件 IGBT 比同为电压驱动型器件的电力 MOSFET 多一层 P 型半导体区，形成一个 PN 结，由于存在电导调制效应，使得 IGBT 具有很强的通流能力，并能耐较高的电压。存在电导调制效应的器件，关断时要抽出导通时注入的载流子，所以开关频率较低，另外器件允许流过的功率越大，损耗也越大，所以开关频率也会变低。

（4）除了本章介绍的电力电子器件外，还有一些其他电力电子器件，在本章就不再做详细介绍。电力电子器件还在不断地发展，采用新型半导体材料（如碳化硅、砷化镓等）的电力电子器件不断涌现，电力电子器件的发展必将推动电力电子技术的发展。

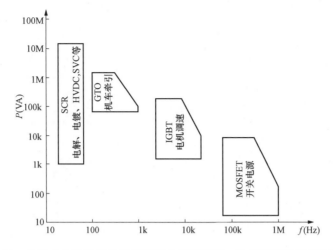

图 1 - 19   几种电力电子器件工作的开关频率范围、功率范围及主要应用领域

 习题及思考题

1. 电力电子器件为什么通常工作于开关状态？电力电子器件的损耗有哪些？这些损耗产生的原因是什么？

2. 电力二极管的额定电流为100A，问能流过多大有效值的电流，为什么？

3. 使晶闸管导通的条件是什么？维持晶闸管导通的条件是什么？怎样才能使晶闸管由导通变为关断？

4. 两个晶闸管分别流过图 1 - 20 两个波形的电流，问这两个晶闸管是否可以选择同一型号？

5. 型号 KP 100 3 ［额定电流 $I_{T(AV)}=100A$，额定电压 $U_N=3\times100V$］的晶闸管应用在以下电路（见图 1 - 21）中是否合适（晶闸管的维持电流 $I_H=4mA$）？

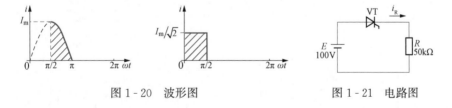

图 1 - 20   波形图   图 1 - 21   电路图

6. 试分析 N 沟道电力 MOSFET 的开通和关断的基本原理。

7. 试分析 IGBT 的开通和关断的基本原理。

8. 试比较电力 MOSFET 和 IGBT 的最大开关频率，哪一个更高，为什么？

9. 试比较电力 MOSFET 和 IGBT 的最大容量，哪一个更大，为什么？

10. GTO 与普通晶闸管的区别有哪些？

第 2 章 交流 - 直流变换电路

[思维导图]

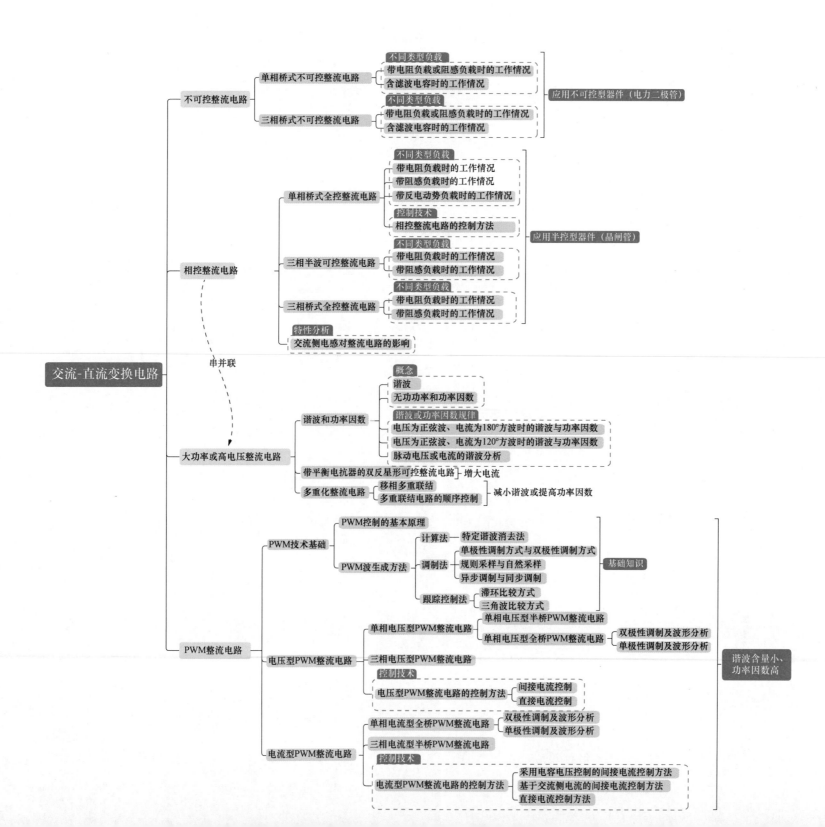

　　交流 - 直流变换电路（AC - DC converter）是将交流电能变为直流电能的电路，也称为整流电路（rectifier）。交流 - 直流变换电路是电力电子电路中出现最早的一种，目前仍广泛应用，例如在直流电动机调速、高压直流输电、开关电源等方面广泛应用。

　　整流电路按其电路中使用的电力电子器件来划分，可将其分为不可控整流电路、相控整流电路和 PWM 整流电路。由不可控器件电力二极管组成的整流电路称为不可控整流电路；由半控型器件晶闸管组成的整流电路称为相控整流电路；由全控型器件组成且应用 PWM 控制技术的整流电路，称为 PWM 整流电路。本章将对常用的整流电路进行介绍。

　　电力电子电路的一个基本特点是存在非线性的电力电子器件，使得电力电子电路是非线性电路。在忽略开通和关断过程时，可将电力电子器件理想化，看作理想开关，只工作于通态和断态，通态时认为开关闭合，器件相当于短路；断态时认为开关断开，器件相当于断路。除电力电子器件以外，剩下的电路各部分一般都是线性电路。在器件通断状态的每一种组合下，这些线性的部分被组合在一起，对应一种线性电路拓扑，则电力电子电路就可以等效成为分时段不同的线性电路，这是电力电子电路的基本特点。针对这种分时段线性的电力电子电路形成了电力电子电路分析的基本思路，即电力电子电路分析方法，也就是分时段线性电路的分析方法。其一般步骤是：①根据器件开通和关断的状态将电路分解为多个线性电路；②按照时序给出导通和关断的器件，画出每一个线性电路的电路图，求解出相关物理量的值和画出该段波形，然后得出一个工频周期的各物理量的值和波形；③求解整个电路的相关物理量的值，例如输出电压平均值、流过晶闸管的电流有效值等，最后给出一些结论，例如晶闸管最大正向和反向电压、触发角移相范围等。以上步骤完成后电力电子电路的工作过程就求解完成，从本章起将用分时段线性电路的方法分析电力电子电路。

2.1　不可控整流电路

　　不可控整流电路由电力二极管构成。电力二极管属于不可控型器件，且具有单向导电性，不可控整流电路的输出电压与交流输入电压的正负有关。本节讲述单相桥式不可控整流电路和三相桥式不可控整流电路的基本工作原理。

2.1.1　单相桥式不可控整流电路

　　单相整流电路中应用较多的是单相桥式不可控整流电路，本节主要讲述单相桥式不可控整流电路带电阻负载、单相桥式不可控整流电路带阻感负载和含滤波电容的单相桥式不可控整流电路 3 种情况。

　　1. 带电阻负载或阻感负载时的工作情况

　　单相桥式不可控整流电路带阻感负载如图 2 - 1（a）所示，带电阻负载时电感值等于零即可。带电阻负载的特点是输出电压和输出电流波形相同，数值成正比；带阻感负载的特点是电感对电流的变化有抗拒作用，使得流过电感的电流不能发生突变，当电感电流增大时，在电感两端产生感应电动势，其极性是阻止电流增大的，当电感电流减小时，在电感两端产生感应电动势，其极性是阻止电流减小的，电感值 L 越大抗拒作用越明显，当电感值 L 极大时，电感电流近似为一条直线，波动很小。

在单相桥式不可控整流电路中，变压器 T 起变换电压和隔离的作用，其一次侧电压和二次侧电压瞬时值分别用 u_1 和 u_2 表示，有效值分别用 U_1 和 U_2 表示，其中 $u_2 = \sqrt{2}U_2\sin\omega t$。二极管 VD1 和 VD4 组成一对桥臂，VD2 和 VD3 组成一对桥臂。分析电力电子电路工作时，认为开关器件为理想开关，即开关器件导通时认为器件短路，关断时认为器件断路，利用分时段线性电路的分析方法分析电路。

（1）根据二极管 VD1～VD4 导通和关断的时序，将电路工作过程分为两个线性电路工作区间，分别是区间 I 和区间 II。

（2）区间 I：ωt 在 0～π 区间内，即在 u_2 正半周内，VD1 和 VD4 导通，VD2 和 VD3 关断，电路如图 2-1（b）所示，电流从电源 a 端经 VD1、R、L、VD4 流回电源 b 端。负载电压 u_d 等于电源电压 u_2，由于 VD1 和 VD4 导通，故二极管 VD1、VD4 两端电压为零，各电压和电流的波形如图 2-1（d）、（e）中 0～π 区间内所示。

区间 II：ωt 在 π～2π 区间内，即在 u_2 负半周，VD2 和 VD3 导通，VD1 和 VD4 承受反压而关断，电流从电源 b 端流出，经 VD3、R、L、VD2 流回电源 a 端，负载电压 u_d 等于 $-u_2$。因为 VD2 和 VD3 导通，故二极管 VD1、VD4 两端电压为电源电压，各电压和电流的波形如图 2-1（d）、（e）中 π～2π 区间内所示。

此后又是 VD1 和 VD4 导通，如此循环地工作下去，单相桥式不可控整流电路带电阻或阻感负载时的输出电压 u_d、二极管 VD1（或 VD4）两端的电压和电源电流 i_2 的波形如图 2-1（d）、（e）所示。表 2-1 为单相桥式不可控整流电路带电阻负载或阻感负载时各区间的工作情况。

（3）由图 2-1 可求解单相桥式不可控整流电路带电阻负载或阻感负载时输出电压平均值，如表 2-1 中 U_d 所示。负载电流平均值如表 2-1 中 I_d 所示，在稳态，电感在一个电源周期内吸收的能量和释放的能量相等，因此电感上的电压平均值 U_L 为零，所以带阻感负载时的负载电流平均值与带电阻负载时的负载电流平均值相等，均等于 U_d/R。由图 2-1 可知二极管 VD1 可能承受的最大反向电压为 $\sqrt{2}U_2$。

表 2-1　　　　单相桥式不可控整流电路带电阻或阻感负载时的工作情况

区间	I	II
ωt	0～π	π～2π
二极管导通情况	VD1 和 VD4 导通，VD2 和 VD3 关断	VD1 和 VD4 关断，VD2 和 VD3 导通
电路图	图 2-1（b）	图 2-1（c）
负载电压 u_d	u_2	$-u_2$
负载电流 i_d	$|u_2|/R$（电阻负载），I_d（阻感负载）	
交流输入电流 i_2	i_d	$-i_d$
二极管两端电压 u_{VD}	$u_{VD1,4}=0$，$u_{VD2,3}=-u_2$	$u_{VD1,4}=u_2$，$u_{VD2,3}=0$
输出电压平均值 U_d	$\frac{1}{\pi}\int_0^\pi \sqrt{2}U_2\sin\omega t\,d(\omega t)=0.9U_2$	
负载电流平均值 I_d	U_d/R	

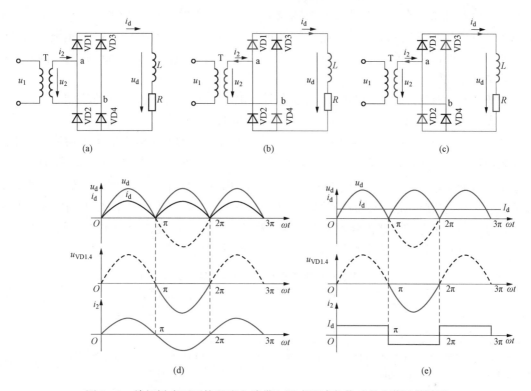

图 2-1　单相桥式不可控整流电路带电阻或阻感负载时的电路及其波形
（a）单相桥式不可控整流电路；（b）区间Ⅰ电路；（c）区间Ⅱ电路；（d）带电阻负载时的波形图；
（e）带阻感负载时的波形图

2. 含滤波电容时的工作情况

单相桥式不可控整流电路中交流电经过整流后为方向单一的直流电，但是大小还是处在不断地变化之中，这种脉动的直流一般不能直接给一些负载供电，需要用滤波器把脉动的直流变成波形平直的直流，含滤波电容的单相桥式不可控整流电路是一种常见的含滤波器的电路结构，可提供平直的直流电压。图 2-2（a）为含滤波电容的单相桥式不可控整流电路。对电容进行充放电可实现对整流电路输出电压的滤波功能，以使直流输出电压变平直。工作原理如图 2-2（b）、（c）、（d）和表 2-2 所示。

（1）根据二极管 VD1～VD4 导通和关断的时序，将电路工作过程分为 4 个线性电路工作区间，分别是区间Ⅰ、区间Ⅱ、区间Ⅲ和区间Ⅳ。

（2）区间Ⅰ：ωt 在 $0\sim\omega t_1$ 区间内，u_2 大于 u_d，VD1 和 VD4 承受正向电压而导通，VD2和 VD3 承受反压而关断，$u_d=u_2$，交流电源向电容充电，同时向负载 R 供电。电路如图2-2（b）所示，电流从电源 a 端经 VD1、电容和负载、VD4 流回电源 b 端，交流侧电流 i_2可由表 2-2 得到。各电压和电流的波形如图 2-2（e）中 $0\sim\omega t_1$ 区间内所示。

区间Ⅱ：ωt 在 $\omega t_1\sim\pi$ 区间内，u_2 小于 u_d，VD1～VD4 承受反向电压而全部关断，电容 C 向负载 R 放电，提供负载所需电流，同时 u_d 下降。电路如图 2-2（c）所示，交流侧电流i_2 为零，各电压和电流的波形如图 2-2（e）中 $\omega t_1\sim\pi$ 区间内所示。

区间Ⅲ和区间Ⅳ：区间Ⅲ（$\pi\sim\omega t_2$）和区间Ⅳ（$\omega t_2\sim2\pi$）内的工作过程与区间Ⅰ和区

间Ⅱ工作过程相似。在区间Ⅲ内，VD1 和 VD4 关断，VD2 和 VD3 导通，$u_d = -u_2$，交流侧电流 i_2 可由表 2-2 得到，交流侧电流与区间Ⅰ中交流侧电流反向并滞后 π。电路如图 2-2（d）所示，各电压和电流的波形如图 2-2（e）中 $\pi \sim \omega t_2$ 区间内所示。区间Ⅳ与区间Ⅱ电路相同，结论也相同。

含滤波电容的单相桥式不可控整流电路的输出电压 u_d 和交流侧电流 i_2 的波形如图 2-2（e）所示。表 2-2 为含滤波电容的单相桥式不可控整流电路的工作情况。

（3）由图 2-2 可求解含滤波电容的单相桥式不可控整流电路输出电压平均值，但求解比较繁琐，这里仅作定性分析。当整流电路空载时，即无 R 时，电容不放电，此时整流电路输出电压最大，$U_d = \sqrt{2} U_2$；当整流电路重载时，即 R 非常小时，电容 C 上储能很少，此时整流电路趋近于带电阻负载时的特性，即 $U_d = 0.9 U_2$。在稳态，电容 C 上的电压平均值恒定，电容在一个电源周期内吸收的能量等于释放的能量，流经电容的电流的平均值为零，所以整流电路直流输出电流平均值如表 2-2 中 I_d 所示。

表 2-2　　　　　　　　　含滤波电容的单相桥式不可控整流电路的工作情况

区间	Ⅰ	Ⅱ	Ⅲ	Ⅳ
ωt	$0 \sim \omega t_1$	$\omega t_1 \sim \pi$	$\pi \sim \omega t_2$	$\omega t_2 \sim 2\pi$
二极管导通情况	VD1 和 VD4 导通，VD2 和 VD3 关断	VD1~VD4 关断	VD1 和 VD4 关断，VD2 和 VD3 导通	VD1~VD4 关断
电路图	图 2-2（b）	图 2-2（c）	图 2-2（d）	图 2-2（c）
负载电压 u_d	u_2	下降	$-u_2$	下降
交流输入电流 i_2	$i_2 = C\dfrac{du_2}{dt} + \dfrac{u_2}{R}$	0	$i_2 = -\left(C\dfrac{du_2}{dt} + \dfrac{u_2}{R} \right)$	0
负载电流平均值 I_d	U_d/R（U_d 为输出电压平均值）			

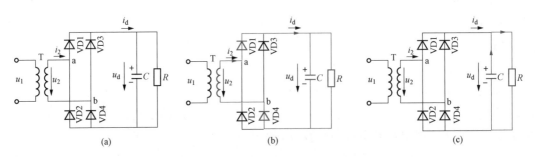

图 2-2　含滤波电容的单相桥式不可控整流电路及其波形（一）

（a）含滤波电容的单相桥式不可控整流电路；（b）区间Ⅰ电路；（c）区间Ⅱ电路

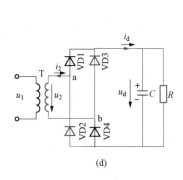
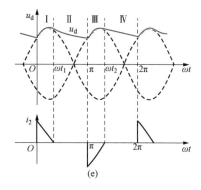

图 2-2　含滤波电容的单相桥式不可控整流电路及其波形（二）

(d) 区间Ⅲ电路；(e) 波形

2.1.2　三相桥式不可控整流电路

当整流负载容量比较大时，多采用三相整流电路，三相桥式不可控整流电路是常用的一种整流电路。

1. 带电阻负载或阻感负载时的工作情况

如图 2-3 (a) 所示，该电路是三相桥式不可控整流电路带阻感负载，电阻负载可认为电感值为零的情况。图中变压器 T 多采用 Dy 联结方式，这样可使 3 的整数倍次谐波电流在变压器一次侧的三角形内部流动，避免了 3 的整数倍次谐波电流流入电网。图中二极管 VD1、VD3、VD5 的阴极连接在一起，称为共阴极组；VD4、VD6、VD2 的阳极连接在一起，称为共阳极组。显然，共阴极组的 3 个二极管中阳极所连接的交流电压瞬时值最高的那个二极管导通，而另外两个二极管承受反压处于关断状态，相对于变压器二次侧中点的输出电压为 u_{d1}；共阳极组的 3 个二极管中阴极所连接的交流电压瞬时值最低的那个二极管导通，另外两个二极管承受反压处于关断状态，相对于变压器二次侧中点的输出电压为 u_{d2}。即任一时刻共阴极组和共阳极组各有 1 个二极管处于导通状态。

根据分时段线性电路的分析方法，将电源周期分为 6 个区间，每个区间 60°。在第Ⅰ区间内，a 相电压最高，共阴极组中 VD1 导通，VD3 和 VD5 承受反向电压而关断；b 相电压最低，共阳极组 VD6 导通，VD2、VD4 承受反向电压而关断。电路如图 2-3 (b) 所示，此时，$u_d = u_a - u_b = u_{ab}$。经过 $\pi/3$ 后进入第Ⅱ区间，a 相电压仍然最高，共阴极组中 VD1 仍然导通，但此时 c 相电压最低，共阳极组中 VD2 导通，电路如图 2-3 (c) 所示，此时 $u_d = u_a - u_c = u_{ac}$。以此类推，第Ⅲ区间至第Ⅵ区间工作过程情况见表 2-3，三相桥式不可控整流电路带阻感负载时的电压和电流的波形如图 2-4 所示。带电阻负载时，负载电流 i_d 与负载电压波形相同，幅值成比例，带阻感负载时，当负载电感极大时，负载电流 i_d 近似为一条水平直线。u_d 的波形为线电压 u_{2L} 的包络线，且一个工频周期内脉动 6 次，每次脉动的波形一致，故三相桥式不可控整流电路也被称为 6 脉动整流电路。每个二极管可能承受的最大反向电压为线电压的峰值 $\sqrt{6}U_2$，6 个二极管的导通顺序为 VD1—VD2—VD3—VD4—VD5—VD6，相位依次相差 60°，这也是图 2-3 中各二极管按照图中所示的名称命名的原因。

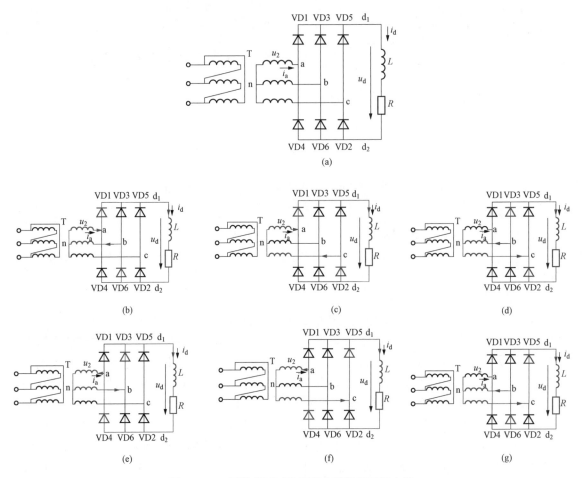

图 2 - 3　三相桥式不可控整流电路及各区间电路

（a）三相桥式不可控整流电路；（b）区间Ⅰ电路；（c）区间Ⅱ电路；（d）区间Ⅲ电路；（e）区间Ⅳ电路；

（f）区间Ⅴ电路；（g）区间Ⅵ电路

表 2 - 3　　　　　　　三相桥式不可控整流电路带电阻负载或阻感负载时的工作情况

区间	Ⅰ	Ⅱ	Ⅲ	Ⅳ	Ⅴ	Ⅵ
ωt	$\omega t_1 \sim \omega t_2$	$\omega t_2 \sim \omega t_3$	$\omega t_3 \sim \omega t_4$	$\omega t_4 \sim \omega t_5$	$\omega t_5 \sim \omega t_6$	$\omega t_6 \sim \omega t_7$
导通的二极管	VD1、VD6	VD1、VD2	VD2、VD3	VD3、VD4	VD4、VD5	VD5、VD6
电路图	图 2-3（b）	图 2-3（c）	图 2-3（d）	图 2-3（e）	图 2-3（f）	图 2-3（g）
输出电压 u_d	u_{ab}	u_{ac}	u_{bc}	u_{ba}	u_{ca}	u_{cb}
负载电流 i_d	u_d/R（电阻负载），I_d（阻感负载）					
流过二极管的电流 i_{VD1}	i_d	i_d	0	0	0	0
交流侧电流 i_a	i_d	i_d	0	$-i_d$	$-i_d$	0
二极管两端电压 $u_{VD1,4}$	0	0	u_{ab}	u_{ab}	u_{ac}	u_{ac}

続表

区间	I	II	III	IV	V	VI
负载电压平均值 U_d	$\dfrac{1}{\pi/3}\displaystyle\int_{\frac{\pi}{3}}^{\frac{2\pi}{3}}\sqrt{3}\cdot\sqrt{2}U_2\sin\omega t\,\mathrm{d}(\omega t)=2.34U_2$					
负载电流平均值 I_d	U_d/R					

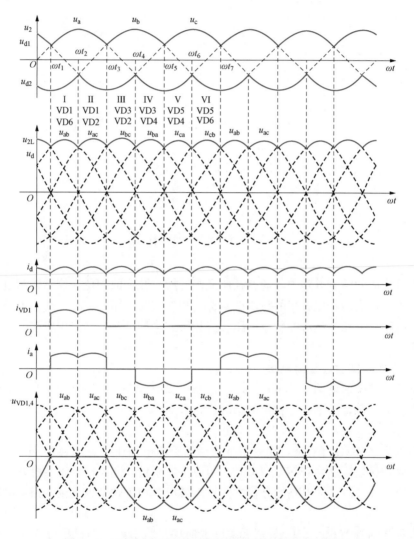

图 2 - 4　三相桥式不可控整流电路带阻感负载时的波形

2. 含滤波电容时的工作情况

含滤波电容的三相桥式不可控整流电路如图 2 - 5 所示，工作原理与含滤波电容的单相桥式不可控整流电路工作原理相近，在该电路中，当整流电路输出电压大于电容电压时，向电容充电，也向负载供电。当没有二极管导通时，由电容向负载放电，u_d 下降。由图 2 - 5（b）可求解含滤波电容的三相桥式不可控整流电路输出电压平均值，也可以根据负载电压、电容值和电阻值求出交流侧电流 i_a 的值，由于推导过程十分繁琐，这里不再详述。

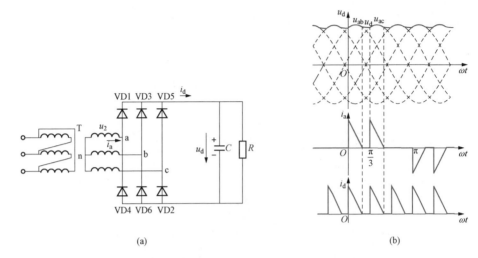

图 2-5 含滤波电容的三相桥式不可控整流电路及其波形
(a) 电路；(b) 波形

2.2 相控整流电路

由晶闸管构成的整流电路中，通过控制晶闸管触发脉冲的相位来控制输出电压大小的方式称为相控方式，应用相控方式的整流电路称为相控整流电路。在相控整流电路中，单相桥式全控整流电路、三相半波可控整流电路和三相桥式全控整流电路应用较多，本节主要介绍这 3 种电路。

2.2.1 单相桥式全控整流电路

单相桥式全控整流电路（single phase bridge controlled rectifier）可带电阻负载、阻感负载和反电动势负载，以下分 3 种负载情况进行介绍。

1. 带电阻负载时的工作情况

电路图如图 2-6 (a) 所示，在单相桥式全控整流电路中，晶闸管 VT1 和 VT4 组成一对桥臂，同时被触发，晶闸管 VT2 和 VT3 组成一对桥臂，同时被触发。触发脉冲如图 2-6 (e) 所示，应用分时段线性电路的分析方法可以得出单相桥式全控整流电路带电阻负载时的工作过程。

(1) 根据晶闸管 VT1～VT4 导通和关断的时序，将电路工作过程分为 4 个线性电路工作区间，分别是区间 I、区间 II、区间 III 和区间 IV。

(2) 区间 I：ωt 在 0～ωt_1 区间内，VT1～VT4 关断，电路如图 2-6 (b) 所示，负载电流 i_d 为零，负载电压 u_d 也为零，假设 VT1 和 VT4 关断时的电阻、VT2 和 VT3 关断时的电阻分别相等，则 VT1 和 VT4 各分担 $u_2/2$ 的正向压降，VT2 和 VT3 各分担 $u_2/2$ 的反向电压。各电压和电流的波形如图 2-6 (e) 中 0～ωt_1 区间内所示。

区间 II：ωt 在 ωt_1～π 区间内，在 $\omega t = \omega t_1$ 时刻，给 VT1 和 VT4 施加触发脉冲，VT1

和 VT4 承受正压，满足晶闸管导通条件而导通，电流从电源 a 端经 VT1、R、VT4 流回电源 b 端，电路如图 2-6（c）所示。负载电压 u_d 等于电源电压 u_2，因为 VT1 和 VT4 导通，所以 VT1、VT4 两端电压为零，VT2 和 VT3 承受 u_2 的反向电压。各电压和电流的波形如图 2-6（e）中 $\omega t_1 \sim \pi$ 区间内所示。

区间Ⅲ：ωt 在 $\pi \sim \omega t_2$ 区间内，当 u_2 过零时，流过晶闸管的电流也降到零，VT1 和 VT4 关断，VT1～VT4 关断，电路如图 2-6（b）所示。各物理量关系与区间Ⅰ相同，各电压和电流的波形如图 2-6（e）中 $\pi \sim \omega t_2$ 区间内所示。

区间Ⅳ：ωt 在 $\omega t_2 \sim 2\pi$ 区间内，在 $\omega t = \omega t_2$ 时刻给 VT2 和 VT3 触发脉冲，VT2 和 VT3 导通，电流从电源 b 端流出，经 VT3、R、VT2 流回电源 a 端，电路如图 2-6（d）所示。负载电压 u_d 等于 $-u_2$，晶闸管 VT1 承受 u_2 的电压。各电压和电流的波形如图 2-6（e）中 $\omega t_2 \sim 2\pi$ 区间内所示。

到 u_2 过零时，流过晶闸管的电流也降为零，VT1～VT4 关断。单相桥式全控整流电路带电阻负载时的一个工频周期波形如图 2-6（e）所示，后面工频周期如此循环地工作下去。表 2-4 为单相桥式全控整流电路带电阻负载时的各区间的工作情况。

（3）由图 2-6（e）可求解单相桥式全控整流电路带电阻负载时的输出电压平均值，如表 2-4 中 U_d 所示，改变晶闸管触发时刻或改变 α，可以对 U_d 从零到最大值之间进行连续调节，负载电流平均值、流过晶闸管的电流平均值、流过晶闸管的电流有效值和变压器二次侧电流有效值见表 2-4。由图 2-6（e）可知晶闸管 VT1 可能承受的最大正向电压为 $\sqrt{2}U_2/2$，最大反向电压为 $\sqrt{2}U_2$。

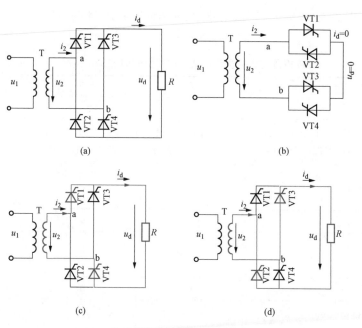

图 2-6　单相桥式全控整流电路带电阻负载时的电路及其波形（一）
（a）单相桥式全控整流电路带电阻负载；（b）区间Ⅰ、Ⅲ电路；
（c）区间Ⅱ电路；（d）区间Ⅳ电路

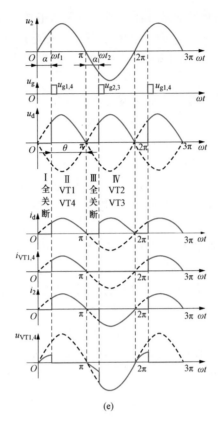

(e)

图 2-6　单相桥式全控整流电路带电阻负载时的电路及其波形（二）

（e）波形

表 2-4　　　　　　　　　　　单相桥式全控整流电路带电阻负载时的工作情况

区间	I	II	III	IV
ωt	$0\sim\omega t_1$	$\omega t_1\sim\pi$	$\pi\sim\omega t_2$	$\omega t_2\sim2\pi$
晶闸管导通情况	VT1、VT4 关断，VT2、VT3 关断	VT1、VT4 导通，VT2、VT3 关断	VT1、VT4 关断，VT2、VT3 关断	VT1、VT4 关断，VT2、VT3 导通
电路图	图 2-6（b）	图 2-6（c）	图 2-6（b）	图 2-6（d）
负载电压 u_d	0	u_2	0	$-u_2$
负载电流 i_d	0	u_2/R	0	$-u_2/R$
流过晶闸管的电流 $i_{VT1,4}$	0	u_2/R	0	0
交流输入电流 i_2	0	i_d	0	$-i_d$
晶闸管两端电压 u_{VT}	$u_{VT1,4}=u_2/2$，$u_{VT2,3}=-u_2/2$	$u_{VT1,4}=0$，$u_{VT2,3}=-u_2$	$u_{VT1,4}=u_2/2$，$u_{VT2,3}=-u_2/2$	$u_{VT1,4}=u_2$，$u_{VT2,3}=0$
负载电压平均值 U_d	$\dfrac{1}{\pi}\int_\alpha^\pi\sqrt{2}U_2\sin\omega t\,\mathrm{d}(\omega t)=\dfrac{\sqrt{2}U_2}{\pi}(1+\cos\alpha)=0.9U_2\dfrac{1+\cos\alpha}{2}$			

续表

区间	I	II	III	IV
负载电流平均值 I_d	U_d/R			
流过晶闸管的电流平均值 I_{dVT}	$\dfrac{1}{2}I_d = 0.45\dfrac{U_2}{R}\dfrac{1+\cos\alpha}{2}$（晶闸管 VT1、VT4 和 VT2、VT3 轮流导通，则流过某一晶闸管的电流平均值为负载电流平均值的一半）			
流过晶闸管的电流有效值 I_{VT}	$\sqrt{\dfrac{1}{2\pi}\displaystyle\int_{\alpha}^{\pi}\left(\dfrac{\sqrt{2}U_2}{R}\sin\omega t\right)^2\mathrm{d}(\omega t)} = \dfrac{U_2}{\sqrt{2}R}\sqrt{\dfrac{1}{2\pi}\sin 2\alpha + \dfrac{\pi-\alpha}{\pi}}$			
变压器二次侧电流有效值 I_2 与输出直流电流有效值 I 相等	$I_2 = I = \sqrt{\dfrac{1}{\pi}\displaystyle\int_{\alpha}^{\pi}\left(\dfrac{\sqrt{2}U_2}{R}\sin\omega t\right)^2\mathrm{d}(\omega t)} = \dfrac{U_2}{R}\sqrt{\dfrac{1}{2\pi}\sin 2\alpha + \dfrac{\pi-\alpha}{\pi}}$			

以下是分析相控电路时常用的 4 个概念：

（1）触发角 α。也称为触发延迟角或控制角，是指从晶闸管开始承受正的阳极与阴极之间电压时刻起到施加触发脉冲时刻止的电角度。

（2）导通角 θ。导通角是指晶闸管在一个电源周期中处于通态的电角度，例如图 2 - 6（e）中 4 个晶闸管的导通角均为 $\pi-\alpha$。

（3）移相。改变触发脉冲出现时刻，即改变触发角的大小，称为移相。通过改变触发角 α 的大小来控制输出电压使其发生变化，称为移相控制。改变触发角 α 使整流电路输出电压的平均值从最大值降到零，此时 α 角对应的变化范围称为移相范围。

（4）换流。由于器件的开通与关断，电流由一条支路流通变为另一条支路流通的过程称为换流，也称换相。

通过图 2 - 6（e）可知，单相桥式全控整流电路带电阻负载时的移相范围为 $0°\sim180°$。

2. 带阻感负载时的工作情况

电路图如图 2 - 7（a）所示，与带纯电阻负载相比，阻感负载中电感对电流变化有抗拒作用，使流过电感的电流不能发生突变。当流过电感的电流变化时，在电感（电感值为 L）两端因电流的变化而产生感应电动势 $u_L = L\mathrm{d}i_d/\mathrm{d}t$。在 u_2 进入负半周后，负载电流 i_d 下降，u_L 极性为下正上负，与 u_2 叠加后使得晶闸管仍然在一段时间内承受正压而导通，此时负载电压 u_d 出现负值。

带阻感负载时的分析方法与带电阻负载时的分析方法相同，只是因为电感作用使得晶闸管没有 VT1~VT4 全关断的情况发生。将电路工作过程分为两个线性电路工作区间，分别是区间 I 和区间 II。在区间 I（$\omega t_1 \sim \omega t_2$ 区间）内 VT1 和 VT4 导通，电路如图 2 - 7（b）所示。负载电压 u_d 等于电源电压 u_2，VT1 两端电压 u_{VT1} 为零，VT2 和 VT3 分别承受 u_2 的反向电压，假设电感很大，负载电流 i_d 连续且波形近似为一条水平直线。各电压和电流的波形如图 2 - 7（d）中 $\omega t_1 \sim \omega t_2$ 区间内所示。在区间 II（$\omega t_2 \sim \omega t_3$ 区间）内，在 $\omega t = \omega t_2$ 时刻给 VT2 和 VT3 施加触发脉冲，因为 VT2 和 VT3 本已承受正向电压，则 VT2 和 VT3 导通，u_2 通过 VT2 和 VT3 分别向 VT4 和 VT1 施加反压使 VT4 和 VT1 关断，流过 VT1 和 VT4 的电流转移到 VT2 和 VT3 上，实现了换流，电路如图 2 - 7（c）所示。负载电压 u_d 等于

$-u_2$，VT1 两端电压 u_{VT1} 等于 u_2。各电压和电流的波形如图 2 - 7（d）中 $\omega t_2 \sim \omega t_3$ 区间内所示。

　　由图 2 - 7（d）可求解单相桥式全控整流电路带阻感负载时的输出电压平均值，如表 2 - 5 中 U_d 所示，晶闸管可能承受的最大正、反向电压均为 $\sqrt{2} U_2$。当 $\alpha = 90°$ 时，$U_d = 0$，所以晶闸管移相范围为 $0° \sim 90°$。

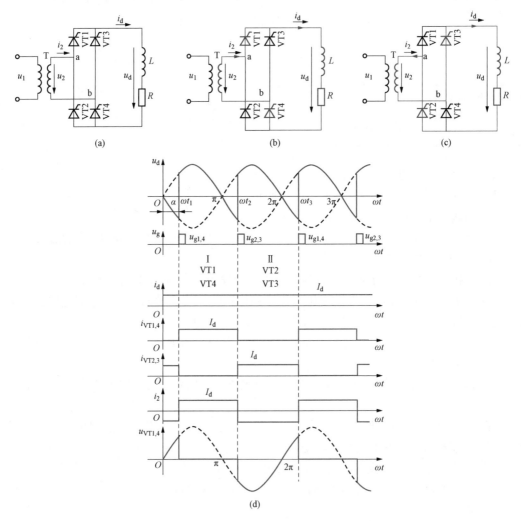

图 2 - 7　单相桥式全控整流电路带阻感负载时的电路及其波形

（a）单相桥式全控整流电路带阻感负载；（b）区间 I 电路；（c）区间 II 电路；（d）波形图

表 2 - 5　　　　　　　　　　单相桥式全控整流电路带阻感负载时的工作情况

区间	I	II
ωt	$\omega t_1 \sim \omega t_2$	$\omega t_2 \sim \omega t_3$
晶闸管导通情况	VT1、VT4 导通，VT2、VT3 关断	VT1、VT4 关断，VT2、VT3 导通
电路图	图 2 - 7（b）	图 2 - 7（c）
负载电压 u_d	u_2	$-u_2$

续表

区间	I	II
负载电流 i_d	I_d	I_d
流过晶闸管 电流 $i_{VT1,4}$	I_d	0
交流输入电流 i_2	I_d	$-I_d$
晶闸管两端 电压 u_{VT}	$u_{VT1,4}=0$, $u_{VT2,3}=-u_2$	$u_{VT1,4}=u_2$, $u_{VT2,3}=0$
负载电压平均值 U_d	$\frac{1}{\pi}\int_{\alpha}^{\pi+\alpha}\sqrt{2}U_2\sin\omega t\,\mathrm{d}(\omega t)=\frac{2\sqrt{2}U_2}{\pi}\cos\alpha=0.9U_2\cos\alpha$	
负载电流平均值 I_d	U_d/R	

3. 带反电动势负载时的工作情况

当负载为蓄电池、直流电动机的电枢等时，负载可看成一个直流电压源，对于整流电路来说，它们就是反电动势负载，如图 2-8（a）所示。带反电动势负载的单相桥式全控整流电路等效电路如图 2-8（b）所示，单相桥式全控整流电路输出电压为 u_{pn}，由于晶闸管无法反向流过电流，所以用二极管 D 来表示电流单向流动性。在 u_{pn} 的瞬时值大于反电动势 E 时，才有晶闸管承受正电压而导通的可能。晶闸管导通之后，$u_d=u_{pn}=u_2$，$i_d=(u_d-E)/R$，在 u_{pn} 的瞬时值小于反电动势 E 时，i_d 降至 0，使晶闸管关断，此后 $u_d=E$。波形如图 2-8（c）所示。

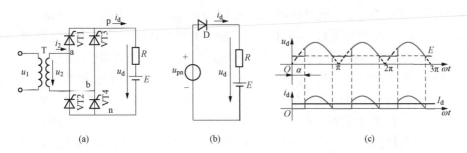

图 2-8　单相桥式全控整流电路带反电动势和电阻负载时的电路及其波形
（a）电路图；（b）等效电路；（c）波形图

在图 2-9（a）中，负载为反电动势和阻感时，由于电感电流不能突变，使得 $|u_2|<E$ 时晶闸管仍处于导通状态，直至另外一组晶闸管导通为止，各电压和电流波形如图 2-9（b）所示，输出电压波形只带阻感负载时相同，但负载电流平均值变为 $I_d=(U_d-E)/R$。

4. 相控整流电路的控制方法

相控整流电路的控制方法如图 2-10 所示，直流侧电压平均值与触发角有关，目标电压的平均值称为指令电压 U_d^*，所对应的触发角为 α_0，将实际输出电压平均值 U_d 与指令电压 U_d^* 比较后送入 PI 调节器的输入端，生成触发角变化量 $\Delta\alpha$，然后与 α_0 相加生成触发角 α，经过触发脉冲控制电路施加给各晶闸管。相控整流电路的控制方法是一个负反馈闭环控制，稳态时，PI 调节器可实现电压的无差跟踪，使得 $U_d=U_d^*$。当负载电压平均值变大时，实际的直流电压平均值 U_d 和 U_d^* 的差正偏，使 PI 调节器输出量 $\Delta\alpha$ 增大，α 增大，因为 α 与 U_d 是

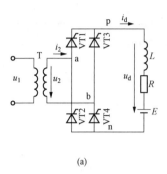 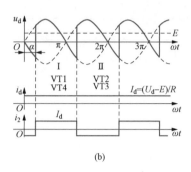

(a)　　　　　　　　　　　　　　　(b)

图 2-9　单相桥式全控整流电路带反电动势和阻感负载时的电路及其波形

(a) 电路图；(b) 波形图

减函数关系，所以 α 增大使得输出电压平均值减小，经过一段调节过程后达到新的稳态时，$U_d = U_d^*$。负载电压平均值减小时，调节过程和上述过程相反。

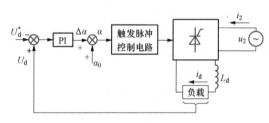

图 2-10　相控整流电路的控制方法

2.2.2　三相半波可控整流电路

当整流电路的负载容量较大，或要求输出的直流电压脉动较小且易滤波时，常采用三相可控整流电路。常见的三相可控整流电路有三相半波可控整流电路和三相桥式全控整流电路。

1. 带电阻负载时的工作情况

三相半波可控整流电路带电阻负载如图 2-11 (a) 所示，三个晶闸管分别接入 a、b、c 三相电源，如果三个晶闸管阴极连接在一起，称为共阴极接法，这种接法触发电路有公共端，触发脉冲可以共地。如果三个晶闸管阳极连接在一起，称为共阳极接法。

若将三相半波可控整流电路中的晶闸管 VT1~VT3 换为二极管，则称为三相半波不可控整流电路，共阴极接法电路中相电压最大的一相所对应的二极管导通，另外两相的二极管承受反压而关断。在相电压的交点处，电流从一个二极管转移到另一个二极管，实现了换相，该时刻称为自然换相点。对三相半波可控整流电路而言，在自然换相点之前触发晶闸管时，不满足晶闸管导通条件中阳极与阴极之间承受正向电压的条件，所以自然换相点则是各相晶闸管能触发导通的最早时刻，即 $\alpha = 0°$ 的时刻。在相控整流电路中，若在自然换相点处触发相应的晶闸管，则电路的工作情况与不可控整流工作情况一样。三相整流电路和单相整流电路的自然换相点不同，单相整流电路的自然换相点是变压器二次侧电压的过零点，而三相整流电路的自然换相点是三个相电压的交点。

如果电流在一个电源周期内只有一个点为零，这种情况叫电流临界连续，如果电流有多个点为零称为电流断续，没有电流为零称为电流连续。三相半波可控整流电路在触发角 $\alpha = 30°$ 时，恰好是上一段导通的晶闸管电流为零而关断的时刻，即输出电流为零的时刻。所以介绍三相半波可控整流电路时分为两种情况，即触发角 $\alpha \leqslant 30°$ 时的负载电流连续或临界连续情况和触发角 $\alpha > 30°$ 时的负载电流断续情况。

应用分时段线性电路的分析方法可以得出三相半波可控整流电路带电阻负载（$\alpha \leqslant 30°$）时的工作过程。

(1) 根据晶闸管 VT1~VT3 导通和关断的时序, 将电路工作过程分为 3 个线性电路工作区间, 分别是区间Ⅰ、区间Ⅱ和区间Ⅲ。

(2) 区间Ⅰ: ωt 在 ωt_1~ωt_2 区间内, a 相电压最大, VT1 被触发而导通, 电路如图 2-11 (b) 所示, 负载电压 $u_d = u_a$, 晶闸管 VT1 两端电压 u_{VT1} 为零。$\alpha = 0°$ 和 $\alpha = 30°$ 时各电压和电流的波形分别如图 2-11 (e) 和图 2-11 (f) 中 ωt_1~ωt_2 区间内所示。

区间Ⅱ: ωt 在 ωt_2~ωt_3 区间内, b 相电压最大, VT2 被触发而导通, VT1 承受反向电压而关断, 电路如图 2-11 (c) 所示, 负载电压 $u_d = u_b$, 晶闸管 VT1 两端电压 $u_{VT1} = u_{ab}$。$\alpha = 0°$ 和 $\alpha = 30°$ 时各电压和电流的波形分别如图 2-11 (e) 和图 2-11 (f) 中 ωt_2~ωt_3 区间内所示。

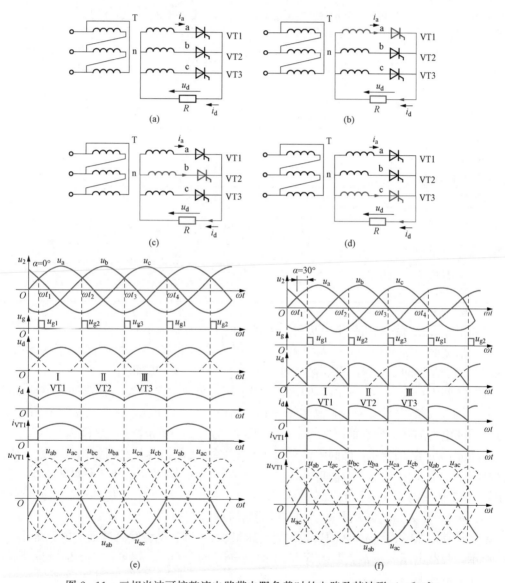

图 2-11 三相半波可控整流电路带电阻负载时的电路及其波形 ($\alpha \leqslant 30°$)

(a) 三相半波可控整流电路带电阻负载; (b) 区间Ⅰ电路; (c) 区间Ⅱ电路; (d) 区间Ⅲ电路;

(e) $\alpha = 0°$ 时的工作波形图; (f) $\alpha = 30°$ 时的工作波形图

　　区间Ⅲ：ωt 在 $\omega t_3 \sim \omega t_4$ 区间内，c 相电压最大，VT3 被触发而导通，VT2 承受反向电压而关断，电路如图 2-11 (d) 所示，负载电压 $u_d = u_c$，晶闸管 VT1 两端电压 $u_{VT1} = u_{ac}$。$\alpha = 0°$ 和 $\alpha = 30°$ 时各电压和电流的波形分别如图 2-11 (e) 和图 2-11 (f) 中 $\omega t_3 \sim \omega t_4$ 区间内所示。

　　$\alpha \leqslant 30°$ 时，三相半波可控整流电路带电阻负载时的一个工频周期波形如图 2-11 (e) 和图 2-11 (f) 所示，后面工频周期如此循环地工作下去。表 2-6 为三相半波可控整流电路带电阻负载时各区间的工作情况（$\alpha \leqslant 30°$）。

　　(3) 由图 2-11 (e) 和图 2-11 (f) 可求解三相半波可控整流电路带电阻负载时的输出电压平均值，如表 2-6 中 U_d 所示，负载电流平均值和流过晶闸管的电流平均值见表 2-6。

表 2-6　　　　　　　三相半波可控整流电路带电阻负载时的工作情况（$\alpha \leqslant 30°$）

区间	Ⅰ	Ⅱ	Ⅲ
ωt	$\omega t_1 \sim \omega t_2$	$\omega t_2 \sim \omega t_3$	$\omega t_3 \sim \omega t_4$
晶闸管导通情况	VT1 导通，VT2、VT3 关断	VT2 导通，VT1、VT3 关断	VT3 导通，VT1、VT2 关断
电路图	图 2-11 (b)	图 2-11 (c)	图 2-11 (d)
负载电压 u_d	u_a	u_b	u_c
负载电流 i_d	u_a/R	u_b/R	u_c/R
流过晶闸管电流 i_{VT1}	u_a/R	0	0
晶闸管两端电压 u_{VT1}	0	u_{ab}	u_{ac}
负载电压平均值 U_d	$\dfrac{1}{2\pi/3} \displaystyle\int_{\frac{\pi}{6}+\alpha}^{\frac{5\pi}{6}+\alpha} \sqrt{2}U_2 \sin\omega t\, d(\omega t) = \dfrac{3\sqrt{6}U_2}{2\pi}\cos\alpha = 1.17U_2\cos\alpha$		
负载电流平均值 I_d	U_d/R		
流过晶闸管的电流平均值 I_{dVT1}	$I_d/3$		

　　三相半波可控整流电路带电阻负载 $\alpha > 30°$ 时的工作过程如下。

　　(1) 根据晶闸管 VT1~VT3 导通和关断的时序，将电路工作过程分为 6 个线性电路工作区间，分别是区间Ⅰ、区间Ⅱ、区间Ⅲ、区间Ⅳ、区间Ⅴ和区间Ⅵ。

　　(2) 区间Ⅰ：ωt 在 $\omega t_1 \sim \omega t_2$ 区间内，a 相电压最大，VT1 被触发而导通，电路如图 2-12 (a) 所示，负载电压 $u_d = u_a$，晶闸管 VT1 两端电压 u_{VT1} 为零。$\alpha = 60°$、$\alpha = 90°$ 和 $\alpha = 120°$ 时各电压和电流的波形分别如图 2-12 (e)~图 2-12 (g) 中 $\omega t_1 \sim \omega t_2$ 区间内所示。

　　区间Ⅱ：ωt 在 $\omega t_2 \sim \omega t_3$ 区间内，VT1 电流过零而关断，其他晶闸管尚未导通，所以此时晶闸管处于全关断状态，电路如图 2-12 (d) 所示，负载电压 u_d 和负载电流 i_d 均等于零，晶闸管 VT1 两端电压 u_{VT1} 等于 u_a。$\alpha = 60°$、$\alpha = 90°$ 和 $\alpha = 120°$ 时各电压和电流的波形分别如图 2-12 (e)~图 2-12 (g) 中 $\omega t_2 \sim \omega t_3$ 区间内所示。

　　区间Ⅲ：ωt 在 $\omega t_3 \sim \omega t_4$ 区间内，b 相电压最大，VT2 被触发而导通，电路如图 2-12 (b) 所示，负载电压 $u_d = u_b$，晶闸管 VT1 两端电压 $u_{VT1} = u_{ab}$。$\alpha = 60°$、$\alpha = 90°$ 和 $\alpha = 120°$ 时各电压和电流的波形分别如图 2-12 (e)~图 2-12 (g) 中 $\omega t_3 \sim \omega t_4$ 区间内所示。

　　区间Ⅳ：ωt 在 $\omega t_4 \sim \omega t_5$ 区间内，晶闸管处于全关断状态，与区间Ⅱ电路相同，电路如图 2-12 (d) 所示。$\alpha = 60°$、$\alpha = 90°$ 和 $\alpha = 120°$ 时各电压和电流的波形分别如图 2-12 (e)~图2-12 (g) 中 $\omega t_4 \sim \omega t_5$ 区间内所示。

区间Ⅴ：ωt 在 $\omega t_5 \sim \omega t_6$ 区间内，c 相电压最大，VT3 被触发而导通，电路如图 2 - 12（c）所示，负载电压 $u_d = u_c$，晶闸管 VT1 两端电压 $u_{VT1} = u_{ac}$。$\alpha = 60°$、$\alpha = 90°$ 和 $\alpha = 120°$ 时各电压和电流的波形分别如图 2 - 12（e）～图 2 - 12（g）中 $\omega t_5 \sim \omega t_6$ 区间内所示。

区间Ⅵ：ωt 在 $\omega t_6 \sim \omega t_7$ 区间内，晶闸管处于全关断状态，与区间Ⅱ电路相同，电路如图 2 - 12（d）所示。$\alpha = 60°$、$\alpha = 90°$ 和 $\alpha = 120°$ 时各电压和电流的波形分别如图 2 - 12（e）～图2 - 12（g）中 $\omega t_6 \sim \omega t_7$ 区间内所示。

$\alpha > 30°$ 时，三相半波可控整流电路带电阻负载时的一个工频周期波形如图 2 - 12（e）～图 2 - 12（g）所示，后面工频周期如此循环地工作下去。表 2 - 7 为三相半波可控整流电路带电阻负载时各区间的工作情况（$\alpha > 30°$）。

（3）由图 2 - 12（e）～图 2 - 12（g）可求解三相半波可控整流电路带电阻负载时的输出电压平均值，如表 2 - 7 中 U_d 所示，负载电流平均值和流过晶闸管的电流平均值见表 2 - 7。

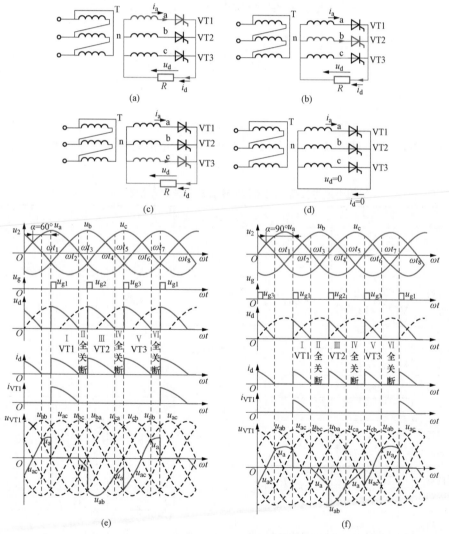

图 2 - 12 三相半波可控整流电路带电阻负载时的电路及其波形（$\alpha > 30°$）（一）

（a）区间Ⅰ电路；（b）区间Ⅲ电路；（c）区间Ⅴ电路；（d）区间Ⅱ、Ⅳ、Ⅵ电路；

（e）$\alpha = 60°$ 时的工作波形图；（f）$\alpha = 90°$ 时的工作波形图

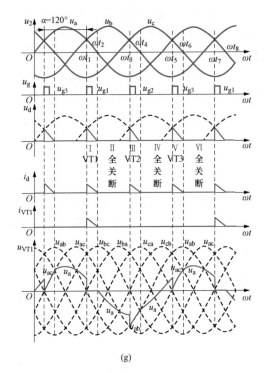

(g)

图 2-12　三相半波可控整流电路带电阻负载时的电路及其波形（α＞30°）（二）

(g) α＝120°时的工作波形图

表 2-7　　　　　　　　三相半波可控整流电路带电阻负载时的工作情况（α＞30°）

区间	I	II	III	IV	V	VI
ωt	$\omega t_1 \sim \omega t_2$	$\omega t_2 \sim \omega t_3$	$\omega t_3 \sim \omega t_4$	$\omega t_4 \sim \omega t_5$	$\omega t_5 \sim \omega t_6$	$\omega t_6 \sim \omega t_7$
晶闸管导通情况	VT1 导通，VT2、VT3 关断	全关断	VT2 导通，VT1、VT3 关断	全关断	VT3 导通，VT1、VT2 关断	全关断
电路图	图 2-12 (a)	图 2-12 (d)	图 2-12 (b)	图 2-12 (d)	图 2-12 (c)	图 2-12 (d)
负载电压 u_d	u_a	0	u_b	0	u_c	0
负载电流 i_d	u_a/R	0	u_b/R	0	u_c/R	0
流过晶闸管电流 i_{VT1}	u_a/R	0	0	0	0	0
晶闸管两端电压 u_{VT1}	0	u_a	u_{ab}	u_a	u_{ac}	u_a
负载电压平均值 U_d	$\dfrac{1}{2\pi/3}\displaystyle\int_{\frac{\pi}{6}+\alpha}^{\pi}\sqrt{2}U_2\sin\omega t\,\mathrm{d}(\omega t)=\dfrac{3\sqrt{2}U_2}{2\pi}\left[1+\cos\left(\dfrac{\pi}{6}+\alpha\right)\right]=0.675U_2\left[1+\cos\left(\dfrac{\pi}{6}+\alpha\right)\right]$					

续表

区间	I	II	III	IV	V	VI
负载电流平均值 I_d	U_d/R					
流过晶闸管的电流平均值 I_{dVT1}	$I_d/3$					

由图 2 - 11 和图 2 - 12 的三相半波可控整流电路带电阻负载波形可知：当 $\alpha = 150°$ 时，$U_d = 0$，所以晶闸管移相范围为 $0° \sim 150°$；晶闸管可能承受的最大正向电压为变压器二次相电压的峰值，即 $\sqrt{2}U_2$，最大反向电压为变压器二次线电压峰值，即 $\sqrt{6}U_2$。

2. 带阻感负载时的工作情况

图 2 - 13 （a）为三相半波可控整流电路带阻感负载时的电路，假设电感极大，负载电流 i_d 的波形可认为是一条直线。$\alpha \leqslant 30°$ 时，负载电压 u_d 波形与电阻负载时相同；$\alpha > 30°$ 时，在某相电压过零变负时，由于电感的作用，电流不会突然降到零，因此该相晶闸管仍然导通，直到下一相晶闸管导通迫使该相晶闸管承受反压而关断，才完成换相过程。根据晶闸管 VT1～VT3 导通和关断的时序，将电路工作过程分为 3 个线性电路工作区间，分别是区间 I 、区间 II 和区间 III ，工作电路如图 2 - 13 （b）～图 2 - 13 （d）所示，$\alpha = 60°$ 时的工作波形如图 2 - 13 （e）所示，表 2 - 8 为三相半波可控整流电路带阻感负载时各区间的工作情况。负载电压平均值 U_d 、负载电流平均值 I_d 、流过晶闸管的电流平均值 I_{dVT1} 、流过晶闸管的电流有效值 I_{VT1} 在表 2 - 8 中给出。

由图 2 - 13 中的三相半波可控整流电路带阻感负载时的波形可知：当 $\alpha = 90°$ 时，$U_d = 0$，所以晶闸管移相范围为 $0° \sim 90°$；晶闸管可能承受的最大正、反向电压均为变压器二次侧线电压峰值，即 $\sqrt{6}U_2$。

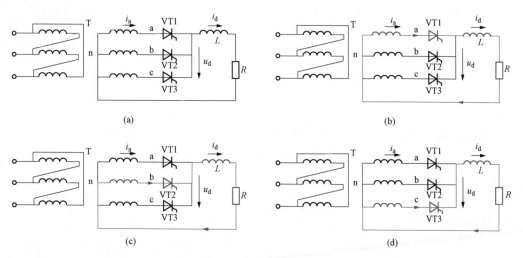

图 2 - 13　三相半波可控整流电路带阻感负载时的电路及其波形 （一）

（a）三相半波可控整流电路带阻感负载；（b）区间 I 电路；（c）区间 II 电路；（d）区间 III 电路

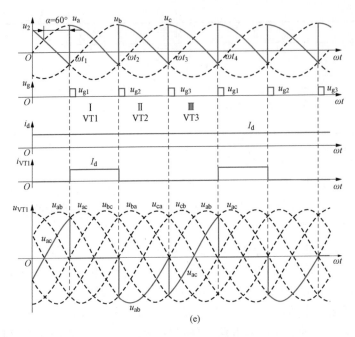

图 2-13　三相半波可控整流电路带阻感负载时的电路及其波形（二）

（e）α＝60°时的工作波形图

表 2-8　　　　　　　　　　三相半波可控整流电路带阻感负载时的工作情况

区间	Ⅰ	Ⅱ	Ⅲ
ωt	$\omega t_1 \sim \omega t_2$	$\omega t_2 \sim \omega t_3$	$\omega t_3 \sim \omega t_4$
晶闸管导通情况	VT1 导通， VT2、VT3 关断	VT2 导通， VT1、VT3 关断	VT3 导通， VT1、VT2 关断
电路图	图 2-13（b）	图 2-13（c）	图 2-13（d）
负载电压 u_d	u_a	u_b	u_c
负载电流 i_d	I_d	I_d	I_d
流过晶闸管电流 i_{VT1}	I_d	0	0
晶闸管两端电压 u_{VT1}	0	u_{ab}	u_{ac}
负载电压平均值 U_d	$\dfrac{1}{2\pi/3}\displaystyle\int_{\frac{\pi}{6}+\alpha}^{\frac{5\pi}{6}+\alpha}\sqrt{2}U_2\sin\omega t\,\mathrm{d}(\omega t)=\dfrac{3\sqrt{6}U_2}{2\pi}\cos\alpha=1.17U_2\cos\alpha$		
负载电流平均值 I_d	U_d/R		
流过晶闸管的电流平均值 I_{dVT1}	$I_d/3$		
流过晶闸管的电流有效值 I_{VT1}	$I_d/\sqrt{3}$		

三相半波可控整流电路的主要缺点是其变压器二次电流中含有直流分量，易引起变压器

直流磁化问题，因此单独使用该电路的应用较少，可以组合起来进行应用，这些将在后面章节讲到。

2.2.3 三相桥式全控整流电路

三相桥式全控整流电路应用非常广泛，电路如图 2 - 14（a）所示，由共阴极组晶闸管和共阳极组晶闸管构成，共阴极组中 a、b、c 相三个晶闸管分别为 VT1、VT3 和 VT5，共阳极组中 a、b、c 相三个晶闸管分别为 VT4、VT6 和 VT2，每个时刻均需两个晶闸管同时导通，形成向负载供电的回路，其中一个晶闸管是共阴极组的，另一个是共阳极组的，且不能为同一相的晶闸管。对触发脉冲按照以下规律进行施加，有利于三相桥式全控整流电路的应用：6 个晶闸管的脉冲按 VT1—VT2—VT3—VT4—VT5—VT6 的顺序施加，相位依次差 $60°$；共阴极组中 VT1、VT3、VT5 的脉冲相位依次相差 $120°$，共阳极组中 VT4、VT6、VT2 的脉冲相位也依次相差 $120°$，同一相的上下两个桥臂，即 VT1 与 VT4，VT3 与 VT6，VT5 与 VT2，脉冲相位相差 $180°$。以下分别介绍三相桥式全控整流电路带电阻负载和带阻感负载时的工作情况。

1. 带电阻负载时的工作情况

相电压的交点是三相桥式不可控整流电路的二极管导通和关断的变化时刻，是三相桥式全控整流电路的自然换相点，也是触发角 α 的起点，这里需要注意正负方向均有自然换相点。$\alpha=0°$ 时三相桥式全控整流电路的工作波形与三相桥式不可控整流电路的工作波形相同，将晶闸管换成二极管，即为触发角 $\alpha=0°$ 时的工作情况，如图 2 - 4 所示。触发角 $\alpha=30°$ 或 $\alpha=60°$ 时，晶闸管起始导通时刻推迟了 $30°$ 或 $60°$。

三相桥式全控整流电路在触发角 $\alpha=60°$ 时，恰好是上一段导通的晶闸管电流为零而关断的时刻，即输出电流为零的时刻，所以介绍三相桥式全控整流电路时分为两种情况，即触发角 $\alpha\leqslant60°$ 时的负载电流连续或临界连续的情况和触发角 $\alpha>60°$ 时的负载电流断续的情况。

应用分时段线性电路的分析方法可以得出三相桥式全控整流电路带电阻负载（$\alpha\leqslant60°$）时的工作过程。

（1）根据晶闸管 VT1～VT6 导通和关断的时序，将电路工作过程分为 6 个线性电路工作区间，分别是区间Ⅰ、区间Ⅱ、区间Ⅲ、区间Ⅳ、区间Ⅴ和区间Ⅵ。

（2）区间Ⅰ：ωt 在 $\omega t_1 \sim \omega t_2$ 区间内，在 ωt_1 时刻，a 相电压最大，b 相电压最小，VT1 被触发而导通，VT6 在前面周期中是已被触发导通的，所以 VT1 和 VT6 导通形成回路，其他晶闸管关断，电路如图 2 - 14（b）所示，负载电压 $u_d=u_{ab}$，晶闸管 VT1 两端电压 $u_{VT1}=0$。$\alpha=0°$、$\alpha=30°$ 和 $\alpha=60°$ 时电压和电流的波形分别如图 2 - 4、图 2 - 14（h）和图 2 - 14（i）中 $\omega t_1 \sim \omega t_2$ 区间内所示。

区间Ⅱ：ωt 在 $\omega t_2 \sim \omega t_3$ 区间内，在 ωt_2 时刻，a 相电压最大，c 相电压最小，VT1 仍然导通，VT2 被触发而导通，VT6 承受反压而关断，所以 VT1 和 VT2 导通形成回路，电路如图 2 - 14（c）所示，负载电压 $u_d=u_{ac}$，晶闸管 VT1 两端电压 $u_{VT1}=0$。$\alpha=0°$、$\alpha=30°$ 和 $\alpha=60°$ 时各电压和电流的波形分别如图 2 - 4、图 2 - 14（h）和图 2 - 14（i）中 $\omega t_2 \sim \omega t_3$ 区间内所示。

区间Ⅲ：ωt 在 $\omega t_3 \sim \omega t_4$ 区间内，在 ωt_3 时刻，b 相电压最大，c 相电压最小，VT2 仍然导通，VT3 被触发而导通，VT1 承受反压而关断，所以 VT2 和 VT3 导通形成回路，电路如图 2-14（d）所示，负载电压 $u_d = u_{bc}$，晶闸管 VT1 两端电压 $u_{VT1} = u_{ab}$。$\alpha = 0°$、$\alpha = 30°$ 和 $\alpha = 60°$ 时各电压和电流的波形分别如图 2-4、图 2-14（h）和图 2-14（i）中 $\omega t_3 \sim \omega t_4$ 区间内所示。

区间Ⅳ：ωt 在 $\omega t_4 \sim \omega t_5$ 区间内，在 ωt_4 时刻，b 相电压最大，a 相电压最小，VT3 仍然导通，VT4 被触发而导通，VT2 承受反压而关断，所以 VT3 和 VT4 导通形成回路，电路如图 2-14（e）所示，负载电压 $u_d = u_{ba}$，晶闸管 VT1 两端电压 $u_{VT1} = u_{ab}$。$\alpha = 0°$、$\alpha = 30°$ 和 $\alpha = 60°$ 时各电压和电流的波形分别如图 2-4、图 2-14（h）和图 2-14（i）中 $\omega t_4 \sim \omega t_5$ 区间内所示。

区间Ⅴ：ωt 在 $\omega t_5 \sim \omega t_6$ 区间内，在 ωt_5 时刻，c 相电压最大，a 相电压最小，VT4 仍然导通，VT5 被触发而导通，VT3 承受反压而关断，所以 VT4 和 VT5 导通形成回路，电路如图 2-14（f）所示，负载电压 $u_d = u_{ca}$，晶闸管 VT1 两端电压 $u_{VT1} = u_{ac}$。$\alpha = 0°$、$\alpha = 30°$ 和 $\alpha = 60°$ 时各电压和电流的波形分别如图 2-4、图 2-14（h）和图 2-14（i）中 $\omega t_5 \sim \omega t_6$ 区间内所示。

区间Ⅵ：ωt 在 $\omega t_6 \sim \omega t_7$ 区间内，在 ωt_6 时刻，c 相电压最大，b 相电压最小，VT5 仍然导通，VT6 被触发而导通，VT4 承受反压而关断，所以 VT5 和 VT6 导通形成回路，电路如图 2-14（g）所示，负载电压 $u_d = u_{cb}$，晶闸管 VT1 两端电压 $u_{VT1} = u_{ac}$。$\alpha = 0°$、$\alpha = 30°$ 和 $\alpha = 60°$ 时各电压和电流的波形分别如图 2-4、图 2-14（h）和图 2-14（i）中 $\omega t_6 \sim \omega t_7$ 区间内所示。

$\alpha \leqslant 60°$ 时，三相桥式全控整流电路带电阻负载时的一个工频周期波形如图 2-4、图 2-14（h）和图 2-14（i）所示，后面工频周期如此循环地工作下去。表 2-9 为三相桥式全控整流电路带电阻负载时各区间的工作情况（$\alpha \leqslant 60°$）。

（3）由图 2-4、图 2-14（h）和图 2-14（i）可求解三相桥式全控整流电路带电阻负载时的输出电压平均值，如表 2-9 中 U_d 所示，触发角越大输出电压平均值越小。

$\alpha > 60°$ 时，i_d 开始断续。当 u_d 降至零后，由于电阻负载时的 i_d 波形与 u_d 波形一致，i_d 也降至零，流过晶闸管的电流降至零，晶闸管关断。三相桥式全控整流电路带电阻负载（$\alpha > 60°$）时的工作过程如下。

（1）根据晶闸管 VT1～VT6 导通和关断的时序，将电路工作过程分为 12 个线性电路工作区间，分别是区间Ⅰ至区间Ⅻ。

（2）区间Ⅰ：ωt 在 $\omega t_1 \sim \omega t_2$ 区间内，在 ωt_1 时刻前，负载电流为零，则 VT1～VT6 全关断。ωt_1 时刻 VT1 被触发，若已关断的 VT6 此时无触发脉冲，则 VT6 不能导通，负载电流没有回路，即 VT1 也无法导通。为确保电路的正常工作，需保证一个回路中的两个晶闸管均导通而形成电流，需要再次让前一个晶闸管导通。常采用两种方法：一种是宽脉冲触发，使脉冲宽度大于 60°（一般取 80°～100°）；另一种是双脉冲触发，在触发某个晶闸管的同时，给前一个晶闸管补发脉冲，即用两个窄脉冲代替宽脉冲，两个窄脉冲的前沿相差 60°，脉冲宽一般为 20°～30°。在两种触发方法中，双脉冲触发电路比宽脉冲触发电路复杂，但触发电路输出功率小；宽脉冲触发电路为了不使脉冲变压器饱和，需增大铁芯体积和增加绕组匝数，导致漏感增大而造成脉冲前沿不陡，不利于晶闸管的串联使用。因此，双脉冲触发电路在实际工程中较为常用。在 ωt_1 时刻，a 相电压最大，VT1 被触发，给 VT6 补发触发脉冲或宽脉冲延续使 VT6 再次被触发，所以 VT1 和 VT6 导通形成回路，其他晶闸管关断，电

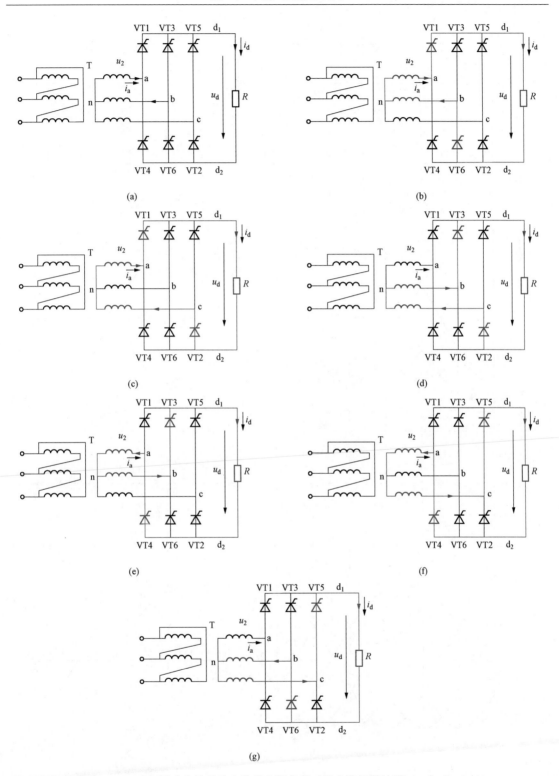

图 2 - 14 三相桥式全控整流电路带电阻负载时的电路及其波形（$\alpha \leqslant 60°$）（一）

（a）三相桥式全控整流电路带电阻负载；（b）区间Ⅰ电路；（c）区间Ⅱ电路；（d）区间Ⅲ电路；

（e）区间Ⅳ电路；（f）区间Ⅴ电路；（g）区间Ⅵ电路

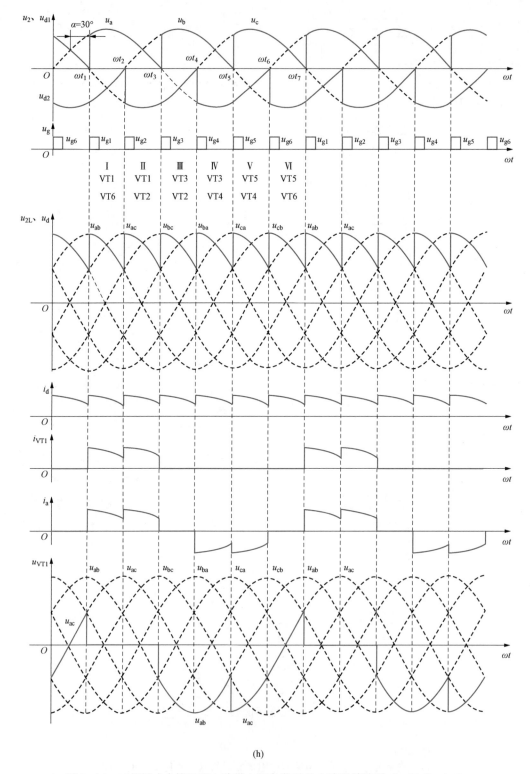

(h)

图 2 - 14　三相桥式全控整流电路带电阻负载时的电路及其波形（α≤60°）（二）

（h）α＝30°时的工作波形图

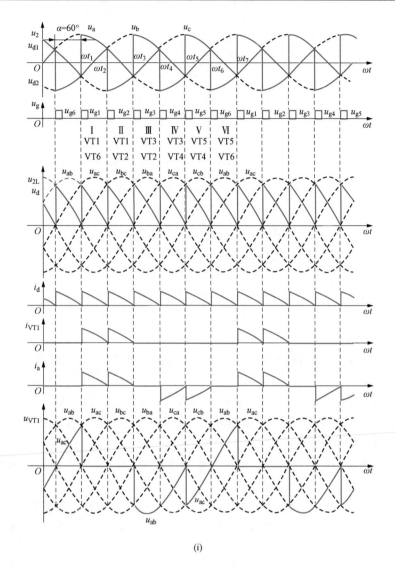

(i)

图 2 - 14　三相桥式全控整流电路带电阻负载时的电路及其波形（α≤60°）（三）

（i）α＝60°时的工作波形图

表 2 - 9　　　　　三相桥式全控整流电路带电阻负载时的工作情况（α≤60°）

区间	Ⅰ	Ⅱ	Ⅲ	Ⅳ	Ⅴ	Ⅵ
ωt	$\omega t_1 \sim \omega t_2$	$\omega t_2 \sim \omega t_3$	$\omega t_3 \sim \omega t_4$	$\omega t_4 \sim \omega t_5$	$\omega t_5 \sim \omega t_6$	$\omega t_6 \sim \omega t_7$
晶闸管导通情况	VT1、VT6 导通	VT1、VT2 导通	VT2、VT3 导通	VT3、VT4 导通	VT4、VT5 导通	VT5、VT6 导通
电路图	图 2 - 14（b）	图 2 - 14（c）	图 2 - 14（d）	图 2 - 14（e）	图 2 - 14（f）	图 2 - 14（g）
负载电压 u_d	u_{ab}	u_{ac}	u_{bc}	u_{ba}	u_{ca}	u_{cb}
负载电流 i_d	u_d/R					
流过晶闸管电流 i_{VT1}	i_d	i_d	0	0	0	0
交流侧电流 i_a	i_d	i_d	0	$-i_d$	$-i_d$	0

区间	I	II	III	IV	V	VI
晶闸管两端电压 u_{VT1}	0	0	u_{ab}	u_{ab}	u_{ac}	u_{ac}
负载电压平均值 U_d	$\dfrac{1}{\pi/3}\displaystyle\int_{\frac{\pi}{6}+\alpha}^{\frac{\pi}{2}+\alpha}\sqrt{6}U_2\sin\left(\omega t+\dfrac{\pi}{6}\right)\mathrm{d}(\omega t)=2.34U_2\cos\alpha$（三相桥式全控整流电路中负载电压为线电压的包络线，线电压相位超前于相电压 $\pi/6$）					
负载电流平均值 I_d	U_d/R					

路如图 2-15（a）所示，负载电压 $u_d=u_{ab}$，晶闸管 VT1 两端电压 u_{VT1} 为零。$\alpha=90°$ 时各电压和电流的波形如图 2-15（h）中 $\omega t_1\sim\omega t_2$ 区间内所示。

区间 II：ωt 在 $\omega t_2\sim\omega t_3$ 区间内，VT1～VT6 全关断，电路如图 2-15（g）所示，负载电压 u_d 为零，晶闸管 VT1 两端电压 $u_{VT1}=u_a$。$\alpha=90°$ 时各电压和电流的波形如图 2-15（h）中 $\omega t_2\sim\omega t_3$ 区间内所示。

区间 III：ωt 在 $\omega t_3\sim\omega t_4$ 区间内，VT1 和 VT2 导通形成回路，电路如图 2-15（b）所示，负载电压 $u_d=u_{ac}$，晶闸管 VT1 两端电压 u_{VT1} 为零。$\alpha=90°$ 时各电压和电流的波形如图 2-15（h）中 $\omega t_3\sim\omega t_4$ 区间内所示。

区间 IV：ωt 在 $\omega t_4\sim\omega t_5$ 区间内，与区间 II 工作状态相同。$\alpha=90°$ 时各电压和电流的波形如图 2-15（h）中 $\omega t_4\sim\omega t_5$ 区间内所示。

区间 V：ωt 在 $\omega t_5\sim\omega t_6$ 区间内，VT2 和 VT3 导通形成回路，电路如图 2-15（c）所示，负载电压 $u_d=u_{bc}$，晶闸管 VT1 两端电压 $u_{VT1}=u_{ab}$。$\alpha=90°$ 时各电压和电流的波形如图 2-15（h）中 $\omega t_5\sim\omega t_6$ 区间内所示。

区间 VI：ωt 在 $\omega t_6\sim\omega t_7$ 区间内，与区间 II 工作状态相同。$\alpha=90°$ 时各电压和电流的波形如图 2-15（h）中 $\omega t_6\sim\omega t_7$ 区间内所示。

区间 VII：ωt 在 $\omega t_7\sim\omega t_8$ 区间内，VT3 和 VT4 导通形成回路，电路如图 2-15（d）所示，负载电压 $u_d=u_{ba}$，晶闸管 VT1 两端电压 $u_{VT1}=u_{ab}$。$\alpha=90°$ 时各电压和电流的波形如图 2-15（h）中 $\omega t_7\sim\omega t_8$ 区间内所示。

区间 VIII：ωt 在 $\omega t_8\sim\omega t_9$ 区间内，与区间 II 工作状态相同。$\alpha=90°$ 时各电压和电流的波形如图 2-15（h）中 $\omega t_8\sim\omega t_9$ 区间内所示。

区间 IX：ωt 在 $\omega t_9\sim\omega t_{10}$ 区间内，VT4 和 VT5 导通形成回路，电路如图 2-15（e）所示，负载电压 $u_d=u_{ca}$，晶闸管 VT1 两端电压 $u_{VT1}=u_{ac}$。$\alpha=90°$ 时各电压和电流的波形如图 2-15（h）中 $\omega t_9\sim\omega t_{10}$ 区间内所示。

区间 X：ωt 在 $\omega t_{10}\sim\omega t_{11}$ 区间内，与区间 II 工作状态相同。$\alpha=90°$ 时各电压和电流的波形如图 2-15（h）中 $\omega t_{10}\sim\omega t_{11}$ 区间内所示。

区间 XI：ωt 在 $\omega t_{11}\sim\omega t_{12}$ 区间内，VT5 和 VT6 导通形成回路，电路如图 2-15（f）所示，负载电压 $u_d=u_{cb}$，晶闸管 VT1 两端电压 $u_{VT1}=u_{ac}$。$\alpha=90°$ 时各电压和电流的波形如图 2-15（h）中 $\omega t_{11}\sim\omega t_{12}$ 区间内所示。

区间 XII：ωt 在 $\omega t_{12}\sim\omega t_{13}$ 区间内，与区间 II 工作状态相同。$\alpha=90°$ 时各电压和电流的波形如图 2-15（h）中 $\omega t_{12}\sim\omega t_{13}$ 区间内所示。

$\alpha=90°$（$\alpha>60°$）时，三相桥式全控整流电路带电阻负载时的一个工频周期波形如图

2 - 15 （h)所示，后面工频周期如此循环地工作下去。表 2 - 10 为三相桥式全控整流电路带电阻负载时各区间的工作情况（$\alpha > 60°$）。

（3）由图 2 - 15 （h）可求解三相桥式全控整流电路带电阻负载（$\alpha > 60°$）时的输出电压平均值，如表 2 - 10 中 U_d 所示，触发角越大输出电压平均值越小。

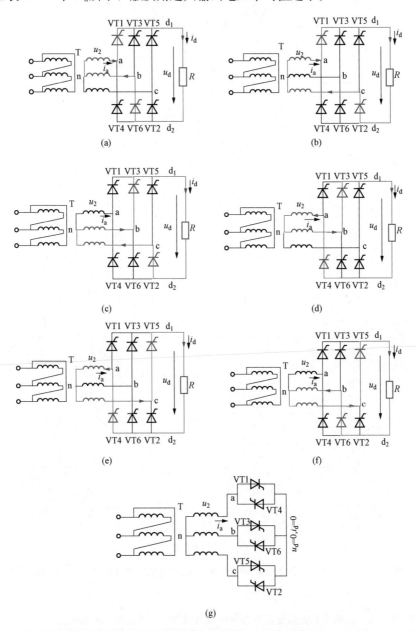

图 2 - 15　三相桥式全控整流电路带电阻负载时的电路及其波形（$\alpha > 60°$）（一）

（a）区间 I 电路；（b）区间 III 电路；（c）区间 V 电路；（d）区间 VII 电路；（e）区间 IX 电路；

（f）区间 XI 电路；（g）区间 II、IV、VI、VIII、X、XII 电路

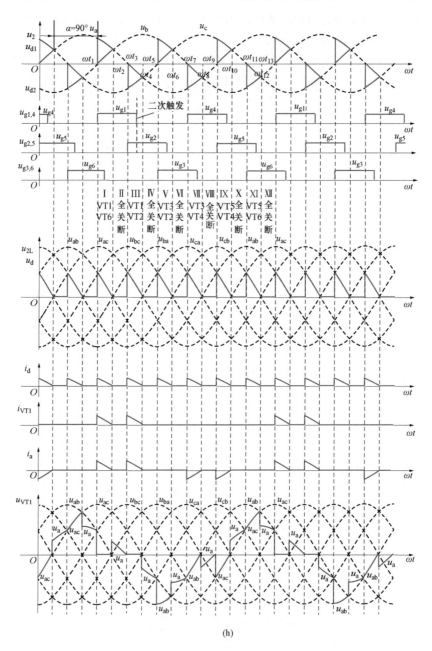

(h)

图 2-15　三相桥式全控整流电路带电阻负载时的电路及其波形（α＞60°）（二）

(h) α＝90°时的工作波形图

表 2-10　　　　　三相桥式全控整流电路带电阻负载时的工作情况（**α＞60°**）

区间	I	II	III	IV	V	VI	VII	VIII	IX	X	XI	XII
ωt	$\omega t_1 \sim$ ωt_2	$\omega t_2 \sim$ ωt_3	$\omega t_3 \sim$ ωt_4	$\omega t_4 \sim$ ωt_5	$\omega t_5 \sim$ ωt_6	$\omega t_6 \sim$ ωt_7	$\omega t_7 \sim$ ωt_8	$\omega t_8 \sim$ ωt_9	$\omega t_9 \sim$ ωt_{10}	$\omega t_{10} \sim$ ωt_{11}	$\omega t_{11} \sim$ ωt_{12}	$\omega t_{12} \sim$ ωt_{13}

续表

区间	I	II	III	IV	V	VI	VII	VIII	IX	X	XI	XII
晶闸管导通情况	VT1、VT6 导通	VT1~VT6 全关断	VT1、VT2 导通	VT1~VT6 全关断	VT2、VT3 导通	VT1~VT6 全关断	VT3、VT4 导通	VT1~VT6 全关断	VT4、VT5 导通	VT1~VT6 全关断	VT5、VT6 导通	VT1~VT6 全关断
电路图	图 2 - 15 (a)	图 2 - 15 (g)	图 2 - 15 (b)	图 2 - 15 (g)	图 2 - 15 (c)	图 2 - 15 (g)	图 2 - 15 (d)	图 2 - 15 (g)	图 2 - 15 (e)	图 2 - 15 (g)	图 2 - 15 (f)	图 2 - 15 (g)
负载电压 u_d	u_{ab}	0	u_{ac}	0	u_{bc}	0	u_{ba}	0	u_{ca}	0	u_{cb}	0
负载电流 i_d	u_d/R											
流过晶闸管电流 i_{VT1}	i_d	0	i_d	0	0	0	0	0	0	0	0	0
交流侧电流 i_a	i_d	0	i_d	0	0	0	$-i_d$	0	$-i_d$	0	0	0
晶闸管两端电压 u_{VT1}	0	u_a	0	u_a	u_{ab}	u_a	u_{ab}	u_a	u_{ac}	u_a	u_{ac}	u_a
负载电压平均值 U_d	$\dfrac{1}{\pi/3}\displaystyle\int_{\frac{\pi}{6}+\alpha}^{\frac{5\pi}{6}}\sqrt{6}U_2\sin\left(\omega t+\dfrac{\pi}{6}\right)\mathrm{d}(\omega t)=2.34U_2\left[1+\cos\left(\dfrac{\pi}{3}+\alpha\right)\right]$											
负载电流平均值 I_d	U_d/R											

由图 2 - 14 和图 2 - 15 中三相桥式全控整流电路带电阻负载时的波形图可知：VT1~VT6 顺序导通；整流电路输出电压 u_d 在一个工频周期内脉动 6 次，每次脉动的波形都一样，故该电路称为 6 脉波整流电路；当 $\alpha=120°$ 时，$U_d=0$，所以晶闸管移相范围为 0°~120°；晶闸管可能承受的最大正向电压为 $\dfrac{3\sqrt{2}}{2}U_2$，晶闸管可能承受的最大反向电压为变压器二次侧线电压峰值，即 $\sqrt{6}U_2$。

三相桥式全控整流电路中变压器二次电流中不含有直流分量，故无变压器直流磁化问题。

2. 带阻感负载时的工作情况

三相桥式全控整流电路带阻感负载时，当 $\alpha\leqslant60°$ 时，其工作情况与带电阻负载时的工作情况十分相似，除了由于电感的作用使负载电流 i_d 的波形可近似为一条直线（电感极大）外，各晶闸管的通断情况、整流电路输出电压波形、晶闸管承受的电压波形等，均与带电阻负载时的情况相同。

当 $\alpha>60°$ 时，带阻感负载时的工作情况与带电阻负载时不同，带电阻负载时 u_d 波形为零的区间在带感性负载时，由于电感的作用，u_d 波形会出现负的部分。根据晶闸管 VT1～VT6 导通和关断的时序，将电路工作过程分为 6 个线性电路工作区间，图 2-16 给出了各个区间的电路，表 2-11 给出了各个区间的工作情况。图 2-17 和图 2-18 分别为三相桥式全控整流电路带阻感负载 $\alpha=30°$ 和 $\alpha=90°$ 时的工作波形。

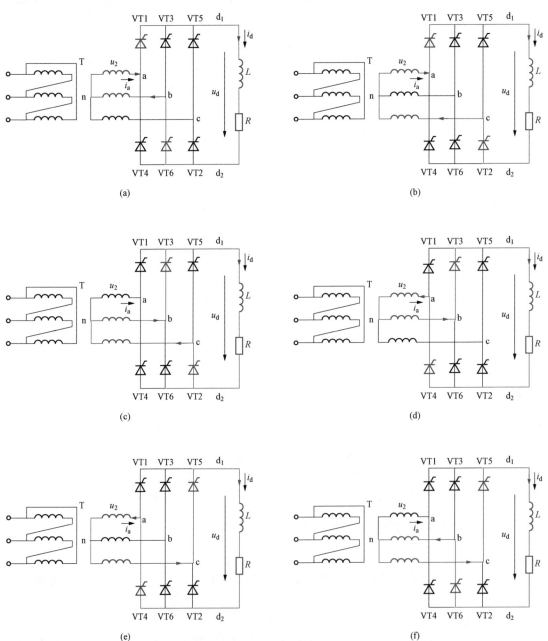

图 2-16　三相桥式全控整流电路带阻感负载时的工作电路

(a) 区间Ⅰ电路；(b) 区间Ⅱ电路；(c) 区间Ⅲ电路；(d) 区间Ⅳ电路；(e) 区间Ⅴ电路；(f) 区间Ⅵ电路

表 2 - 11 　　　　　　　三相桥式全控整流电路带阻感负载时的工作情况

区间	I	II	III	IV	V	VI
ωt	$\omega t_1 \sim \omega t_2$	$\omega t_2 \sim \omega t_3$	$\omega t_3 \sim \omega t_4$	$\omega t_4 \sim \omega t_5$	$\omega t_5 \sim \omega t_6$	$\omega t_6 \sim \omega t_7$
晶闸管导通情况	VT1、VT6 导通	VT1、VT2 导通	VT2、VT3 导通	VT3、VT4 导通	VT4、VT5 导通	VT5、VT6 导通
电路图	图 2 - 16（a）	图 2 - 16（b）	图 2 - 16（c）	图 2 - 16（d）	图 2 - 16（e）	图 2 - 16（f）
负载电压 u_d	u_{ab}	u_{ac}	u_{bc}	u_{ba}	u_{ca}	u_{cb}
负载电流 i_d	I_d					
流过晶闸管电流 i_{VT1}	I_d	I_d	0	0	0	0
交流输入电流 i_a	I_d	I_d	0	$-I_d$	$-I_d$	0
晶闸管两端电压 u_{VT1}	0	0	u_{ab}	u_{ab}	u_{ac}	u_{ac}
负载电压平均值 U_d	$\dfrac{1}{\pi/3}\displaystyle\int_{\frac{\pi}{6}+\alpha}^{\frac{\pi}{2}+\alpha}\sqrt{6}U_2\sin\left(\omega t+\dfrac{\pi}{6}\right)\mathrm{d}(\omega t)=2.34U_2\cos\alpha$					
负载电流平均值 I_d	U_d/R					
交流侧电流有效值 I_a	$\sqrt{\dfrac{1}{2\pi}\left(I_d^2\times\dfrac{2\pi}{3}+(-I_d)^2\times\dfrac{2\pi}{3}\right)}=\sqrt{\dfrac{2}{3}}I_d=0.816I_d$					

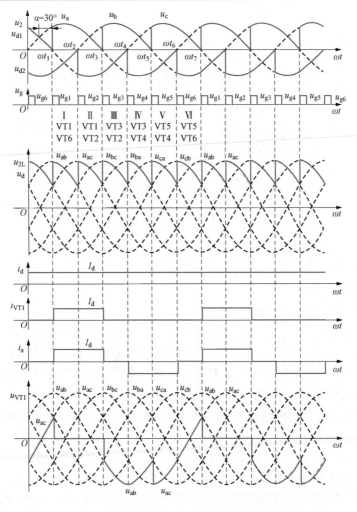

图 2 - 17　三相桥式全控整流电路带阻感负载时的波形（$\alpha=30°$）

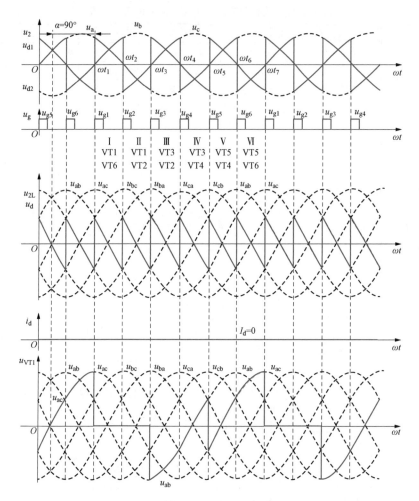

图 2-18　三相桥式全控整流电路带阻感负载时的波形（$\alpha=90°$）

由图 2-17 和图 2-18 的三相桥式全控整流电路带阻感负载时的波形可知：当 $\alpha=90°$ 时，$U_d=0$，所以晶闸管移相范围为 $0°\sim90°$；晶闸管可能承受的最大正、反向电压均为变压器二次侧线电压峰值，即 $\sqrt{6}U_2$。

2.2.4　交流侧电感对整流电路的影响

在前面分析整流电路时，都忽略了交流电源中电感或整流变压器漏感的影响，认为晶闸管的换相是瞬时完成的。实际上由于交流电源中存在电感或变压器存在漏感（统称为交流侧电感），换相时，电感电流不能突然变为零或突然变大，使得实际换相过程不能瞬时完成。交流电源中电感或整流变压器漏感可用一个集中的电感 L_B 表示，并将其折算到变压器二次侧。本节以三相半波可控整流电路为例来分析交流侧电感对换相过程的影响，结论可推广到其他电路。

图 2-19 为考虑交流侧电感的影响时的三相半波可控整流电路带阻感负载时的换相过程电路及其波形。假设负载电感 L 很大，则负载电流 i_d 为恒定的直流电流 I_d。以从 VT1 导通换相至 VT2 导通的过程为例来说明交流侧电感对换相过程的影响，ωt_1 时刻之前 VT1 导通，ωt_1 时刻触发 VT2 而使 VT2 导通，此时因 a、b 两相交流侧均有电感，故 i_a 和 i_b 均不能突变，

于是存在 VT1 和 VT2 同时导通的区间，该区间内由于两相都有电感 L_B，分别感应出电压可以使 VT1 和 VT2 同时承受正压而不关断，i_b 逐渐增大，i_a 逐渐减小，$i_a+i_b=I_d$ 的值是恒定的，所以 i_b 逐渐增大的量等于 i_a 逐渐减小的量，可认为在两相回路中产生一个假想的短路环流 i_k，实际上因晶闸管只能单向导电，故 i_k 不能反向流过 VT1，换相过程中流过晶闸管的实际电流是相对于换相前 VT1 初始电流 i_{a0} 基础上减小一个假想环流 i_k，VT2 初始电流 i_{b0} 基础上增加一个假想环流 i_k，但 i_a 和 i_b 仍然从晶闸管阳极流向阴极。当 i_k 增大到 I_d 时，$i_a=0$，VT1 关断，换相过程结束。换相过程持续的时间用电角度 γ 表示，称为换相重叠角。

考虑交流侧电感的影响时的三相半波可控整流电路带阻感负载时的工作情况见表2-12。

在上述过程中，整流电路输出电压瞬时值为

$$u_d=u_a+L_B\frac{di_k}{dt}=u_b-L_B\frac{di_k}{dt}=\frac{u_a+u_b}{2} \tag{2-1}$$

由式（2-1）可知，在换相过程中，整流电路输出直流电压 u_d 为同时导通的两个晶闸管所对应的两个相电压的平均值。与不考虑交流侧电感时相比，每次换相时 u_d 的波形均少了一块，导致 u_d 平均值降低，降低的量用 ΔU_d 表示，称为换相压降。

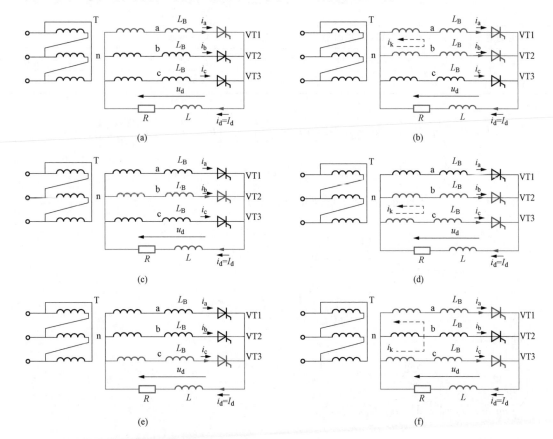

图 2-19　考虑交流侧电感的影响时的三相半波可控整流电路带阻感负载时的换相过程电路及其波形（一）
（a）区间Ⅰ电路；（b）区间Ⅱ电路；（c）区间Ⅲ电路；（d）区间Ⅳ电路；（e）区间Ⅴ电路；（f）区间Ⅵ电路

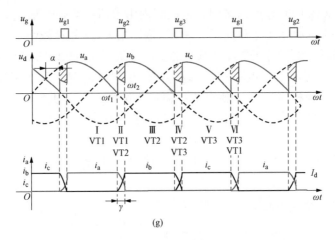

(g)

图 2 - 19　考虑交流侧电感的影响时的三相半波可控整流电路带阻感负载时的换相过程电路及其波形（二）
(g) 换相波形

表 2 - 12　　考虑交流侧电感的影响时的三相半波可控整流电路带阻感负载时的工作情况

区间	I	II	III	IV	V	VI
晶闸管导通情况	VT1 导通	VT1、VT2 导通	VT2 导通	VT2、VT3 导通	VT3 导通	VT3、VT1 导通
电路图	图 2 - 19（a）	图 2 - 19（b）	图 2 - 19（c）	图 2 - 19（d）	图 2 - 19（e）	图 2 - 19（f）
负载电压 u_d	u_a	$(u_a + u_b)/2$	u_b	$(u_b + u_c)/2$	u_c	$(u_a + u_c)/2$

$$\Delta U_d = \frac{1}{2\pi/3} \int_{\frac{5\pi}{6}+\alpha}^{\frac{5\pi}{6}+\alpha+\gamma} (u_b - u_d) d(\omega t) = \frac{3}{2\pi} \int_{\frac{5\pi}{6}+\alpha}^{\frac{5\pi}{6}+\alpha+\gamma} \left[u_b - \left(u_b - L_B \frac{di_k}{dt} \right) \right] d(\omega t)$$

$$= \frac{3}{2\pi} \int_{\frac{5\pi}{6}+\alpha}^{\frac{5\pi}{6}+\alpha+\gamma} L_B \frac{di_k}{dt} d(\omega t) = \frac{3}{2\pi} \int_0^{I_d} \omega L_B di_k = \frac{3}{2\pi} \omega L_B I_d \tag{2-2}$$

由式（2 - 1）得出下式，用于求解换相重叠角 γ。

$$\frac{di_k}{dt} = \frac{u_b - u_a}{2L_B} = \frac{\sqrt{6} U_2 \sin\left(\omega t - \frac{5\pi}{6}\right)}{2L_B} \tag{2-3}$$

由式（2 - 3）可得

$$\frac{di_k}{d\omega t} = \frac{\sqrt{6} U_2}{2\omega L_B} \sin\left(\omega t - \frac{5\pi}{6}\right) \tag{2-4}$$

进而得出

$$i_k = \int_{\frac{5\pi}{6}+\alpha}^{\omega t} \frac{\sqrt{6} U_2}{2\omega L_B} \sin\left(\omega t - \frac{5\pi}{6}\right) d(\omega t) = \frac{\sqrt{6} U_2}{2\omega L_B} \left[\cos\alpha - \cos\left(\omega t - \frac{5\pi}{6}\right) \right] \tag{2-5}$$

当 $\omega t = \alpha + \gamma + \frac{5\pi}{6}$ 时，$i_k = I_d$，于是

$$I_d = \frac{\sqrt{6} U_2}{2\omega L_B} \left[\cos\alpha - \cos(\alpha + \gamma) \right] \tag{2-6}$$

$$\cos\alpha - \cos(\alpha + \gamma) = \frac{2\omega L_B I_d}{\sqrt{6} U_2} \tag{2-7}$$

换相重叠角 γ 随其他参数变化的规律为：①I_d 越大，则 γ 越大；②L_B 越大，γ 越大，L_B 为零时，γ 为零；③当 $\alpha \leqslant 90°$ 时，α 越小，γ 越大，因为 α 越小，U_d 越大，I_d 就越大，γ 越大。

对于其他整流电路，可以用同样的方法进行分析，表 2 - 13 给出了各种整流电路换相压降和换相重叠角的计算公式。表中所列 m 脉波整流电路的公式为通用公式，适用于各种整流电路。

表 2 - 13　　　　　　　　　各种整流电路换相压降和换相重叠角的计算

参数	电路形式			
	单相桥式全控整流电路	三相半波可控整流电路	三相桥式全控整流电路	m 脉波整流电路
ΔU_d	$\dfrac{2\omega L_B}{\pi} I_d$	$\dfrac{3\omega L_B}{2\pi} I_d$	$\dfrac{3\omega L_B}{\pi} I_d$	$\dfrac{m\omega L_B}{2\pi} I_d$ ①
$\cos\alpha - \cos(\alpha+\gamma)$	$\dfrac{2\omega L_B I_d}{\sqrt{2}U_2}$	$\dfrac{2\omega L_B I_d}{\sqrt{6}U_2}$	$\dfrac{2\omega L_B I_d}{\sqrt{6}U_2}$	$\dfrac{\omega L_B I_d}{\sqrt{2}U_2 \sin\frac{\pi}{m}}$ ②

① 单相桥式全控整流电路的换相过程中，环流 i_k 是从 $-I_d$ 变为 I_d，表中所列通用公式不适用。

② 三相桥式全控整流电路等效为相电压有效值等于 $\sqrt{3}U_2$ 的 6 脉波整流电路，故其 $m=6$，相电压有效值按 $\sqrt{3}U_2$ 代入。

通过分析可得出以下交流侧电感对整流电路影响的一些结论：

（1）出现换相重叠角 γ，整流输出电压平均值 U_d 降低。

（2）整流电路的工作状态增多，分时段线性电路增多，工作区间变多。

（3）晶闸管的 di/dt 减小，电流缓慢变化有利于晶闸管的安全开通，同时寄生电感上的电压也减小，可防止晶闸管两端电压过高，为了抑制晶闸管过大的 di/dt，有时人为串入进线电感。

（4）换相时晶闸管电压出现缺口，du/dt 在寄生电容上会产生电流，可能使晶闸管误导通，为此必须加吸收电路。

（5）换相过程中，两相之间流过电流 i_k，当 i_k 较大时相当于两相短路，会使电网电压出现缺口，畸变的电网电压可能成为干扰源，影响电网中其他设备的正常运行。

2.3　大功率或高电压整流电路

本节首先将介绍谐波和功率因数的概念，分析典型波形的谐波情况和常用的整流电路的功率因数，然后介绍大功率或高电压整流电路，分别介绍适用于大电流场合的带平衡电抗器的双反星形可控整流电路的工作原理和多重化整流电路的工作原理及电路谐波或功率因数情况。

2.3.1　谐波和功率因数

1. 谐波

在供用电系统中，通常总是希望呈现出正弦的交流电压波形和交流电流波形。正弦波电

压可表示为

$$u(\omega t) = \sqrt{2}U\sin(\omega t + \varphi_u) \qquad (2\text{-}8)$$

式中　U——电压有效值；

　　　φ_u——初相角；

　　　ω——角频率；

　　　f——频率；

　　　T——周期。

对于周期为 $T = 2\pi/\omega$（$\omega = 2\pi f = 2\pi/T$）的非正弦电压 $u(\omega t)$，一般满足狄里赫利条件，可分解为如下形式的傅里叶级数

$$u(\omega t) = a_0 + \sum_{n=1}^{\infty}(a_n\cos n\omega t + b_n\sin n\omega t) \qquad (2\text{-}9)$$

其中

$$a_0 = \frac{1}{2\pi}\int_0^{2\pi}u(\omega t)\mathrm{d}(\omega t)$$

$$a_n = \frac{1}{\pi}\int_0^{2\pi}u(\omega t)\cos n\omega t\,\mathrm{d}(\omega t)$$

$$b_n = \frac{1}{\pi}\int_0^{2\pi}u(\omega t)\sin n\omega t\,\mathrm{d}(\omega t)$$

$$n = 1, 2, 3, \cdots$$

整理可得下式

$$u(\omega t) = a_0 + \sum_{n=1}^{\infty}c_n\sin(n\omega t + \varphi_n) \qquad (2\text{-}10)$$

式中，c_n、φ_n 和 a_n、b_n 的关系为

$$c_n = \sqrt{a_n^2 + b_n^2}$$

$$\varphi_n = \arctan(a_n/b_n)$$

$$a_n = c_n\sin\varphi_n$$

$$b_n = c_n\cos\varphi_n$$

在式（2-10）所示的傅里叶级数中，频率与工频相同的分量称为基波，频率为基波频率大于 1 整数倍的分量称为谐波，谐波次数为谐波频率和基波频率的整数比。以上公式及定义也适用于非正弦电流的情况，把式中 $u(\omega t)$ 转成 $i(\omega t)$ 即可。

常用下面两个定义描述谐波情况。

（1）n 次谐波含有率。用 HR（harmonic ratio）表示，以 n 次谐波电压含有率为例，表示如式（2-11）所示，n 次谐波电流含有率定义与电压类似，变量由电压变量改为电流变量即可。

$$HR = \frac{U_n}{U_1} \times 100(\%) \qquad (2\text{-}11)$$

式中　U_n——第 n 次谐波电压有效值（方均根值）；

　　　U_1——基波电压有效值。

（2）谐波总畸变率。用 THD（total harmonic distortion）表示，以电压谐波总畸变率为例，表示如式（2-12）所示，电流谐波总畸变率定义与电压类似，变量由电压变量改为

电流变量即可。

$$THD = \frac{U_{\mathrm{H}}}{U_1} \times 100(\%)$$ (2 - 12)

式中　U_{H}——总谐波电压有效值。

谐波电流和谐波电压对电网是一种污染，会对电网产生危害，包括：

（1）谐波使电网中的元件产生了额外的谐波损耗，降低了发电、输电、配电及用电设备的效率，严重时会损坏各种电气设备。例如在三相四线制电路中，大量的 3 次谐波电流流过中线时会使中线过电流而损坏；谐波使电机产生机械振动、噪声和过电压；谐波使变压器过热而损坏等。

（2）谐波作为激励源会引起电网中局部的并联谐振和串联谐振，从而使谐波被放大，产生过电压或过电流。

（3）谐波会导致继电保护和自动装置的误动作。

（4）高次谐波会干扰邻近的通信系统及通信线路。

2. 无功功率和功率因数

（1）正弦电压和正弦电流的电路中的无功功率和功率因数。

设电压和电流分别为

$$u = \sqrt{2}U\sin\omega t$$
$$i = \sqrt{2}I\sin(\omega t - \varphi)$$ (2 - 13)

式中　φ——电流滞后于电压的相位差。

电路的有功功率 P 就是其平均功率，即

$$P = \frac{1}{2\pi}\int_0^{2\pi} ui\,\mathrm{d}(\omega t) = UI\cos\varphi$$ (2 - 14)

电路的无功功率为

$$Q = UI\sin\varphi$$ (2 - 15)

视在功率为

$$S = UI$$ (2 - 16)

定义有功功率和视在功率的比值为功率因数 λ，即

$$\lambda = \frac{P}{S} = \cos\varphi$$ (2 - 17)

从式（2 - 17）中可以看出，在正弦电压和正弦电流的电路中，功率因数是由电压和电流之间的相位差决定的。

（2）正弦电压和非正弦电流的电路中的无功功率和功率因数。

在含有谐波的非正弦电路中，有功功率、视在功率和功率因数的定义均和正弦波电路中的定义相同，即有功功率仍为平均功率，视在功率仍由式（2 - 16）来定义，功率因数仍由式（2 - 17）来定义，这几个量的物理意义也没有变化。

在正弦电压和非正弦电流的电路中，设正弦波电压有效值用 U 表示，畸变电流有效值用 I 表示，其基波电流有效值及与电压相位差分别用 I_1 和 φ_1 表示，有功功率为

$$P = UI_1\cos\varphi_1$$ (2 - 18)

功率因数为

$$\lambda = \frac{P}{S} = \frac{UI_1\cos\varphi_1}{UI} = \frac{I_1}{I}\cos\varphi_1 = \gamma\cos\varphi_1 \qquad (2\text{-}19)$$

式中 $\gamma = I_1/I$，称为基波因数，即基波电流有效值和总电流有效值之比，而 $\cos\varphi_1$ 称为基波功率因数或位移因数。由式（2-19）可知，在正弦电压和非正弦电流的电路中功率因数是由基波电流相移和电流波形畸变两个因素决定的。

非正弦电压和非正弦电流的电路中的无功功率的情况比较复杂，至今没有被广泛接受的科学而权威性的定义。其有功功率仍然由平均功率计算，功率因数仍然是有功功率和视在功率的比值，只是计算过程变得复杂，这里就不再介绍。

无功功率对电网的影响主要有以下几个方面：

（1）导致设备容量增加。无功功率会使电流增大和视在功率增加，从而使发电机、变压器、导线及其他电气设备容量增加。

（2）导致设备及线路损耗增加。例如线路总电流包含有功电流和无功电流，电流有效值的平方与线路电阻相乘即为线路损耗，该线路损耗中包含了无功电流引起的部分。

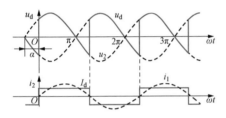

图 2-20　电压为正弦波、电流为 180°
方波时的波形

（3）使线路压降增大，如果是冲击性无功负荷，还会引起电压波动，使供电质量下降。

3. 电压为正弦波、电流为 180°方波时的谐波与功率因数

电压为正弦波、电流为 180°方波时的波形如图 2-20 所示，产生该波形的典型电路是带阻感负载的单相桥式全控整流电路，忽略换相过程和电流脉动（负载电感极大）时，其正弦交流电压和非正弦交流电流的波形即为图 2-20 中的波形，i_1 为基波电流。其中，交流侧电压为

$$u_2 = \sqrt{2}U_2\sin(\omega t + \alpha) \qquad (2\text{-}20)$$

交流侧电流为理想方波，其有效值等于直流电流，即

$$I = I_d \qquad (2\text{-}21)$$

将交流侧电流波形分解为傅里叶级数，可得

$$i_2 = \frac{4}{\pi}I_d\left(\sin\omega t + \frac{1}{3}\sin3\omega t + \frac{1}{5}\sin5\omega t + \cdots\right) = \frac{4}{\pi}I_d\sum_{n=1,3,5,\cdots}\frac{1}{n}\sin n\omega t \qquad (2\text{-}22)$$

由式（2-22）可知，基波电流有效值 $I_1 = \frac{2\sqrt{2}}{\pi}I_d$，$i_2$ 的有效值 $I = I_d$，所以功率因数为

$$\lambda = \nu\cos\varphi_1 = \frac{I_1}{I}\cos\varphi_1 = \frac{2\sqrt{2}}{\pi}\cos\alpha \approx 0.9\cos\alpha \qquad (2\text{-}23)$$

4. 电压为正弦波、电流为 120°方波时的谐波与功率因数

电压为正弦波、电流为 120°方波时的波形如图 2-21 所示，产生该波形的典型电路是带阻感负载的三相桥式全控整流电路，忽略换相过程和电流脉动（负载电感极大）时，其正弦的交流电压和非正弦的交流电流的波形即为图 2-21 中的波形，i_1 为基波电流。电流为正负半周各 120°的方波，a、b、c 三相电流波形相同，且依次相差 120°。以 a 相电流为例，电流负、正两半波的中点作为时间零点，可将电流波形分解为傅里叶级数，则有

$$i_a = \frac{2\sqrt{3}}{\pi}I_d\Big(\sin\omega t - \frac{1}{5}\sin5\omega t - \frac{1}{7}\sin7\omega t + \frac{1}{11}\sin11\omega t + \frac{1}{13}\sin13\omega t$$

$$-\frac{1}{17}\sin17\omega t - \frac{1}{19}\sin19\omega t + \cdots\Big)$$

$$= \frac{2\sqrt{3}}{\pi}I_d\sin\omega t + \frac{2\sqrt{3}}{\pi}I_d\sum_{\substack{n=6k\pm1\\k=1,2,3,\cdots}}(-1)^k\frac{1}{n}\sin n\omega t \tag{2-24}$$

由式（2-24）可知，基波电流有效值 $I_1 = \frac{\sqrt{6}}{\pi}I_d$，由表 2-11 可知，$i_2$ 的有效值 $I = \sqrt{\frac{2}{3}}I_d$，电流基波与电压的相位差仍为 α，所以功率因数为

$$\lambda = \nu\cos\varphi_1 = \frac{I_1}{I}\cos\varphi_1 = \frac{3}{\pi}\cos\alpha \approx 0.955\cos\alpha \tag{2-25}$$

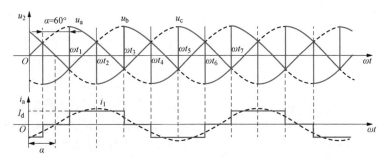

图 2-21   电压为正弦波、电流为 120° 方波时的波形

5. 脉动电压或电流的谐波分析

整流电路的输出电压是周期性的非正弦函数，其中主要成分为直流，同时包含各种频率的谐波，负载电流也与整流电路输出电压一样含有直流分量和谐波分量。整流电路输出电压谐波一般表达式十分复杂，本节只给出当 $\alpha=0°$ 时 m 脉波整流电路的输出电压谐波情况，6 脉波（$m=6$）整流电路输出电压波形如图 2-22 所示，该波形为三相桥式不可控整流电路的输出电压波形。将纵坐标选在整流电路输出电压的峰值处，则在 $-\pi/m \sim \pi/m$ 区间内输出电压的表达方式为

$$u_d = \sqrt{6}U_2\cos\omega t \tag{2-26}$$

将该输出电压分解为傅里叶级数，得出

$$u_d = U_{d0} + \sum_{\substack{n=mk\\k=1,2,3\cdots}}^{\infty}b_n\cos n\omega t = U_{d0}\Big(1 - \sum_{\substack{n=mk\\k=1,2,3\cdots}}^{\infty}\frac{2\cos k\pi}{n^2-1}\cos n\omega t\Big) \tag{2-27}$$

其中

$$U_{d0} = \sqrt{6}U_2\frac{m}{\pi}\sin\frac{\pi}{m} \tag{2-28}$$

$$b_n = -\frac{2\cos k\pi}{n^2-1}U_{d0} \tag{2-29}$$

负载电流的傅里叶级数可由输出电压的傅里叶级数求得

$$i_d = I_d + \sum_{\substack{n=mk\\k=1,2,3\cdots}}^{\infty}d_n\cos(n\omega t - \varphi_n) \tag{2-30}$$

其中

$$I_d = \frac{U_{d0}}{R} \qquad (2-31)$$

n 次谐波电流的幅值 d_n 为

$$d_n = \frac{b_n}{\sqrt{R^2 + (n\omega L)^2}} \qquad (2-32)$$

n 次谐波电流的滞后角为

$$\varphi_n = \arctan \frac{n\omega L}{R} \qquad (2-33)$$

由式（2-27）和式（2-30）可得出 $\alpha=0°$ 时输出电压和负载电流中的谐波有如下规律：

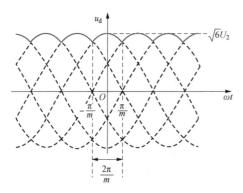

图 2-22　$\alpha=0°$ 时 m 脉波整流电路的输出电压波形

（1）m 脉波整流电路输出电压和负载电流的谐波次数为 mk（$k=1,2,3,\cdots$）次，即 m 的整数倍次。

（2）当 m 一定时，随谐波次数增加，谐波幅值迅速减小，谐波幅值最大的为最低次（m 次）谐波，其他次数的谐波幅值相对较小。

2.3.2　带平衡电抗器的双反星形可控整流电路

在大电流负载情况下，通常应用多个整流电路并联运行，带平衡电抗器的双反星形可控整流电路就是一种适用于低电压、大电流场合的整流电路。

带平衡电抗器的双反星形可控整流电路如图 2-23 所示，由两个三相半波可控整流电路并联而成，为了消除三相半波可控整流电路中变压器铁芯的直流磁化问题，将整流变压器的二次侧接成双反星形电路，即每相的两个绕组来自不同的三相半波可控整流电路，其匝数相同、极性相反，例如 a 与 a' 绕在同一相铁芯上，图中"·"表示同名端。同样 b 与 b'、c 与 c' 分别绕在同一相铁芯上。为了保证两组三相半波可控整流电路能同时导电，增加电感量为 L_p 的平衡电抗器，使得每组三相半波可控整流电路承担一半的负载电流。

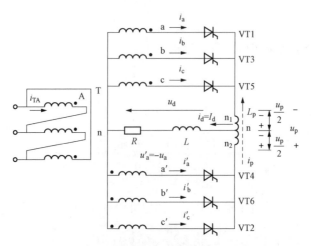

图 2-23　带平衡电抗器的双反星形可控整流电路

以两组三相半波可控整流电路的触发角 $\alpha = 0°$ 为例来介绍带平衡电抗器的双反星形可控整流电路的工作过程，两组整流电路输出电压、交流侧电流的波形如图 2-24 所示。

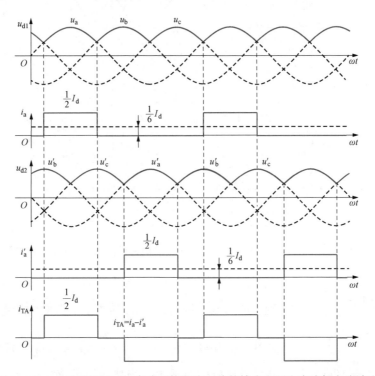

图 2-24 $\alpha = 0°$ 时两组三相半波可控整流电路的输出电压和交流侧电流波形

在图 2-23 中，由于整流变压器的二次侧接成双反星形，两组整流电路的相电压相差 180°，因而相电流也同样相差 180°。两组整流电路的输出电压和交流侧电流的平均值都分别相等，绕组的极性相反，所以直流安匝互相抵消，消除了直流磁通势，例如 a 相交流侧电流 i_a 与 a′ 相交流侧电流 i'_a 的平均值都是 $I_d/6$，a 相和 a′ 相的绕组极性相反，所以直流磁通势相互抵消，变压器一次侧电流 i_{TA} 中不含有直流分量，其中 $i_{TA} = i_a - i'_a$。

两个三相半波可控整流电路输出端并联，相当于两个直流电源并联运行，当两个电源的电压平均值和瞬时值均相等时，才能保证两个三相半波可控整流电路各有一个晶闸管导通，否则，会出现某一个三相半波可控整流电路输出电压瞬时值高于另一个三相半波可控整流电路输出电压瞬时值，而使得另一个三相半波可控整流电路的晶闸管承受反压而关断，无法平均分配负载电流。在双反星形电路中，虽然两组整流电路输出电压的平均值 U_{d1} 和 U_{d2} 是相等的，但是因为输出电压是脉动波且两组整流电路输出电压脉动相差 60°，使得它们的输出电压的瞬时值不同，如图 2-25 所示，瞬时电压 u_{d1} 和 u_{d2} 之差是三倍频的近似三角波的电压。为了使两个三相半波可控整流电路都工作来平分负载电流，在两个三相半波可控整流电路输出端之间接有带中间抽头的平衡电抗器。

以下分析平衡电抗器的作用和其使两组三相半波可控整流电路同时导通的原理。

在图 2-25 中，取某一瞬间如 ωt_1 时刻，等效电路图如图 2-26 所示，这时 $u'_b > u_a$，如果两个三相半波可控整流电路无平衡电抗器，则必然只有 b′ 相的晶闸管能导电，a 相的晶闸管承受反压而关断。接了平衡电抗器后，两个三相半波可控整流电路的输出端均有了电感，

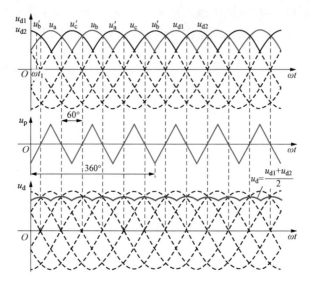

图 2-25　平衡电抗器作用下输出电压的波形和平衡电抗器上电压的波形

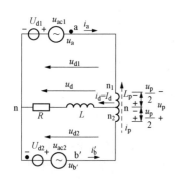

图 2-26　平衡电抗器作用下
两个晶闸管同时导电的情况

在 $u'_b > u_a$ 情况下电流分配不均而使得 i'_b 和 i_a 变化，电感会分别感应出电压值均为 $\frac{1}{2}u_p$ 的两个电压对两个电流变化起到抑制作用，始终保持 $u_{d2} - \frac{1}{2}u_p = u_{d1} + \frac{1}{2}u_p$，使得 u'_b 和 u_a 所在相的晶闸管同时导电，当然，为了感应出合适的电压必须设计合适的平衡电抗器的值。u_p 表达式如下

$$u_p = u_{d2} - u_{d1} \tag{2-34}$$

负载电压如下

$$u_d = u_{d2} - \frac{1}{2}u_p = u_{d1} + \frac{1}{2}u_p = \frac{1}{2}(u_{d1} + u_{d2}) \tag{2-35}$$

在 $u'_b > u_a$ 时，平衡电抗器 L_p 起平衡电流作用，使得晶闸管 VT6 和 VT1 都承受正向电压而都处于导通状态，在 $u'_b < u_a$ 时，同样的原理，平衡电抗器 L_p 起平衡电流作用，只是电压方向与 $u'_b > u_a$ 时相反，仍然使得晶闸管 VT6 和 VT1 都承受正向电压而都处于导通状态。负载电压瞬时值为两组三相半波可控整流电路输出电压瞬时值的平均值，波形如图 2-25 所示。

由图 2-24 和图 2-25 可知，当 $\alpha = 0°$ 时带平衡电抗器的双反星形可控整流电路变压器一次侧绕组的电流中含有 $6k \pm 1(k=1,2,3,\cdots)$ 次谐波，负载电压 u_d 中含有 $6k(k=1,2,3,\cdots)$ 次谐波。

当需要分析其他触发角时的输出电压波形时，可先得出两个三相半波可控整流电路的输出电压 u_{d1} 和 u_{d2} 波形，然后画出负载电压波形 $(u_{d1} + u_{d2})/2$。带平衡电抗器的双反星形可控整流电路输出电压的平均值与三相半波可控整流电路的输出电压的平均值相等。

带平衡电抗器的双反星形可控整流电路为两个三相半波可控整流电路的并联，三相桥式全控整流电路为两个三相半波可控整流电路的串联,将带平衡电抗器的双反星形可控整流电路与三相桥式全控整流电路进行比较可得出以下结论:

(1) 带平衡电抗器的双反星形可控整流电路需用平衡电抗器。

(2) 当 U_2 相等时,带平衡电抗器的双反星形可控整流电路的输出电压平均值 U_d 是三相桥式全控整流电路输出电压平均值的 1/2,而负载最大平均电流是三相桥式全控整流电路负载最大平均电流的 2 倍。

(3) 在两种电路中,晶闸管触发脉冲施加规则和晶闸管导通情况都是一样的,u_d 和 i_d 的波形形状也都是一样的。

2.3.3 多重化整流电路

多重化整流电路,即按照一定的规律将两个或者更多个相同结构的整流电路进行组合而成的电路。多重化整流电路的特点是,一方面在采用多个整流电路时可达到更大的功率,更重要的方面是它可以减少整流电路的交流侧输入总电流的谐波或提高功率因数,从而减小对供电电网的影响。本节主要介绍移相多重联结的多重化整流电路,目的是减少整流装置交流侧输入电流谐波,还将介绍串联多重联结整流电路采用顺序控制的方法,目的是提高功率因数。

1. 移相多重联结

整流电路的多重联结有并联多重联结和串联多重联结。

图 2-27 给出了并联多重联结的 12 脉波整流电路的原理图,它是由两个三相桥式全控整流电路并联多重联结而成的,该电路中使用了平衡电抗器来平衡各组整流电路的输出电流,其与带平衡电抗器的双反星形可控整流电路中采用平衡电抗器的作用是一样的。该电路输出直流电压为 12 脉动,与三相桥式全控整流电路相比,最低次谐波次数提高,谐波幅值变小,整流特性变好,同时也减少了交流电流中的谐波含量。

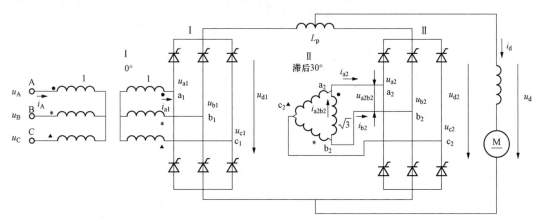

图 2-27 并联二重联结的 12 脉波整流电路

交流侧电压关系如图 2-28 所示,整流电路 Ⅰ 的变压器二次侧联结成星形接法,整流电路 Ⅱ 的变压器二次侧联结成三角形接法,u_{a2}、u_{b2}、u_{c2} 分别滞后于 u_{a1}、u_{b1}、u_{c1} 30°电角度,为了保证两个整流电路输出电压平均值相等,就需要整流电路交流侧电压 u_{a2}、u_{b2}、u_{c2} 分别与 u_{a1}、u_{b1}、u_{c1} 最大值相等,因此变压器一次绕组和二次绕组的匝比为 $1:1:\sqrt{3}$。整流电路的电流如图 2-29 所示,图 2-29 (a) 为整流电路 Ⅰ 的 a_1 相交流侧电流 i_{a1} 的波形,图 2-29 (b)为整流电路 Ⅱ 的 a_2 相交流侧电流 i_{a2} 的波形,因为整流电路 Ⅱ 输入电压滞后于整流

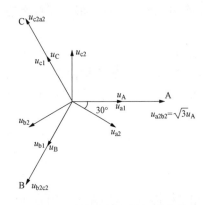

图 2 - 28　交流侧电压相量关系

电路 I 的输入电压 30°，所以 i_{a2} 滞后于 i_{a1} 30°。在整流电路 II 中 i_{b2} 滞后于 i_{a2} 120°，波形如图 2 - 29（c）所示，可以求出整流电路 II 中变压器相电流 i_{a2b2}，如图 2 - 29（d）所示，i_{a2b2} 是变压器二次侧绕组的电流，将其折算到一次侧电流为 i'_{a2b2}，如图 2 - 29（e）所示，整流电路 I 中的变压器变比是 1∶1，所以变压器一次侧和二次侧电流相等。如图 2 - 29（f）所示，变压器总的一次侧电流 i_A 为 i'_{a2b2} 与 i_{a1} 之和。

移相 30°并联二重联结电路的负载电压波形（$\alpha = 0$）如图 2 - 30 所示，负载电压求解与带平衡电抗器的双反星形可控整流电路的求解方法相同，即 u_d 为 $(u_{d1} + u_{d2})/2$。

输出整流电压 u_d 在每个交流电源周期中脉动 12 次，故该电路称为 12 脉波整流电路。

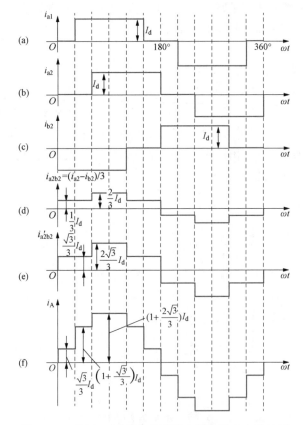

图 2 - 29　移相 30°并联二重联结电路的输入电流波形

对图 2 - 29 中的波形 i_A 进行傅里叶分析，表示成傅里叶级数如下：

$$i_A = \frac{4\sqrt{3}}{\pi} I_d \left(\sin\omega t + \frac{1}{11}\sin 11\omega t + \frac{1}{13}\sin 13\omega t + \frac{1}{23}\sin 23\omega t + \frac{1}{25}\sin 25\omega t + \cdots \right)$$

$$= \frac{4\sqrt{3}}{\pi} I_d \sin\omega t + \frac{4\sqrt{3}}{\pi} I_d \sum_{\substack{n = 12k \pm 1 \\ k = 1, 2, 3, \cdots}} \frac{1}{n} \sin n\omega t \qquad (2 - 36)$$

由式（2 - 36）可知交流侧输入电流谐波次数为 $12k\pm1(k=1,2,3,\cdots)$ 次，其幅值与次数成反比，谐波次数增加时幅值降低，最低次谐波电流为 11 次，幅值最大。在 6 脉波整流的三相桥式全控整流电路中交流侧电流含有 $6k\pm1(k=1,2,3,\cdots)$ 次谐波，最低次谐波电流为 5 次。显然，与三相桥式全控整流电路相比，并联二重联结的 12 脉波整流电路减小了交流侧电流的谐波。

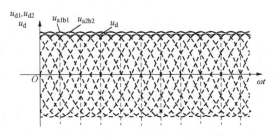

图 2 - 30　移相 30°并联二重联结电路的
负载电压波形（$\alpha=0°$）

并联二重联结电路的位移因数和功率因数如下：

位移因数　　　　　　　　　　　$\cos\varphi_1 = \cos\alpha$

功率因数　　　　　　$\lambda = \nu\cos\varphi_1 = \dfrac{I_1}{I}\cos\varphi_1 = 0.9886\cos\alpha$

显然，与三相桥式全控整流电路相比，并联二重联结的 12 脉波整流电路虽然不能提高位移因数，但可使交流侧电流谐波大幅减少，进而提高功率因数（三相桥式全控整流电路功率因数 $\lambda = 0.955\cos\alpha$）。

同理，利用变压器二次绕组接法的不同，互相错开20°（变压器采用曲折接法），可由三个三相桥式全控整流电路构成并联三重联结。并联三重联结电路的输出电压 u_d 在每个电源周期内脉动 18 次，故称此电路为 18 脉波整流电路。其交流侧输入电流中所含谐波进一步减少，其谐波次数为 $18k\pm1(k=1,2,3,\cdots)$ 次，整流电路输出电压 u_d 的脉动幅值也更小。若将整流变压器的二次绕组移相15°，可由四个三相桥式全控整流电路构成并联四重联结电路，此电路称为 24 脉波整流电路。其谐波将进一步减少，交流侧输入电流谐波次数为 $24k\pm1(k=1,2,3,\cdots)$ 次。

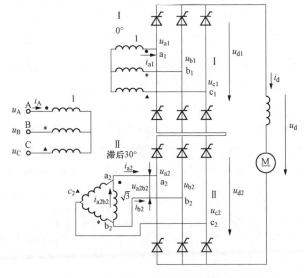

图 2 - 31　移相 30°串联二重联结电路

图 2 - 31 是移相 30°串联二重联结电路，其交流侧电压、电流的关系分别与移相 30°并联二重联结电路的电压、电流关系相同，波形也相同，含有谐波次数和功率因数也相同。不同点是移相 30°并联二重联结电路是两个三相桥式全控整流电路输出端的并联，而移相 30°串联二重联结电路是两个三相桥式全控整流电路输出端的串联。移相 30°串联二重联结电路的输出电压 u_d 为 $u_{d1}+u_{d2}$，是并联二重联结电路输出电压的 2 倍；在相同负载电流情况下，串联二重联结电路中的每个三相桥式全控整流电路的额定电流是并联二重联结电路中的每个三相桥式全控整流电路额定电流的 2 倍，也就是并联二重联结电路每个三相桥式全控整流电路的额定电流小于串联二重联结的情况。

2. 多重联结电路的顺序控制

在前面介绍的多重联结电路中，各整流电路工作时触发角相同，通过整流变压器二次侧的输入电压错开一定角度来实现多重联结，可以降低交流侧电流的谐波含量。本节介绍多重联结电路的顺序控制，即根据所需总直流输出电压从低到高的变化，按顺序依次对各桥进行控制，只对多重联结的整流电路中一个整流电路的 α 角进行控制，其余各整流电路的工作状态则根据所需要输出的负载电压而定。该方法无法大幅降低交流输入电流的谐波含量，但可以提高交流侧的功率因数，使位移因数接近 1。

图 2-32 给出了单相串联三重联结电路顺序控制的一个例子，工作情况见表 2-14，分 3 个工作方式。工作方式 1，当所需要的输出电压低于 1/3 最高电压 u_{d0max} 时，只对第 I 组桥的触发角 α 进行控制，VT23、VT24、VT33、VT34 导通，即第 II、III 组桥的输出电压为零，$u_d = u_{d1}$。工作方式 2，当所需要的输出电压为 1/3 到 2/3 最高电压时，第 I 组桥的触发角 α 为 0°，第 III 组桥的 VT33 和 VT34 维持导通，使第 III 组桥输出电压为零，仅对第 II 组桥的触发角 α 进行控制，$u_d = u_{d2} + |u_2|$。工作方式 3，当所需要的输出电压为 2/3 最高电压以上时，第 I、第 II 组桥的触发角 α 为 0°，仅对第 III 组桥的触发角 α 进行控制，$u_d = u_{d3} + 2|u_2|$。

表 2-14   **单相串联三重联结电路顺序控制的工作情况**

u_d 区间	工作组和 u_d			
	I	II	III	u_d 的值
$u_d \leqslant 1/3 u_{d0max}$	VT11~VT14 由 α 控制	VT23、VT24 导通（$u_{d2}=0$）	VT33、VT34 导通（$u_{d3}=0$）	$u_d = u_{d1}$
$1/3 u_{d0max} < u_d \leqslant 2/3 u_{d0max}$	$\alpha=0°$（$u_{d1}=|u_2|$）	VT21~VT24 由 α 控制	VT33、VT34 导通（$u_{d3}=0$）	$u_d = u_{d2} + |u_2|$
$2/3 u_{d0max} < u_d \leqslant u_{d0max}$	$\alpha=0°$（$u_{d1}=|u_2|$）	$\alpha=0°$（$u_{d2}=|u_2|$）	VT31~VT34 由 α 控制	$u_d = u_{d3} + 2|u_2|$

在阻感负载情况下，对上述电路中一个单元桥的 α 角进行控制时，通过改变触发脉冲及晶闸管导通顺序可以使直流输出电压波形不含负的部分，例如在整流桥 I 中，VT11、VT14 导通并流过直流电流 I_d，在电压相位为 π 时，触发 VT13 使得 VT11 承受反压而关断，VT13、VT14 导通，负载电流 I_d 通过 VT13、VT14 进行续流，此时负载电压为零而不出现负的部分。电压相位为 $\pi+\alpha$ 时，触发 VT12 使 VT14 承受反压而关断，VT12 和 VT13 导通，输出电压为 $-u_2$。同样，当电压相位为 2π 时触发 VT11 使 VT13 承受反压而关断，负载电流 I_d 通过 VT11、VT12 进行续流，下一周期开始重复上述过程。II 和 III 在控制 α 时与 I 相似。

图 3-33（a）、（b）的波形是工作方式 3 的波形，即直流输出电压大于 2/3 最高电压时的总直流输出电压 u_d 和总交流输入电流 i_d 的波形。此时第 I、第 II 两组桥的触发角为 0°，第 III 组桥触发角为 α，触发脉冲如图 2-33（a）所示。从交流侧电流 i 的波形可知顺序控制可以提高交流侧的功率因数，使得位移因数为 1，但该方法无法大幅降低交流输入电流的谐波含量。

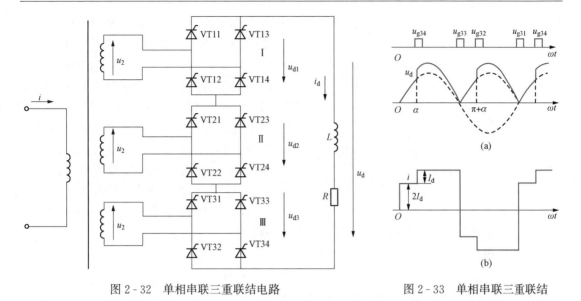

图 2 - 32　单相串联三重联结电路

图 2 - 33　单相串联三重联结
电路波形

2.4　PWM 整流电路

本节介绍 PWM 整流电路的工作原理。PWM 整流电路具有谐波含量少、功率因数高的特点，被广泛应用。

2.4.1　PWM 技术基础

1. PWM 控制的基本原理

PWM（pulse width modulation）控制就是对脉冲宽度进行调制的技术，通过对一系列脉冲的宽度进行调制，来等效地获得所需要的波形（含形状和幅值）。PWM 控制技术的理论基础是面积等效原理。

面积等效原理：冲量相等而形状不同的窄脉冲加在具有惯性的环节上时，其效果（惯性环节的输出）基本相同。冲量是指窄脉冲的面积，效果基本相同是指输出波形频谱中的低频段非常接近，仅在高频段略有差异。实例：将图 2 - 34（a）、（b）、（c）、（d）所示的脉冲分别作为输入的激励 $u(t)$，加在图 2 - 35（a）所示的可以看成惯性环节的阻感（L、R）电路上，设其输出电流 $i(t)$ 为响应或输出，在 4 个窄脉冲的面积（即冲量）相等时，图 2 - 35（b）给出了不同窄脉冲时 $i(t)$ 的响应或输出波形。从 $i(t)$ 的波形中可以看出，在 $i(t)$ 的上升段，4 个窄脉冲激励 $u(t)$ 对应的响应电流 $i(t)$ 的形状略有不同，但在 $i(t)$ 下降段则几乎完全相同。4 个窄脉冲越窄，各 $i(t)$ 波形的差异也越小。利用傅里叶分析对各响应电流进行频谱分析，可知 4 个激励下的各 $i(t)$ 在低频段的特性基本相同，仅在高频段有所不同。

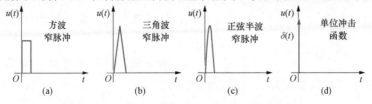

图 2 - 34　形状不同而冲量相同的各种窄脉冲

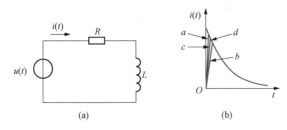

图 2-35　冲量相同的各种窄脉冲的响应波形
(a) 电路；(b) 响应波形

SPWM（sinusoidal PWM）控制：脉冲宽度按正弦规律变化来与正弦波等效的 PWM 控制。图 2-36 给出了 SPWM 波代替正弦半波的过程。为了分析方便，假设正弦半波峰值和 SPWM 波的幅值都是 1，将正弦半波看成是由 N 个彼此相连的脉冲构成（图 2-36 中 $N=7$），宽度为 π/N，如果 N 足够大，可将 N 个幅值顶部为曲线且大小按正弦规律变化的脉冲序列面积表示为 $\pi\sin(\omega t_1)/N$、$\pi\sin(\omega t_2)/N$、…、$\pi\sin(\omega t_N)/N$，其中 $t_1 \sim t_N$ 表示 N 等分的脉冲的中点时刻。把上述脉冲序列利用相同数量的等幅（假设为 1）而不等宽的矩形脉冲代替，$d_1 \sim d_N$ 表示等幅脉冲的宽度，等幅脉冲的面积可表示为 d_1、d_2、…、d_N，根据面积等效原理，矩形脉冲和相应的正弦波部分面积（冲量）相等，即 $d_1 = \pi\sin(\omega t_1)/N$、$d_2 = \pi\sin(\omega t_2)/N$、…、$d_N = \pi\sin(\omega t_N)/N$，将等宽而幅值按正弦规律变化的窄脉冲序列等效为等幅而宽度按照正弦规律变化的窄脉冲序列，这就生成了 SPWM 波，由于电力电子电路由开关器件构成，利用开关器件开通和关断的过程来实现等幅脉冲较为容易。在等幅 SPWM 波幅值不变的情况下，欲改变等效正弦波的幅值，只需按同一比例改变 SPWM 波的各脉冲的宽度即可。

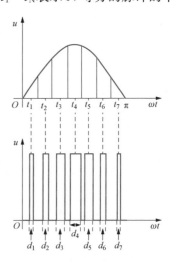

图 2-36　用 PWM 波代替正弦半波

　　基于面积等效原理，非正弦波形等其他波形也可以用 PWM 波形等效，只是各脉冲宽度不按正弦规律变化。按照脉冲幅值是否相等分类，PWM 可分为等幅 PWM 波和不等幅 PWM 波。PWM 波的性质可以是电压型 PWM 波，也可以是电流型 PWM 波。

　　2. PWM 波生成方法

　　PWM 波生成方法有计算法、调制法和跟踪控制法。以下以 SPWM 波形为例来介绍。

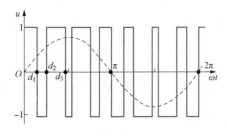

图 2-37　特定谐波消去法的输出
SPWM 波形

　　（1）计算法。计算法是指根据正弦波频率、幅值和半个周期内的脉冲数，将 SPWM 波形中各脉冲的宽度和间隔准确地计算出来，就可以得到正弦波所对应的 SPWM 波形。计算法的典型应用是特定谐波消去法（selected harmonic elimination PWM，SHEPWM），图 2-37 给出了其原理，需要计算出半个周期内描述器件通、断各 3 次（不包括 0 和 π）的 6 个开关时刻。

　　为了减少谐波并简化计算，要尽量使波形对称。

首先波形正负两个半周期镜对称可以消除偶次谐波，即

$$u(\omega t) = -u(\omega t + \pi) \tag{2-37}$$

其次，波形在正半周期内前后 1/4 周期以 π/2 为轴线对称可以消除谐波中的余弦项，即

$$u(\omega t) = u(\pi - \omega t) \tag{2-38}$$

同时满足式（2-37）和式（2-38）的脉冲波形称为四分之一周期对称波形，此时这种波形可用傅里叶级数表示为

$$u(\omega t) = \sum_{n=1,3,5,\cdots}^{\infty} a_n \sin n\omega t \tag{2-39}$$

其中，a_n 为

$$a_n = \frac{4}{\pi} \int_0^{\frac{\pi}{2}} u(\omega t) \sin n\omega t \, \mathrm{d}\omega t$$

因为图 2-37 中的波形是 1/4 周期对称波形，所以在一个调制波周期内的 12 个开关时刻（不包括 0 和 π 时刻）中，只要计算出 d_1、d_2 和 d_3 共 3 个时刻即可，如果图 2-37 中 PWM 波幅值是 1，该波形的 a_n 为

$$
\begin{aligned}
a_n &= \frac{4}{\pi} \left[\int_0^{d_1} \sin n\omega t \, \mathrm{d}\omega t + \int_{d_1}^{d_2} (-\sin n\omega t) \, \mathrm{d}\omega t + \int_{d_2}^{d_3} \sin n\omega t \, \mathrm{d}\omega t + \int_{d_3}^{\frac{\pi}{2}} (-\sin n\omega t) \, \mathrm{d}\omega t \right] \\
&= \frac{4}{n\pi} (1 - 2\cos nd_1 + 2\cos nd_2 - 2\cos nd_3)
\end{aligned}
\tag{2-40}
$$

其中，$n = 1, 2, 3, \cdots$。式（2-40）中含有 d_1、d_2 和 d_3 三个未知量，需要三个方程才能求解出，通常基波分量 a_1 已知，再令两个不同的 $a_n = 0$，就可以建立三个方程，d_1、d_2 和 d_3 就可以求解出来，两个不同的 a_n 是想要消去的特定频率的谐波，通常情况下以幅值较大的低次谐波为消去对象，例如考虑消去 5 次和 7 次谐波时，可令 a_5 和 a_7 都等于 0，就可以建立三个方程，联立可求得 d_1、d_2 和 d_3。

$$
\left.
\begin{aligned}
a_1 &= \frac{4}{\pi} (1 - 2\cos d_1 + 2\cos d_2 - 2\cos d_3) \\
a_5 &= \frac{4}{5\pi} (1 - 2\cos 5d_1 + 2\cos 5d_2 - 2\cos 5d_3) = 0 \\
a_7 &= \frac{4}{7\pi} (1 - 2\cos 7d_1 + 2\cos 7d_2 - 2\cos 7d_3) = 0
\end{aligned}
\right\}
\tag{2-41}
$$

按照式（2-41）的方法，可以消去两种特定频率的谐波，当基波幅值 a_1 改变时，d_1、d_2 和 d_3 也相应地改变。考虑到 PWM 波 1/4 周期对称性，如果在正弦波 1/4 周期内器件通、断共 k 次，那么有 k 个开关时刻需要求解，除用一个自由度控制基波幅值外，可消去 $k-1$ 个频率的特定次谐波。

计算法的特点是计算繁琐，计算工作量大，当需要正弦波的频率、幅值或相位变化时，结果要重新计算。当脉冲数较少时可用计算法，脉冲数较多时该方法计算过于繁琐，较少使用。

（2）调制法。调制法是把希望被等效的平缓变化的波形作为调制波，用 u_r 表示，把接受调制的波形作为载波，用 u_c 表示，通常把高频的等腰三角波或锯齿波作为载波。载波与调制波相交，交点时刻作为脉冲波的起始点，就产生了宽度正比于调制波幅值的 PWM 波。

1）单极性调制方式与双极性调制方式。调制方法可分为单极性调制方式和双极性调制方式。

单极性 PWM 调制方式：在调制波的半周期内，载波仅在正极性或负极性范围内变化的

控制方式，得到的 PWM 波也仅在单个极性范围内变化。如图 2-38 所示，在调制波的正半周期内，载波为正向等腰三角波，定义开关器件完成一次开通和关断的周期为开关周期，用 T 表示，开关周期与等腰三角波的周期相等。当 $u_r > u_c$ 时，在 t_A 和 t_B 两个交点时刻之间生成 PWM 波，例如幅值为 1，当 $u_r < u_c$ 时，两个交点之间生成 PWM 波幅值为 0。在等腰三角形内由相似三角形关系可得，$(t_B - t_A)/T = I_m \sin(\omega t_A)/U_T$，其中 I_m 为正弦调制波峰值，U_T 为三角波峰值，t_A 和 t_B 两个交点时刻的正弦波幅值近似用 t_A 时刻的正弦波的值代替，可以看出等幅脉冲的宽度 $t_B - t_A$ 是按照正弦规律变化的；在调制波负半周期内，载波为负向等腰三角波，当 $u_r < u_c$ 时，两个交点之间生成 PWM 波，幅值为 -1，当 $u_r > u_c$ 时，两个交点之间生成 PWM 波，幅值为 0，在调制波负半周也可以看出等幅脉冲的宽度是按照正弦规律变化的。

　　双极性 PWM 调制方式：在调制波的半周期内，载波在正极性、负极性两个极性范围内变化的控制方式，得到的 PWM 波也在两个极性范围内变化。如图 2-39 所示，载波是含正负值的等腰三角波。当 $u_r > u_c$ 时，在两个交点时刻之间生成 PWM 波，幅值为 1，当 $u_r < u_c$ 时，两个交点之间生成 PWM 波，幅值为 -1。双极性 PWM 调制方式原理可以由面积等效原理解释，根据相似三角形之间的关系，一个开关周期内正的面积为 $t_B - t_A$，即 $t_B - t_A = T[I_m \sin(\omega t_A) + U_T]/(2U_T)$，负的面积为 $t_C - t_B$，即 $t_C - t_B = T[U_T - I_m \sin(\omega t_B)]/(2U_T)$，总的面积约为 $TI_m \sin(\omega t_A)/U_T$，面积按照正弦规律变化以用来等效正弦波。在一个开关周期内 PWM 波有正有负，虽然一个开关周期内面积按正弦规律变化，但需要说明一下，$t_B - t_A$ 并不按正弦规律变化，$[(t_B - t_A)/T - 1/2]$ 是按照正弦规律变化的。可以应用单极性 PWM 调制方式的原理来帮助理解双极性 PWM 调制方式下 $t_B - t_A$ 的变化规律，如果将坐标轴原点 O 挪动到纵坐标 $-U_T$ 处，就变成了单极性的等腰三角形与一个叠加了直流值为 U_T 的波形之间的调制，生成了类似于单极性 PWM 调制方式的脉冲波，应用相似三角形关系可得，$(t_B - t_A)/T = [I_m \sin(\omega t_A) + U_T]/(2U_T)$，可以看出 $[(t_B - t_A)/T - 1/2]$ 是按照正弦规律变化的，$t_B - t_A$ 则是按照正弦加一个直流量的波形的幅值变化规律变化的。在双极性 PWM 调制方式下调制波为零时，宽度 $t_B - t_A = T/2$。

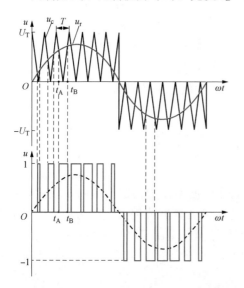

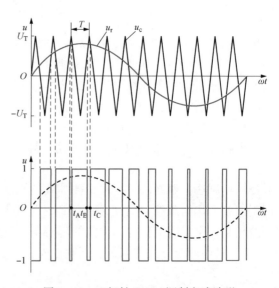

图 2-38　单极性 PWM 调制方式波形　　　　　图 2-39　双极性 PWM 调制方式波形

2）规则采样与自然采样。正弦波与三角波比较生成 SPWM 波形的方法分为规则采样法和自然采样法。自然采样法是在正弦波和三角波的自然交点时刻控制开关器件的通断来生成 SPWM 波的方法。规则采样法是一种工程实用的 PWM 波生成方法，其实现原理如图 2-40 所示，取三角波两个正峰值之间为一个采样周期 T，PWM 波生成有两种方法：第 1 种方法如图 2-40（a）所示，是在三角波的负峰时刻 t_D 对正弦调制波采样而得到 D 点，使每个脉冲的中点都以相应的三角波中点（即负峰点）为对称，过 D 点作一条水平直线和三角波分别交于 A 点和 B 点，在 A 点时刻 t_A 和 B 点时刻 t_B 之间生成驱动信号，根据三角形关系可以求出 δ 后即可得脉冲宽度；第 2 种方法如图 2-40（b）所示，是在三角波的正峰时刻对正弦调制波采样而得到 D 点，过 D 点作一条水平直线和三角波分别交于 A 点和 B 点，在 A 点时刻 t_A 和 B 点时刻 t_B 之间生成驱动信号，根据三角形关系可以求出 δ 后即可得脉冲宽度。可以看出，脉冲数越多，用规则采样法得到的脉冲宽度 δ 与用自然采样法得到的脉冲宽度误差越小，规则采样法与自然采样法效果越接近。自然采样法和规则采样法的比较见表 2-15。

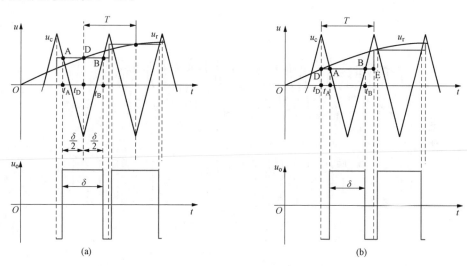

图 2-40　规则采样法

（a）第 1 种方法；（b）第 2 种方法

表 2-15　　　　　　　　　　　　自然采样法和规则采样法比较

采样法	自然采样法	规则采样法
优点	SPWM 波很接近正弦波，失真小	计算量比自然采样法小得多
缺点	求解复杂的超越方程，计算量大	SPWM 波很接近正弦波，效果接近自然采样
使用情况	难以在实时控制中应用，工程应用较少，因为其控制时需要花费大量计算时间，不能满足实时控制中的在线计算要求	是一种应用较广的工程实用方法

3）异步调制与同步调制。在 PWM 控制中，载波比是指载波频率 f_c 与调制波频率 f_r 之

比，即 $N = f_c / f_r$。根据载波和调制波频率是否同步变化或载波比是否变化，将 PWM 调制方式分为异步调制和同步调制。

异步调制：载波频率和调制波频率不保持同步变化的调制方式，如图 2-41 所示。其特点：实现简单，不需要改变载波频率；为了方便应用，通常保持 f_c 恒定不变，因而当调制波频率 f_r 变化时，载波比 N 是变化的；在一个调制波周期内，因为三角波个数不固定，所以 PWM 波的脉冲个数也不固定，PWM 波也不是 1/4 周期对称的脉冲，N 较小时与调制波相比有一定的失真。在采用异步调制方式时，为了在调制波频率较高时仍能保持较大的载波比，即保持较大的脉冲数，一般采用较高的载波频率。

同步调制：载波频率 f_c 和调制波频率 f_r 保持同步变化的调制方式，即载波比 N 等于常数，如图 2-42 所示。其特点：在一个调制波周期内产生的脉冲数是固定的，与调制波相比失真较小，可以实现 PWM 波 1/4 周期对称；当调制波频率 f_r 较低时，同步调制时的载波频率 f_c 也较低，f_c 过低时由调制带来的低次谐波频率与调制波频率较近，不易滤除；调制波频率 f_r 很高时，f_c 会过高，开关次数增多，导致器件的损耗大大增加。

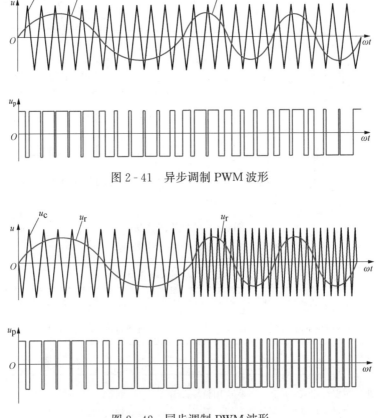

图 2-41　异步调制 PWM 波形

图 2-42　同步调制 PWM 波形

（3）跟踪控制法。第三种 PWM 波形生成的方法是跟踪控制法，这种方法是应用闭环控制的思路，把整流电路希望得到的交流侧 PWM 脉冲电压的基波或者电流波形作为指令信号，把实际电压的基波或者电流波形作为反馈信号，通过两者的瞬时值的比较来生成 PWM

脉冲波，进而去改变实际的交流侧 PWM 脉冲电压的基波波形，形成负反馈，使实际的交流侧 PWM 脉冲电压的基波或者电流波形跟踪电压指令或者电流指令的变化，可分为滞环比较方式和三角波比较方式。

1）滞环比较方式。以电流跟踪型滞环比较方式为例来介绍滞环比较方式的基本原理。如图 2-43 和图 2-44 所示，把电流指令 i^* 和实际电流 i 的偏差 i^*-i 输入到带有滞环特性的比较器中，当 i 到达 $i^*+\Delta I$ 时，$i>i^*$，使电压源为负脉冲电压，电流减小，当 i 到达 $i^*-\Delta I$ 时，$i<i^*$，使电压源为正脉冲电压，电流增大，形成负反馈，使得 i 就在 $i^*+\Delta I$ 和 $i^*-\Delta I$ 的范围内呈锯齿状地跟踪电流指令 i^*。ΔI 称为环宽，当 ΔI 过宽时，开关频率低，跟踪误差大；ΔI 过窄时，跟踪误差小，但开关频率高，开关损耗增大。在滞环比较方式下硬件电路实现简单，不用载波，实时控制响应快。

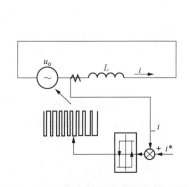

图 2-43 滞环比较方式的电流跟踪

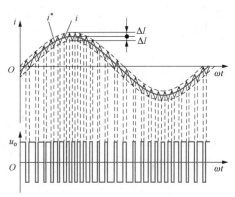

图 2-44 滞环比较方式的波形

2）三角波比较方式。以电流跟踪型三角波比较方式为例来介绍三角波比较方式的基本原理。如图 2-45 所示，把电流指令 i^* 和实际电流 i 的偏差 i^*-i 经过放大器 A 放大后，再与三角波进行比较，当 $i>i^*$ 时，i^*-i 放大后与三角波比较生成负脉冲，使电压源为负电压，电流减小，当 $i<i^*$ 时，i^*-i 放大后与三角波比较生成正脉冲，使电压源为正电压，电流增大，形成负反馈，使得 i 跟踪电流指令 i^*。其特点：开关频率（或载波频率）是固定的，易于设计滤波器；与滞环比较控制方式相比，这种控制方式得到的电流频谱简单，所含的谐波少。

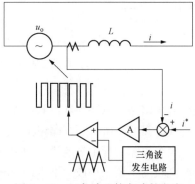

图 2-45 三角波比较方式的电流
跟踪

2.4.2 电压型 PWM 整流电路

相控整流电路的输入电流中谐波分量较大，而且随着触发角 α 的增大，位移因数降低，导致功率因数很低。把 SPWM 控制技术用于整流电路，就形成了 PWM 整流电路。PWM 整流电路可以使其交流侧输入电流非常接近正弦波，且和电源电压同相位，功率因数近似为 1。所以该电路也称为单位功率因数变换电路或高功率因数整流电路。PWM 整流电路分为电压型 PWM 整流电路和电流型 PWM 整流电路两大类，目前电压型 PWM 整流电路应用较多，本节介绍电压型 PWM 整流电路，下一节将介绍电流型 PWM 整流电路。

电压型 PWM 整流电路的直流侧有较大的电容，通过直流侧电压闭环控制能使电容电压恒定，保持交流侧输入的有功功率与负载有功功率平衡。当负载有功功率增大时，电容给负载放电，因为电容值较大，所以电容电压值下降速度缓慢，此时交流侧以较快的速度输入更多的有功电流给电容充电，再次达到稳态时，电容电压恒定，当负载有功功率减小时交流侧输入的给电容充电的有功电流减小，稳态时交流侧输入的有功功率与负载有功功率平衡，保持直流侧电压恒定。所以在分析 PWM 整流电路稳态的交流侧电压和电流波形时，认为直流侧电压近似恒定，而不影响交流侧电压和电流的波形。

1. 单相电压型 PWM 整流电路

单相电压型 PWM 整流电路的交流侧各物理量相量关系如图 2-46 所示，单相电压型 PWM 整流电路的交流侧端口电压为 PWM 脉冲电压，可等效为一个脉冲电压源，该电源两端的脉冲电压中含有和正弦调制波同频率且幅值成比例的基波分量，以及和载波有关的频率很高的谐波分量，其不含有低次谐波，在忽略影响较小的高频分量时可认为脉冲电压源两端的电压为正弦波，如果调制波的频率和电源频率相同，则单相电压型 PWM 整流电路的电压和电流关系可以表示成相量关系，如图 2-46 (b) 所示。在图 2-46 (a) 中，如果忽略线路电阻 R 的影响，加在电抗器 L_s 上的电压为 $u_{Ls} = L_s di_s/dt = u_s - u_{ab}$，写成相量形式则有 $\dot{U}_{Ls} = j\omega L_s \dot{I}_s = \dot{U}_s - \dot{U}_{ab}$，其中 $\dot{U}_s$ 为电源电压相量，$\dot{U}_{ab}$ 为脉冲电压源的基波电压相量，电流相量 $\dot{I}_s$ 方向与电压相量 $\dot{U}_s$ 方向相同，单相电压型 PWM 整流电路运行于整流状态，此时电路从电网吸收有功功率，实现单位功率因数运行。

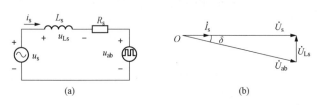

图 2-46 单相电压型 PWM 整流电路
等效电路及相量关系
(a) 等效电路；(b) 交流侧相量关系

单相电压型半桥 PWM 整流电路和单相电压型全桥 PWM 整流电路是常用的两个单相电压型 PWM 整流电路。

（1）单相电压型半桥 PWM 整流电路。如图 2-47 所示，单相电压型半桥 PWM 整流电路中器件为全控型器件 IGBT 和反并联二极管，直流侧电容必须由两个电容串联，其中点和交流电源连接。交流侧电感 L_s 具有滤波功能，是电路正常工作所必需的，R_s 代表线路电阻。为防止 PWM 整流电路中同一相上下两个 IGBT 直通而造成直流电容短路后产生过电流，两个 IGBT 的驱动信号要互补，为了安全起见，在驱动信号变化的时间段内，留一小段上下 IGBT 都关断的时间，称为死区时间，即让上下两个 IGBT 满足先断后通原则。死区时间的长短主要按开关器件的关断时间来设计，通常都是很小的，死区时间会影响交流侧端口电压 u_{ab} 的 PWM 波形，但由于死区时间很小，通常可以忽略其影响。

单相电压型半桥 PWM 整流电路工作过程如图 2-48 和图 2-49 所示，在图 2-48 中，调制波与载波进行调制生成两个 IGBT 的驱动信号，有 4 种工作模式（见图 2-49），在 4 种工作模式下的各物理量情况见表 2-16。其中与 IGBT 反并联的续流二极管，为无功能量的交换提供通道。例如在工作模式Ⅳ中，电流给电感充电，电容上的无功能量转移给电感，在工作模式Ⅰ续流过程中，流过电感和反并联的续流二极管的电流给电容充电，将电感上的无功能量转移给电容，IGBT 反并联的续流二极管为无功交换提供通道。

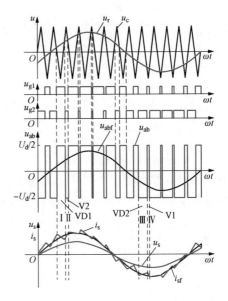

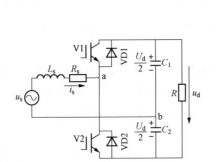

图 2 - 47　单相电压型半桥 PWM 整流电路　　图 2 - 48　单相电压型半桥 PWM 整流电路波形

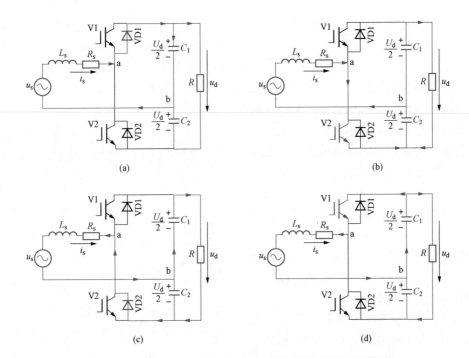

(a)　　　　　　　　　　　　　　(b)

(c)　　　　　　　　　　　　　　(d)

图 2 - 49　单相电压型半桥 PWM 整流电路的工作模式电路图

(a) 模式 I 电路图；(b) 模式 II 电路图；(c) 模式 III 电路图；(d) 模式 IV 电路图

表 2 - 16　　　　　　　　　单相电压型半桥 PWM 整流电路的工作情况

工作模式	模式 I	模式 II	模式 III	模式 IV
电路图	图 2 - 49（a）	图 2 - 49（b）	图 2 - 49（c）	图 2 - 49（d）
驱动信号	V1	V2	V2	V1

续表

工作模式	模式Ⅰ	模式Ⅱ	模式Ⅲ	模式Ⅳ
导通器件	VD1	V2	VD2	V1
u_{ab}	$U_d/2$	$-U_d/2$	$-U_d/2$	$U_d/2$
电流 i_s	$i_s>0$，减小	$i_s>0$，增大	$i_s<0$，绝对值减小	$i_s<0$，绝对值增大
负载电压 u_d	U_d			

可见，由基波 u_{abf} 和 i_{sf} 的波形可知，PWM 整流电路的输入电流谐波含量较少，近似为正弦波，而且电源端的功率因数近似为 1。

单相电压型半桥 PWM 整流电路具有较简单的主电路结构，所用器件少，因而造价相对较低，常用于低成本、小功率应用场合。但为了使单相电压型半桥 PWM 整流电路电容中点电位基本不变，保持两个电容电压值都是 $U_d/2$，需引入电容均压控制，使得单相电压型半桥 PWM 整流电路的控制相对复杂。

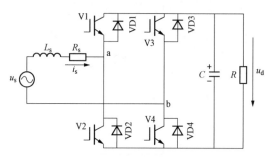

图 2-50　单相电压型全桥 PWM 整流电路

（2）单相电压型全桥 PWM 整流电路。如图 2-50 所示，单相电压型全桥 PWM 整流电路由 4 个 IGBT 和 4 个反并联二极管构成 4 个桥臂，直流侧由 1 个电容值较大的电容构成，稳态时其电压恒定。该电路用正弦调制波和三角波相比较的方法对 V1～V4 进行 SPWM 控制。不考虑换相过程，在任一时刻，单相电压型全桥 PWM 整流电路的 4 个桥臂应有两个桥臂导通而形成回路，当然为了避免电容被短路而产生过电流，桥臂 1 和桥臂 2 驱动信号需要互补，桥臂 3 和桥臂 4 驱动信号需要互补，实际应用的时候还会设置死区时间。

单相电压型全桥 PWM 整流电路的调制方式分为单极性调制和双极性调制，以下分别介绍两种调制方法下的电路工作原理。

1）双极性调制及波形分析。当采用双极性调制时，单相电压型全桥 PWM 整流电路交流侧脉冲电压将在 U_d 与 $-U_d$ 间切换，以实现交流侧电压的 PWM 控制。工作过程如图 2-51 和图 2-52 所示，在图 2-51 中，调制波与载波进行调制生成 4 个 IGBT 的驱动信号，其中桥臂 1 和桥臂 4 同时被驱动，桥臂 2 和桥臂 3 同时被驱动，有 4 种工作模式（见图 2-52），在 4 种工作模式下的各物

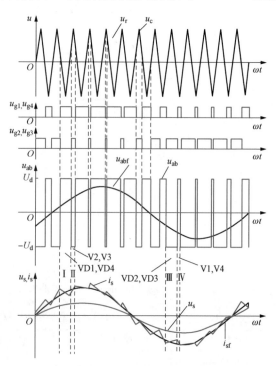

图 2-51　双极性调制的单相电压型全桥 PWM 整流电路波形

理量情况见表 2 - 17。

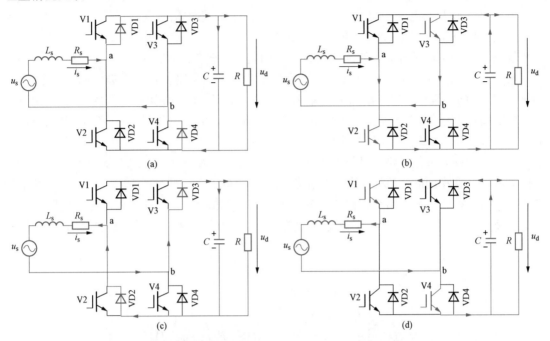

图 2 - 52　双极性调制的单相电压型全桥 PWM 整流电路的工作模式电路图

（a）模式 I 电路图；（b）模式 II 电路图；（c）模式 III 电路图；（d）模式 IV 电路图

表 2 - 17　　　　　双极性调制的单相电压型全桥 PWM 整流电路的工作情况

工作模式	模式 I	模式 II	模式 III	模式 IV
电路图	图 2 - 52（a）	图 2 - 52（b）	图 2 - 52（c）	图 2 - 52（d）
驱动信号	V1、V4	V2、V3	V2、V3	V1、V4
导通器件	VD1、VD4	V2、V3	VD2、VD3	V1、V4
u_{ab}	U_d	$-U_d$	$-U_d$	U_d
电流 i_s	$i_s>0$，减小	$i_s>0$，增大	$i_s<0$，绝对值减小	$i_s<0$，绝对值增大
电容充放电	充电	放电	充电	放电
u_d	U_d			

2）单极性调制及波形分析。单相电压型全桥 PWM 整流电路单极性调制工作方式下，其交流侧电压将在 U_d、0 或 0、$-U_d$ 间切换。工作过程如图 2 - 53 和图 2 - 54 所示，在图 2 - 53（a）中给出了载波在调制波正半周为正和在调制波负半周为负的单极性 PWM 调制方法的波形，其中，在调制波正半周，保持 V1 一直被驱动，交流侧电压将在 U_d、0 间切换；而在调制波负半周，保持 V2 一直被驱动，交流侧电压将在 0、$-U_d$ 间切换。有 8 种工作模式（见图 2 - 54），在 8 种工作模式下的各物理量情况见表 2 - 18。图 2 - 53（b）和

图 2-53（c）给出了两种以电容负极为参考点的单极性调制方法。与以电容中点为参考点的交流侧端口 a 或 b 的电压相比，增加了 $U_d/2$，此方法的驱动信号与双极性调制得到脉冲的方法相同，所以用双极性载波来调制。在方法一中，u_{ar0} 和 u_{br0} 为调制波，u_{c0} 为载波，应用双极性调制方法实现时需要正的调制波和负的调制波同时与载波进行调制，u_{ar} 和 u_{br} 为调制波，且 $u_{br}=-u_{ar}$，u_c 为载波，相当于两个半桥 PWM 整流电路各自独立进行调制，电压 u_{ab} 中不含 $U_d/2$ 的直流量。在方法二中，u_{r0} 为调制波，u_{c01} 和 u_{c02} 为载波，应用双极性调制方法实现时需要调制波同时与载波和相反的载波进行调制，u_r 为调制波，u_{c1} 和 u_{c2} 为载波，且 $u_{c2}=-u_{c1}$，电压 u_{ab} 中不含 $U_d/2$ 的直流量。

　　电压型 PWM 整流电路是升压型整流电路，其输出直流电压可以从交流电源电压峰值附近向高调节。在相同的交流侧电路参数条件下，要使单相电压型半桥 PWM 整流电路和单相电压型全桥 PWM 整流电路获得同样的交流侧电流，单相电压型半桥 PWM 整流电路直流电压应是单相电压型全桥 PWM 整流电路直流电压的两倍，因此其开关器件耐压要求相对提高。

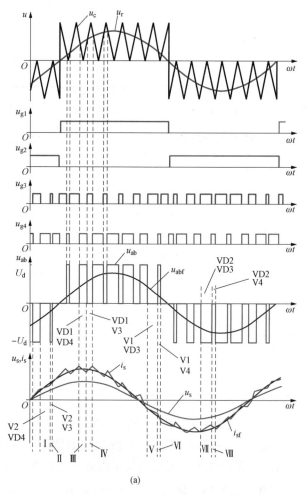

(a)

图 2-53　单极性调制的单相电压型全桥 PWM 整流电路的波形（一）

（a）载波在调制波正半周为正和在调制波负半周为负的单极性 PWM 调制方法

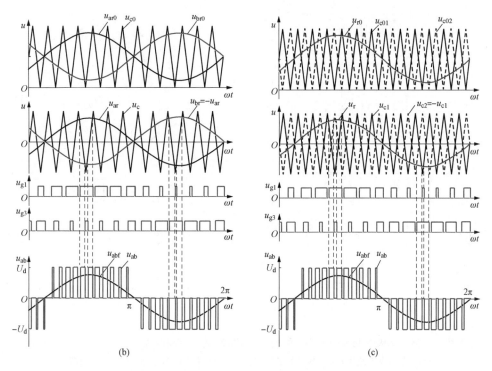

图 2-53 单极性调制的单相电压型全桥 PWM 整流电路的波形（二）

（b）电容负端为参考点的单极性 PWM 调制方法一 ；（c）电容负端为参考点的单极性 PWM 调制方法二

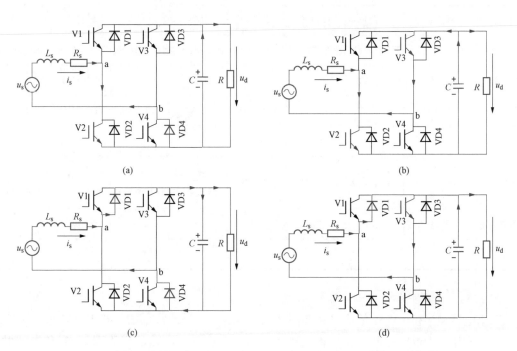

图 2-54 单极性调制的单相电压型全桥 PWM 整流电路的工作模式电路图（一）

（a）模式Ⅰ电路图；（b）模式Ⅱ电路图；（c）模式Ⅲ电路图；（d）模式Ⅳ电路图

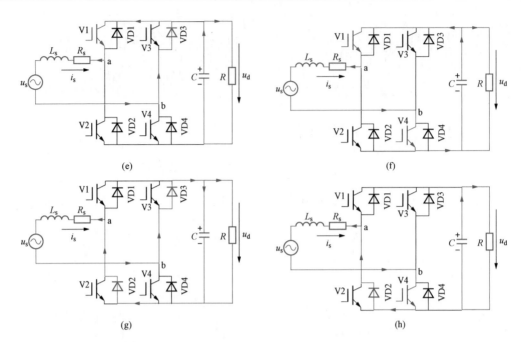

图 2-54　单极性调制的单相电压型全桥 PWM 整流电路的工作模式电路图（二）

（e）模式Ⅴ电路图；（f）模式Ⅵ电路图；（g）模式Ⅶ电路图；（h）模式Ⅷ电路图

表 2-18　　　　　　　　单极性调制的单相电压型全桥 PWM 整流电路的工作情况

工作模式	模式Ⅰ	模式Ⅱ	模式Ⅲ	模式Ⅳ	模式Ⅴ	模式Ⅵ	模式Ⅶ	模式Ⅷ
电路图	图 2-54（a）	图 2-54（b）	图 2-54（c）	图 2-54（d）	图 2-54（e）	图 2-54（f）	图 2-54（g）	图 2-54（h）
驱动信号	V2、V4	V2、V3	V1、V4	V1、V3	V1、V3	V1、V4	V2、V3	V2、V4
导通器件	V2、VD4	V2、V3	VD1、VD4	VD1、V3	V1、VD3	V1、V4	VD2、VD3	VD2、V4
u_{ab}	0	$-U_d$	U_d	0	0	U_d	$-U_d$	0
电流 i_s	$i_s>0$，增大	$i_s>0$，增大	$i_s>0$，减小	$i_s>0$，增大	$i_s<0$，绝对值增大	$i_s<0$，绝对值增大	$i_s<0$，绝对值减小	$i_s<0$，绝对值增大
电容充放电	放电	放电	充电	放电	放电	放电	充电	放电
u_d	U_d							

2. 三相电压型 PWM 整流电路

三相电压型半桥 PWM 整流电路如图 2-55 所示，其是最常用的三相 PWM 整流电路之一。电路应用了 PWM 控制，在三相电压型半桥 PWM 整流电路的交流端 a、b 和 c 可得到脉冲波电压，其基波部分频率与电网电压频率相同，对各相电压按图 2-46（b）中相量图进行控制，就可以使各相电流 i_a、i_b、i_c 为正弦波且和相对应的电网相电压相位相同，功率因数近似为 1。

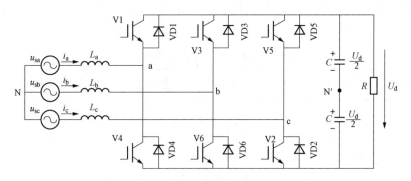

图 2 - 55　三相电压型半桥 PWM 整流电路

三相电压型半桥 PWM 整流电路桥臂的开通关断模式所对应的电流回路，较单相电压型全桥 PWM 整流电路复杂，假设 IGBT 和与其反并联的二极管构成一个双向开关，即一个桥臂等效为一个双向开关，那么，在三相电压型半桥 PWM 整流电路中共有 $2^3 = 8$ 种开关模式。

三相电压型半桥 PWM 整流电路波形如图 2 - 56 所示，三相电压型半桥 PWM 整流电路都是采用双极性控制方式。a、b、c 三相的 PWM 控制通常公用一个三角波载波 u_c，三相的调制波 u_{ra}、u_{rb} 和 u_{rc} 依次相差 120°。V1 和 V4 之间、V3 和 V6 之间、V5 和 V2 之间的驱动信号分别是互补的。以 a 相为例，当 $u_{ra} > u_c$ 时，上桥臂 V1 被驱动，上桥臂导通，如果电流从上向下流时 V1 流过电流，如果电流从下向上流时 VD1 流过电流，下桥臂 V4 关断，则 a 相交流侧端口 a 相对于直流侧假想中点 N′ 的电压为 $u_{aN'} = U_d/2$；当 $u_{ra} < u_c$ 时，V4 被驱动，V1 关断，则 $u_{aN'} = -U_d/2$。$u_{aN'}$，$u_{bN'}$ 和 $u_{cN'}$ 是相对于直流侧假想中点 N′ 的电压，PWM 波形都只有 $\pm U_d/2$ 两种电平。直流侧假想中点 N′ 与电源中点 N 不是相同的。交流侧端口 a、b、c 之间的线电压与中点无关，例如 a 相上桥臂和 b 相下桥臂导通时，线电压 $u_{ab} = U_d$，a 相下桥臂和 b 相上桥臂导通时，线电压 $u_{ab} = -U_d$，当 a 相上桥臂和 b 相上桥臂同时导通时，c 相下桥臂导通，线电压 $u_{ab} = 0$，所以线电压 PWM 波由 $\pm U_d$ 和 0 三种电平构成。

当考虑相对于电源中点 N 的电压时，相电压 u_{aN} 可由下列公式求得。

相电压方程为

$$\begin{cases} u_{aN} = u_{aN'} + u_{N'N} \\ u_{bN} = u_{bN'} + u_{N'N} \\ u_{cN} = u_{cN'} + u_{N'N} \end{cases} \tag{2-42}$$

如果三相平衡，那么 i_a、i_b、i_c 是平衡的，电源电压是平衡的，在电感相等时，u_{aN}、u_{bN}、u_{cN} 也是平衡的，可得

$$u_{aN} + u_{bN} + u_{cN} = 0 \tag{2-43}$$

$$u_{NN'} = \frac{u_{aN'} + u_{bN'} + u_{cN'}}{3} \tag{2-44}$$

联立式（2 - 42）和式（2 - 44），得三相电压型半桥 PWM 整流电路交流侧电压为

$$u_{aN} = \frac{2u_{aN'} - u_{bN'} - u_{cN'}}{3} \tag{2-45}$$

表 2 - 19 给出了不同开关模式下的 u_{aN} 的值。从表中可以看出，三相电压型半桥 PWM

整流电路相对于电源中点的交流侧电压的电平取值为 $\pm U_d/3$、$\pm 2U_d/3$、0，共由 5 种电平组成。

表 2-19　　　　　　　　三相电压型半桥 PWM 整流电路的工作模式

工作模式	模式 I	模式 II	模式 III	模式 IV	模式 V	模式 VI	模式 VII	模式 VIII
导通器件	V1（VD1）、V6（VD6）、V2（VD2）	V1（VD1）、V3（VD3）、V2（VD2）	V1（VD1）、V6（VD6）、V5（VD5）	V1（VD1）、V3（VD3）、V5（VD5）	V4（VD4）、V3（VD3）、V2（VD2）	V4（VD4）、V3（VD3）、V5（VD5）	V4（VD4）、V6（VD6）、V5（VD5）	V4（VD4）、V6（VD6）、V2（VD2）
u_{aN}	$2U_d/3$	$U_d/3$	$U_d/3$	0	$-U_d/3$	$-2U_d/3$	$-U_d/3$	0

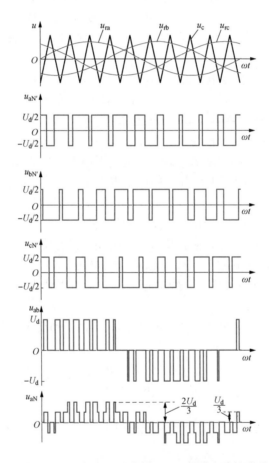

图 2-56　三相电压型半桥 PWM 整流电路的波形

在 $i_a>0$、$i_b<0$、$i_c>0$ 时对应 8 种工作模式，如图 2-57 所示。三相电压型半桥 PWM 整流电路根据三相电流的方向划分 6 个区间，所以共有 48 种工作模式，工作过程非常复杂。

三相电压型半桥 PWM 整流电路适用于三相平衡系统。在公用一个三角波载波情况下，为了降低调制过程的谐波，在一段时间内如果调制波频率与载波频率固定，通常取载波比

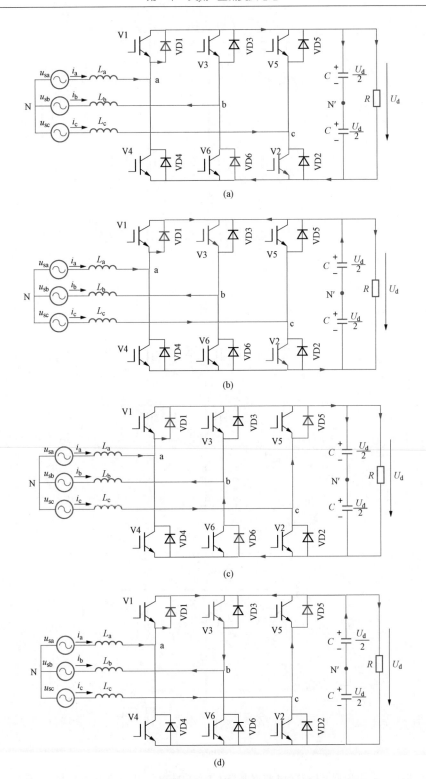

图 2 - 57 三相电压型半桥 PWM 整流电路的工作模式电路图（$i_a > 0$、$i_b < 0$、$i_c > 0$）（一）

(a) 模式 I；(b) 模式 II；(c) 模式 III；(d) 模式 IV

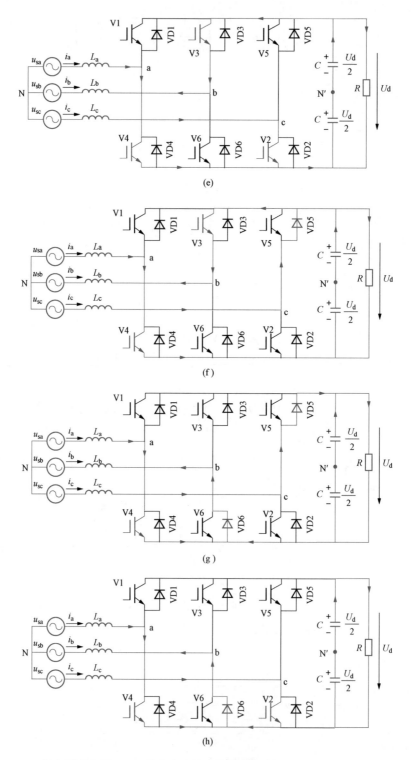

图 2-57 三相电压型半桥 PWM 整流电路的工作模式电路图 ($i_a>0$、$i_b<0$、$i_c>0$)（二）

(e) 模式 V；(f) 模式 VI；(g) 模式 VII；(h) 模式 VIII

N 为 3 的整数倍，即载波频率是正弦波频率的 3 的整数倍，以使三相 PWM 波形严格对称，依次相差 120°，来消除交流端线电压中 3 的整数倍次谐波和 3 的整数倍次谐波电流。同时，为了使每一相的 PWM 波正负半周镜对称来消除偶次谐波，N 取奇数，此时在该段调制波频率与载波频率固定的时间内正负半周镜对称波形也是 1/4 周期对称波形。

三相电压型全桥 PWM 整流电路如图 2-58 所示，适用于三相四线制系统，由三个独立控制的单相电压型全桥 PWM 整流电路构成。当电网不平衡时，三个单相电压型全桥 PWM 整流电路不会相互影响。三相电压型全桥 PWM 整流电路分析类似于单相电压型全桥 PWM 整流电路的分析，这里就不再介绍。

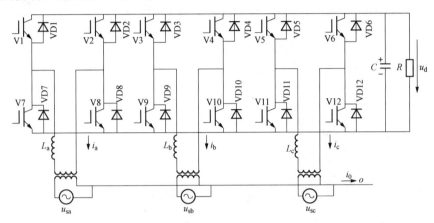

图 2-58 三相电压型全桥 PWM 整流电路

3. 电压型 PWM 整流电路的控制方法

电压型 PWM 整流电路常采用闭环控制的方法，可分为间接电流控制方法和直接电流控制方法。

（1）间接电流控制。间接电流控制也称为相位和幅值控制，如图 2-59 所示，该方法应用图 2-46（b）所示的相量关系来控制整流电路交流输入端 PWM 脉冲的基波电压，使得输入电流和电源电压同相位（功率因数为 1），同时维持直流侧电压恒定。之所以称为间接电流控制，原因是通过控制整流电路交流侧输入端 PWM 脉冲的基波电压的幅值和相位来间接控制交流侧电流（含幅值和相位）。在如图 2-59 所示的直流侧电压闭环控制框图中，在上面的乘法器中，i_d 分别乘以 3 个由锁相环节得到的正弦信号（分别与 a、b、c 三相电源相电压同相位），使得三相电流分别与各自电源相电压同相位，幅值由 PI 调节器自动调节生成，再乘以电阻 R 后得到了各相电流在 R 上的压降 u_{Ra}、u_{Rb} 和 u_{Rc}。用相同的思路，在图中下面的乘法器中，i_d 分别乘以余弦信号（分别比 a、b、c 三相电源相电压相位超前 $\pi/2$），即三相电流分别超前各自电源相电压 $\pi/2$ 的相位，再乘以感抗 X_L 后得到了各相电流在电感 L 上的压降 u_{La}、u_{Lb} 和 u_{Lc}，各相电源相电压 u_{sa}、u_{sb}、u_{sc} 分别减去输入电流在电阻 R 和电感 L 上的压降，就产生了调制波 u_{ra}、u_{rb}、u_{rc}，三角波与调制波进行调制生成 PWM 脉冲波，去控制整流电路的 IGBT，整流电路交流端就产生了脉冲波，也就得到了交流输入端各相 PWM 脉冲电压的基波 u_a、u_b、u_c，其满足图 2-46（b）所示的相量关系，最终就可以实现在直流电压恒定的情况下交流侧电流与电源电压同相位的效果。具体实现过程可以由一个闭环控制来解释，u_d^* 和实际的直流电压 u_d 比较后经过一个 PI 调节器生成一个直流电流信号 i_d，i_d 的大小和整流电路交流输入电流的幅值成正比。i_d 增大，直流侧吸收更多有功功率而使直流侧电压上升，i_d 减小，负载消耗有功功率大于交流侧提供的有功功率，而使直流侧电压降低。稳态时，PI 调节器可实现直流侧电压的无差跟踪，使得 $u_d = u_d^*$。当负载功率增大时，负载电流增大，C 放电而使 u_d 下降，u_d^* 和实际的直流电压值 u_d 的差正偏，使 PI 调节器输出量 i_d 增大，进而使交流输入电流增大，因为功率因数为 1，所以有功功率增大，给电容 C 充电，使 u_d 回升，经过一段调节过程后达到新的稳态时，$u_d = u_d^*$，而 i_d 则稳定到新的较大的值，形成负反馈闭环控制。当负载功率减小而使负载电流减小时，调节过程和上述过程相反。

在控制闭环中，计算调制波时用到了电路参数 R 和 L，当计算时用到的 R 和 L 与实际值有误差时，会影响其控制效果，这是该控制方法的主要缺点。

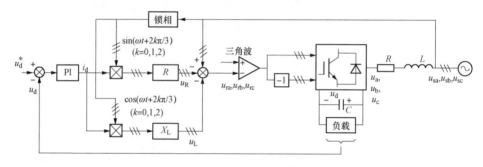

图 2-59　间接电流控制系统结构图

（2）直接电流控制。如图 2-60 所示，直接电流控制存在两个闭环，分别是直流电压控制闭环和电流控制闭环，直流电压控制闭环中，u_d^* 和实际的直流电压值 u_d 比较后经过一个 PI 调节器生成一个直流电流信号 i_d，i_d 的大小和整流电路交流输入电流的幅值成正比。而且，i_d 增大，直流侧吸收更多有功功率而使直流侧电压上升，i_d 减小，负载消耗有功功率大于交流侧提供的有功功率，而使直流侧电压降低。因为三相交流输入电流与各自相的电源电压同相位，所以应用电源电压相位信息可以计算得到三相交流电流的指令值 i_a^*、i_b^* 和 i_c^*；在电流闭环中，引入交流电流反馈，通过滞环控制等方法生成交流脉冲电压，对交流电流瞬时值进行控制，使得交流电流直接跟踪电流指令值，所以称为直接电流控制，其中两个闭环都是负反馈系统。稳态时，电压闭环使得 $u_d = u_d^*$。当负载功率增大时，负载电流增大，C 放电而使 u_d 下降，u_d^* 和实际的直流电压值 u_d 的差正偏，使 PI 调节器输出量 i_d 增大，进而使交流输入电流指令增大，实际电流跟踪电流指令，其值将增大，输入整流电路的有功功率将增大，给电容 C 充电，使 u_d 回升，达到新的稳态时，$u_d = u_d^*$，而 i_d 则稳定在新的较大的值，形成负反馈闭环控制。当负载功率减小而使负载电流减小时，调节过程和上述过程相反。

在直接电流控制方法中，电流响应速度快，而且控制闭环中电压和电流的计算未使用电路参数。

2.4.3　电流型 PWM 整流电路

电流型 PWM 整流电路直流侧有较大的电感，通过控制使电感电流恒定，相当于直流电流源。本节将介绍单相电流型 PWM 整流电路和三相电流型 PWM 整流电路。电流型 PWM 整流电路可以用电流驱动型全控型器件来构成，例如 GTO，也可以用电压驱动型全控型器件来构成，本章主要介绍应用电压驱动型 IGBT 构成的电流型 PWM 整流电路。电流驱动型

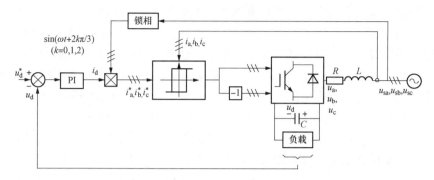

图 2-60　直接电流控制系统结构图

器件构成的电流型 PWM 整流电路工作原理与之相似。

1. 单相电流型全桥 PWM 整流电路

单相电流型全桥 PWM 整流电路如图 2-61 所示，整流电路直流输出需要串联很大的平波电抗器以保持直流电流恒定。每个桥臂由一个电压驱动型全控型器件和一个二极管串联构成。串联二极管的原因是防止电流反向流动，如果桥臂应用的是电力 MOSFET，其内部漏极和源极之间有寄生的反并联二极管，必须在电力 MOSFET 上串联一个二极管来防止电流反向流动，如果桥臂应用的是 IGBT，虽然 IGBT 本身在集电极和发射极之间并无寄生的反并联二极管，但 IGBT 常用于全桥整流电路中，一般都需要在 IGBT 的集电极和发射极之间反并联二极管作为续流通道，故大多数 IGBT 都在集电极和发射极之间集成了续流二极管，作为一个整体器件来应用，所以 IGBT 需要串联二极管来防止电流反向流动。从交流侧看，电流型全桥 PWM 整流电路可看成一个可控电流源。

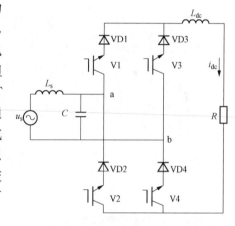

图 2-61　单相电流型全桥 PWM 整流电路

电压型 PWM 整流电路的上、下桥臂的驱动信号需要互补以防止直流侧电容被短路而产生过电流，且每一相的交流电感上的电流不能断续，电流在上、下两个桥臂之间换流，称为纵向换流；电流型 PWM 整流电路直流电感上的电流不能断续，电流在各上桥臂之间换流和各下桥臂之间换流，称为横向换流。

电流型全桥 PWM 整流电路应用不如电压型全桥 PWM 整流电路广泛，主要原因有以下几点：

（1）直流侧的平波电抗器 L_{dc} 的值较大，质量和体积都比较大；

（2）L_{dc} 上要一直流过负载电流，L_{dc} 有内阻，损耗较大；

（3）常用的全控型器件内部多含寄生的反并联二极管，可以双向导电，在电流型 PWM 整流电路中，为防止电流反向必须在全控型器件上串联一个二极管，主回路构成复杂且通态损耗大，但此特点不包含应用电流驱动型全控型器件如 GTO 的情况，GTO 就不用串联二极管，因为 GTO 其本身即为逆阻型开关器件。

但电流型 PWM 整流电路也有优于电压型 PWM 整流电路的地方：①电流型 PWM 整流电路是电流源性质，不用担心其上、下两组桥臂均导通而导致电路过电流的问题，易于电流保护；②在控制电流的应用中，动态响应迅速，例如在电动机驱动应用中电流型 PWM 整流电路具有明显的优势，易于实现四象限运行；③大电感 L_{dc} 的存在，具有较强的限流能力，电路短路保护性能好，所以电流型 PWM 整流电路通常只应用在功率非常大的场合。

图 2-61 是单相电流型全桥 PWM 整流电路，与单相电压型全桥 PWM 整流电路相比，直流侧储能的器件由电容改为电感，单相电流型全桥 PWM 整流电路的电网侧必须增加了一个与电网侧电感 L_s 并联的电容 C，一起构成了 LC 滤波器，且整体略显容性，该滤波器用来滤除交流侧的电压谐波，同时略显容性的 LC 滤波器也实现与直流侧电感 L_{dc} 的无功能量的交换，因为两个电感之间 L_s 和 L_{dc} 是无法实现无功能量交换的。

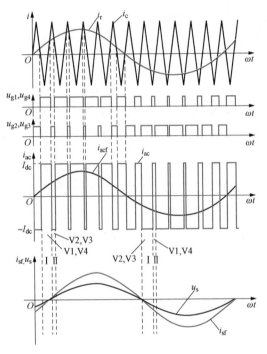

图 2-62　双极性调制的单相电流型全桥
PWM 整流电路的波形

（1）双极性调制及波形分析。单相电流型全桥 PWM 整流电路直流侧采用了足够大的电感储能，因此在 PWM 控制过程中，当开关频率足够高时可近似认为单相电流型全桥 PWM 整流电路直流侧电流不变，i_{dc} 等于恒定值 I_{dc}。当采用双极性调制时，V1 和 V4 同时被驱动，V2 与 V3 同时被驱动，电流型全桥 PWM 整流电路是横向换流，所以 V1 和 V3 驱动信号互补，V2 和 V4 驱动信号互补。通过调制波和载波生成驱动信号的过程如图 2-62 所示，单相电流型全桥 PWM 整流电路交流侧电流将在 I_{dc}、$-I_{dc}$ 间切换，基波部分是 i_{acf}，电源电流 i_s 的基波部分是 i_{sf}，网侧有二阶滤波环节，相对于电压型全桥 PWM 整流电路中网侧一阶滤波环节而言，其分析相对复杂，可由图 2-63 的等效电路进行分析，这里不再详述，电源电压和电源电流基波波形如图 2-62 所示。在图 2-64 中给出了单相电流型全桥 PWM 整流电路两种工作模式，所对应的开关器件导通情况如图 2-64 所示。

（2）单极性调制及波形分析。若采用单极性调制，因为单相电流型全桥 PWM 整流电路采用横向换流，所以 V1 和 V3 驱动信号互补，V2 和 V4 驱动信号互补，在调制波正半周 V1 一直被驱动，V2 与 V4 交替被驱动，在调制波负半周 V3 一直被驱动，V2 与 V4 交替被驱动。通过调制波和载波生成驱动信号的过程如图 2-65 所示，单相电流型全桥 PWM 整流

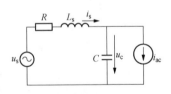

图 2-63　交流侧等效电路

电路交流侧电流 i_{ac} 将在 I_{dc}、0 或 0、$-I_{dc}$ 间切换，其中，在交流侧电流基波正半周，i_{ac} 只在 I_{dc}、0 间切换，而在交流侧电流基波负半周，则 i_{ac} 只在 0、$-I_{dc}$ 间切换。网侧有二阶滤波环节，可由图 2-63 的等效电路进行分析，电源电压和电源电流基波的波形如图 2-65 所示。在图 2-66 中给出了单相电流型全桥 PWM 整流电路 4 种工作模式，所对应的开关器件导通情况如图 2-66 所示。

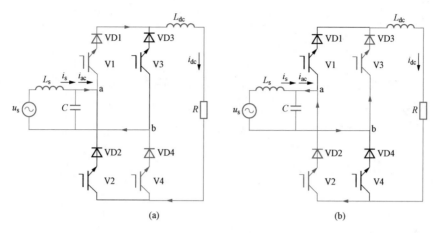

图 2-64　双极性调制的单相电流型全桥 PWM 整流电路的工作模式电路图

（a）模式 1；（b）模式 2

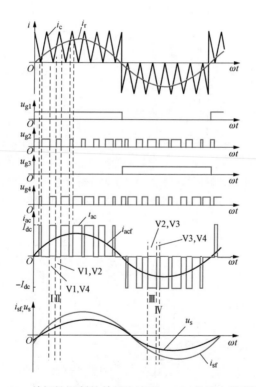

图 2-65　单极性调制的单相电流型 PWM 整流电路的波形

2. 三相电流型半桥 PWM 整流电路

图 2-67 是三相电流型半桥 PWM 整流电路的主电路结构图，其直流侧串联电感 L_{dc} 进行储能。与单相电流型全桥 PWM 整流电路一样，在 IGBT（V1～V6）上串联了二极管 VD1～VD6 来防止电流反向流动。三相电流型半桥 PWM 整流电路采用三相横向换流，且直流侧不能断路，在上桥臂或者下桥臂中，必须也只需一组 IGBT 和其串联的二极管导通。

根据三相电流型半桥 PWM 整流电路开关导通与关断的规律，三相电流型半桥 PWM 整

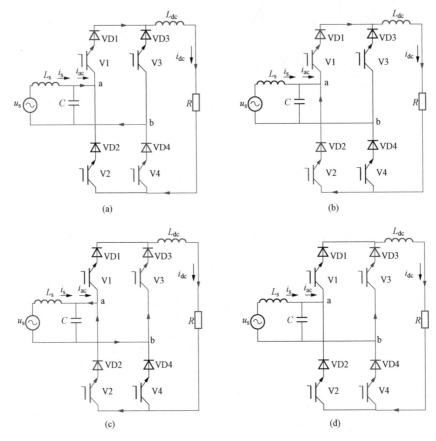

图 2-66　单极性调制的单相电流型 PWM 整流电路的工作模式电路图
(a) 模式 1；(b) 模式 2；(c) 模式 3；(d) 模式 4

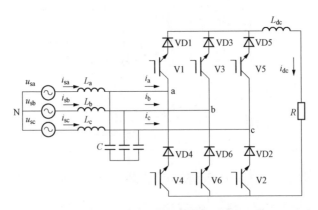

图 2-67　三相电流型半桥 PWM 整流电路

流电路的 PWM 控制过程共存在 9 种工作模式，见表 2-20，电路图如图 2-68 所示，由于三相电流型半桥 PWM 整流电路横向换流以使 i_{dc} 不断流，不存在上侧三个桥臂或下侧三个桥臂中有同侧的两个桥臂导通情况，所以 PWM 脉冲生成过程不能像三相电压型半桥 PWM 整流电路一样直接用调制波与载波相比较后生成，可以在调制波与载波相比较的 PWM 脉冲生成方法基础上进行调整，增加 PWM 脉冲转换环节以适用于三相电流型半桥 PWM 整流电路，这里就不再详述。

表 2 - 20　　　　　　　　三相电流型半桥 PWM 整流电路的工作模式

工作模式	模式 Ⅰ	模式 Ⅱ	模式 Ⅲ	模式 Ⅳ	模式 Ⅴ	模式 Ⅵ	模式 Ⅶ	模式 Ⅷ	模式 Ⅸ
导通器件	V1、VD1、V6、VD6	V4、VD4、V3、VD3	V3、VD3、V2、VD2	V6、VD6、V5、VD5	V4、VD4、V5、VD5	V1、VD1、V2、VD2	V1、VD1、V4、VD4	V3、VD3、V6、VD6	V5、VD5、V2、VD2
电路图	图 2 - 68 (a)	图 2 - 68 (b)	图 2 - 68 (c)	图 2 - 68 (d)	图 2 - 68 (e)	图 2 - 68 (f)	图 2 - 68 (g)	图 2 - 68 (h)	图 2 - 68 (i)

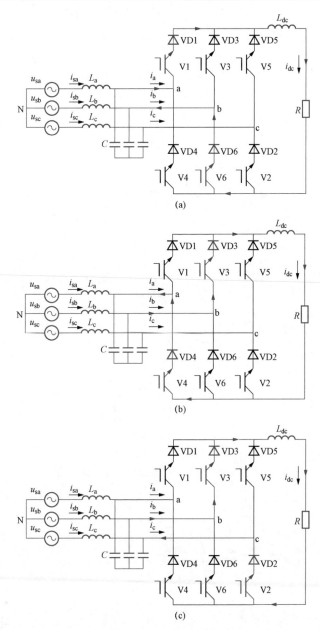

图 2 - 68　三相电流型半桥 PWM 整流电路的工作模式电路图（一）
(a) 模式 Ⅰ；(b) 模式 Ⅱ；(c) 模式 Ⅲ

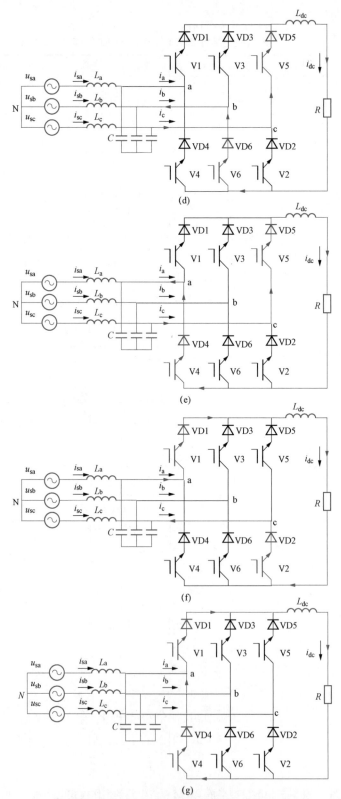

图 2-68　三相电流型半桥 PWM 整流电路的工作模式电路图（二）
(d) 模式Ⅳ；(e) 模式Ⅴ；(f) 模式Ⅵ；(g) 模式Ⅶ

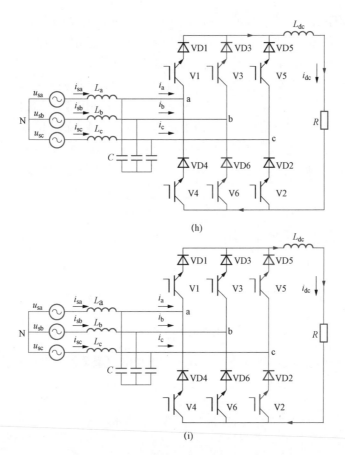

图 2 - 68　三相电流型半桥 PWM 整流电路的工作模式电路图（三）

（h）模式Ⅷ；（i）模式Ⅸ

3. 电流型 PWM 整流电路的控制方法

单相电流型全桥 PWM 整流电路控制方法有间接电流控制和直接电流控制。

（1）采用电容电压控制的间接电流控制方法。控制方法如图 2 - 69 所示。假设交流侧单位功率因数运行，电源电压和电源电流分别为

$$\begin{cases} u_s = U_{sm}\sin\omega t \\ i_s = I_{sm}\sin\omega t \end{cases} \tag{2-46}$$

式中：U_{sm} 和 I_{sm} 分别为电源电压峰值和电源电流峰值。

单相电流型全桥 PWM 整流电路交流侧电压方程为

$$u_c = u_s - R_s i_s - L_s \frac{\mathrm{d}i_s}{\mathrm{d}t} \tag{2-47}$$

可求得电容电压如下式

$$u_c = \left(U_{sm} - L_s \frac{\mathrm{d}I_{sm}}{\mathrm{d}t} - R_s I_{sm}\right)\sin\omega t - \omega L_s I_{sm}\cos\omega t \tag{2-48}$$

由式（2-48）可以得出采用电容电压控制的间接电流控制方法，通过控制 u_c 就可以控制 I_{sm}，如图 2 - 69 所示，包含直流侧电流控制闭环和电容电压控制闭环。直流侧电流控制闭环中，电流指令 i_{dc}^* 和实际的直流电流 i_{dc} 比较后经过一个 PI 调节器生成一个直流电流信号 I_{sm}^*。

I_{sm}^*增大时，整流电路从交流侧吸收的有功功率变大，直流侧有功功率也变大，直流侧电流变大，I_{sm}^*减小时，整流电路从交流侧吸收的有功功率小于直流侧消耗的有功功率，直流侧电流变小。稳态时，PI调节器可实现直流电流的无差跟踪，使得$i_{dc}=i_{dc}^*$。当负载电流减小时，i_{dc}^*和实际的直流电流i_{dc}的差正偏，使PI调节器输出量I_{sm}^*增大，进而改变电容电压指令u_c^*，在电容电压控制闭环中，通过对IGBT的控制使得电容电压u_c利用滞环来跟踪u_c^*，使得$u_c=u_c^*$，通过控制u_c的值来增大整流电路交流侧电源电流的峰值I_{sm}，也就是增大了流入整流电路的有功功率，使得i_{dc}增大，经过一段调节过程后达到新的稳态，此时$i_{dc}=i_{dc}^*$，而u_c则稳定在新的值，形成负反馈闭环控制。当负载电流增大时，调节过程和上述过程相反。

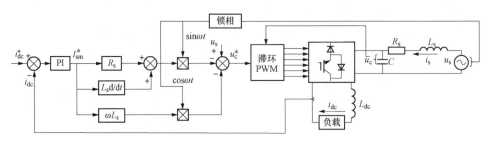

图2-69　采用电容电压控制的间接电流控制方法

（2）基于交流侧电流的间接电流控制方法。单相电流型全桥PWM整流电路交流侧电压方程为

$$\begin{cases} u_c = u_s - R_s i_s - L_s \dfrac{\mathrm{d}i_s}{\mathrm{d}t} \\ i_{ac} = i_s - C\dfrac{\mathrm{d}u_c}{\mathrm{d}t} \end{cases} \tag{2-49}$$

可得交流侧电流i_{ac}的表达式，由该表达式得出交流侧电流指令。

$$i_{ac} = \left[I_{sm} + R_s C \frac{\mathrm{d}I_{sm}}{\mathrm{d}t} + L_s C \left(\frac{\mathrm{d}^2 I_{sm}}{\mathrm{d}t^2} - \omega^2 I_{sm} \right) \right] \sin\omega t + \left(R_s \omega C I_{sm} - \omega C U_{sm} + 2\omega C L_s \frac{\mathrm{d}I_{sm}}{\mathrm{d}t} \right) \cos\omega t \tag{2-50}$$

式（2-50）中存在二阶微分项，实现较为困难，二阶微分项数值很小，控制系统设计时常可忽略二阶微分项，基于交流侧电流的间接电流控制方法如图2-70所示，与图2-69中的直流侧电流闭环控制原理相近，都是通过闭环控制形成负反馈，在基于交流侧电流的间接电流控制方法中，通过控制交流侧电流i_{ac}的值来控制整流电路交流侧电源电流的峰值I_{sm}，也就是控制了流入整流电路的有功功率，使得i_{dc}可控，稳态后，$i_{dc}=i_{dc}^*$。

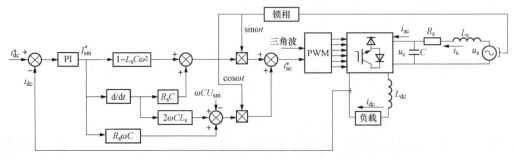

图2-70　基于交流侧电流的间接电流控制方法

（3）直接电流控制方法。直接电流控制方法可以避免主电路参数对控制性能的影响，如图 2 - 71 所示，直接电流控制是一个双闭环控制系统，外环是直流电流控制环，电流指令 i_{dc}^* 和实际的直流电流 i_{dc} 比较后经过一个 PI 调节器生成一个直流电流信号 I_{sm}^*。I_{sm}^* 增大时，整流电路从交流侧吸收的有功功率变大，直流侧有功功率也变大，直流侧电流变大，I_{sm}^* 减小时，整流电路从交流侧吸收的有功功率小于直流侧消耗的有功功率，直流侧电流变小。因为是单位功率因数运行，所以电源电流和电源电压同相位，应用电源电压相位信息可以构造出电源电流瞬时值指令 i_s^*，由式（2 - 50）可知控制 i_{ac} 就可以控制 i_s，所以在电源电流内环控制中，通过对 IGBT 的控制来控制 i_{ac}，使得 $i_s = i_s^*$，稳态时，PI 调节器可实现直流侧电流的无差跟踪，使得 $i_{dc} = i_{dc}^*$。

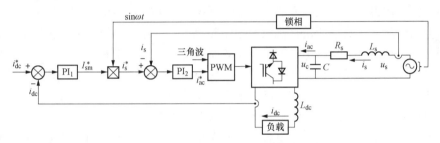

图 2 - 71　直接电流控制方法

在设计三相电流型 PWM 整流电路的控制方法时，可以先考虑某一相中各变量之间的关系，将单相电流型 PWM 整流电路的控制方法推广到三相电流型 PWM 整流电路的控制方法中，这里不再详述。

本章小结

本章讲述了整流电路及其相关的一些问题，包括电路结构简单的不可控整流电路、应用晶闸管的相控整流电路、高电压或大电流场合用的整流电路和高功率因数和低谐波含量的 PWM 整流电路，在各种整流电路的讲述和学习过程中均用到了分时段线性电路的分析方法。

（1）不可控整流电路是最简单的整流电路，本章讲述了单相桥式不可控整流电路和三相桥式不可控整流电路分别带电阻负载、带阻感负载和含滤波电容时的工作原理及波形，不可控整流电路是后面相控整流电路的基础，也是相控整流电路 $\alpha = 0°$ 时的情况。

（2）相控整流电路中主要介绍了单相桥式全控整流电路、三相半波可控整流电路和三相桥式全控整流电路带电阻负载、带阻感负载和带反电动势负载时的工作原理，详细分析了各种电路的各个工作过程，画出了电压、电流等的波形，给出了各种物理量的相关计算公式。同时也阐述了整流电路的闭环控制方法，最后介绍了非理想情况下存在的交流侧电感对整流电路的影响。该部分是该章重点内容，要求掌握所讲述的各种电路带不同负载时的基本工作原理、波形图和各物理量的计算方法。

（3）在大功率或高电压整流电路这一节中，首先介绍了谐波和功率因数的概念，以及给出了常见波形的谐波和电路功率因数的结论。然后介绍了带平衡电抗器的双反星形可控整流电路和多重化整流电路。带平衡电抗器的双反星形可控整流电路，其目标是将两个整流电路并联以提高输出电流能力，为了消除三相半波可控整流电路中变压器直流磁化问题将整流变压器二次侧接成双反星形电路，应用平衡电抗器来保证两组整流电路能同时导电。多重化整流电路可以减少整流电路交流侧电流的谐波。重点掌握带平衡电抗器的双反星形可控整流电路原理和多重化整流电路的交流侧电流的波形。

（4）PWM 整流电路可抑制输入侧的谐波和提高功率因数。在 PWM 整流电路这一节中，首先介绍了 PWM 控制的技术基础，包含 PWM 控制的基本原理和 PWM 波生成方法。然后讲述了电压型 PWM 整流电路和电流型 PWM 整流电路。电压型 PWM 整流电路应用非常广泛，本节讲述了单相电压型 PWM 整流电路和三相电压型 PWM 整流电路的基本工作原理、调制方法、输出波形及控制方法；重点掌握电压型 PWM 整流电路生成 PWM 脉冲的过程、驱动信号驱动开关器件使得整流电路输出相关波形的过程，以及最终控制交流侧功率因数接近于 1 的过程。本节介绍了电流型 PWM 整流电路，包含单相电流型全桥 PWM 整流电路和三相电流型半桥 PWM 整流电路，重点掌握电流型 PWM 整流电路的特点、单相电流型全桥 PWM 整流电路的调制方法和电流型 PWM 整流电路的控制方法，其中三相电流型半桥 PWM 整流电路的调制方法较为复杂，没有在本节详细介绍，仅作为了解内容即可。

整流电路的内容在本书中十分重要，尤其是电力电子电路分析所用的分时段线性电路的基本思想与方法，是学习电力电子技术以及后面 3 种电力变换的基础。

习题及思考题

1. 在单相桥式全控整流电路中，电源电压有效值 $U_2 = 220\text{V}$，负载中 $R = 20\Omega$，L 值极大，反电动势 $E = 60\text{V}$，当 $\alpha = 30°$ 时，要求：

（1）画出输出电压 u_d、负载电流 i_d 和变压器二次侧电流 i_2 的波形；

（2）求整流电路输出电压平均值 U_d、负载电流平均值 I_d 和变压器二次侧电流有效值 I_2；

（3）考虑安全裕量，确定晶闸管的额定电压和额定电流。

2. 三相半波可控整流电路对阻感负载进行供电，已知 L 值极大，$R = 10\Omega$，电源线电压有效值为 380V，求：

（1）交流侧 a、b、c 三相中流过的最大平均电流；

（2）器件可能承受的最大正向和反向电压。

3. 三相半波可控整流电路给电阻负载供电，当 $\alpha = 0°$ 且稳定后，某一相晶闸管触发脉冲突然出现过早，即移到自然换相点之前，会出现什么现象？其他晶闸管受什么影响？

4. 单相桥式全控整流电路带阻感负载（电感值很大）时的功率因数最高能达到多少，为什么？

5. 三相桥式全控整流电路带阻感负载，电感极大，负载电阻 $R = 4\Omega$，输出电压平均值 U_d 在 0～220V 变化。求：

（1）整流电路变压器二次侧线电压有效值；

（2）计算晶闸管额定电压和额定电流值（电压和电流均取 2 倍裕量）。

6. 在三相桥式全控整流电路中，已知交流相电压有效值 $U_2 = 220\text{V}$，阻感负载的 $R = 10\Omega$，L 极大，$\alpha = 45°$ 时，要求：

(1) 画出输出电压 u_d、负载电流 i_d 和变压器二次侧 a 相电流 i_a 的波形;

(2) 计算输出电压平均值 U_d 和负载电流平均值 I_d;

(3) 计算变压器二次侧电流有效值 I_2。

7. 在三相桥式全控整流电路中,已知交流相电压有效值 $U_2 = 220V$,阻感负载,$R = 10\Omega$,且 L 极大,触发角 $\alpha = 30°$,画出当晶闸管 VT1 触发脉冲之后晶闸管 VT2 触发脉冲之前 c 相电源突然故障(断路)后的输出电压 u_d 以及晶闸管 VT1 两端电压 u_{VT1} 的波形。

8. 在三相桥式全控整流电路中,电源频率为 50Hz,已知交流侧相电压有效值 $U_2 = 220V$,$R = 2.0\Omega$,L 足够大,$\alpha = 30°$,$L_B = 1mH$ 时,画出输出电压 u_d 的波形,计算输出电压平均值 U_d、负载电流平均值 I_d 和换相重叠角 γ。

9. 三相桥式全控整流电路带电阻负载时,其触发角 α 的移相范围为多少?带阻感负载时,α 的移相范围为多少?其交流侧电流中所含谐波的次数为多少?$\alpha = 0°$ 时其整流输出电压中所含的谐波次数为多少?

10. 带平衡电抗器的双反星形可控整流电路与三相桥式全控整流电路相比各有何特点?

11. 什么是整流电路的多重化?为何使用多重化?

12. 试解释说明 PWM 控制的基本原理。

13. PWM 整流电路和相控整流电路有何主要异同?

14. 单相电压型半桥 PWM 整流电路和单相电压型全桥 PWM 整流电路相比有何主要异同?

15. 三相电压型半桥 PWM 整流电路为什么采用纵向换流?与 IGBT 反并联的二极管的作用是什么?

16. 单相电压型全桥 PWM 整流电路与单相电流型全桥 PWM 整流电路相比有何主要异同?

17. 三相电流型半桥 PWM 整流电路为什么采用横向换流?与 IGBT 串联的二极管的作用是什么?

第3章　直流 - 直流变换电路

[思维导图]

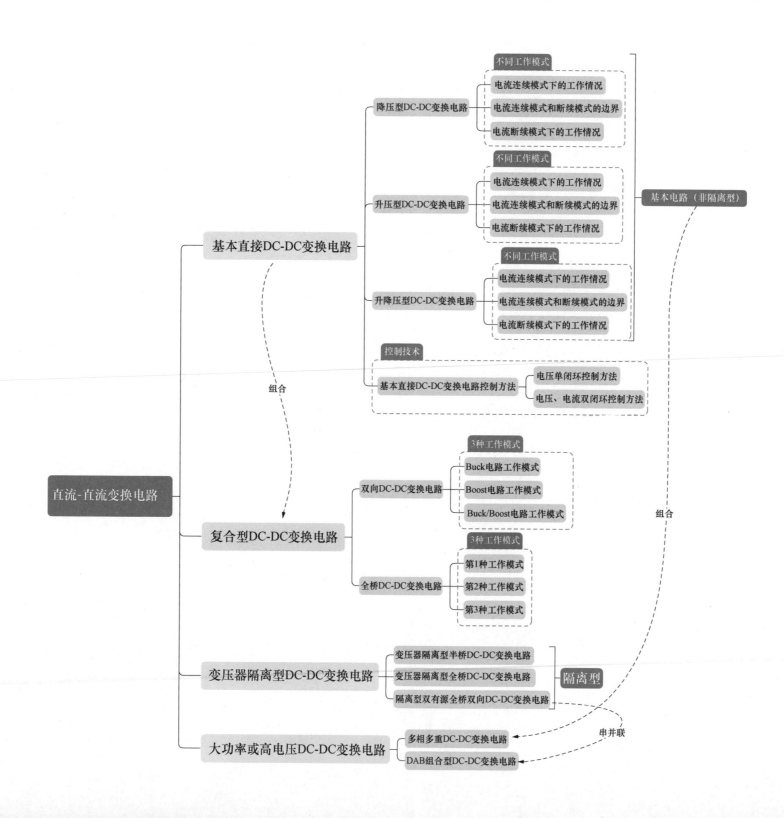

　　直流 - 直流变换电路（DC - DC converter）是将某一幅值的直流电压（或电流）变为另一幅值的直流电压（或电流）的电路，包括直接直流变换电路和间接直流变换电路。直接直流变换电路也称为斩波电路（DC chopper），一般是指直接将某一幅值的直流电压（或电流）变为另一幅值的直流电压（或电流），输入与输出之间不隔离。间接直流变换电路是将直流电先变为交流电，交流电经过变压器实现输入输出间的隔离和变压，然后再由交流电变为直流电，也称为变压器隔离型直流 - 直流变换电路或直 - 交 - 直变换电路。本章将分别介绍这两种直流 - 直流变换电路。

3.1　基本直接 DC - DC 变换电路

　　直流斩波电路包括降压斩波电路、升压斩波电路和升降压斩波电路三种基本斩波电路。按一定调制规律使开关器件通断的控制称为斩波控制，设开关周期 $T = t_{on} + t_{off}$，其中 t_{on} 为开关器件导通时间，t_{off} 为开关器件关断时间，定义占空比 $d = t_{on}/T$。在斩波控制中，按开关器件调制规律的不同主要分为两种：①脉冲宽度调制（pulse width modulation，PWM）。在这种控制方式下开关周期 T 一般固定不变，而开关器件导通时间 t_{on} 可调。②脉冲频率调制（pulse frequency modulation，PFM）。在这种控制方式下，开关器件导通时间 t_{on} 固定不变，而开关周期 T 或频率 f 可调。在以上两种调制方式中，PWM 方式是电力电子开关变换电路最常用的斩波控制方式。

3.1.1　降压型 DC - DC 变换电路

　　降压型 DC - DC 变换电路又称降压斩波电路（buck chopper），其电路图及工作波形如图 3 - 1 所示。降压斩波电路由全控型器件 IGBT、低通滤波器（由电感和电容构成）和提供续流通道的二极管 VD 构成，其直流输出电压小于直流输入电压。在不同负载情况下，降压斩波电路可能工作在电感电流连续模式，也可能工作在电感电流断续模式。当电感电流 $i_L > 0$ 时，降压斩波电路工作在电感电流连续模式；当部分时间内存在 $i_L = 0$ 时，则降压斩波电路工作在电感电流断续模式；若只有某一时刻存在 $i_L = 0$，则降压斩波电路工作在电感电流临界连续模式，而电感电流临界连续模式是电感电流连续模式的一种特例。以下分别介绍在不同模式下的降压斩波电路的工作过程。

　　1. 电流连续模式（continuous current mode，CCM）下的工作情况

　　应用分时段线性电路的分析方法可以得出降压斩波电路的工作过程。

　　（1）根据开关器件的导通和关断的时序，将电路工作过程分为两个线性电路工作区间，分别是区间 Ⅰ 和区间 Ⅱ。

　　（2）区间 Ⅰ：t 在 t_{on} 区间内，开关器件 V 导通，VD 关断，电路如图 3 - 1（b）所示，输入端的电源给电感 L 和电容 C 充电，同时给负载供电，通常情况下滤波电容值被设计成较大的值以保证直流输出电压近似为一条直线，即 u_o 近似为一条直线，u_L 等于 $u_i - u_o$，u_{VD} 等于电源电压 u_i，i_L 增大，i_i 等于 i_L，i_{VD} 等于零，各电压和电流的波形如图 3 - 1（d）中区间 Ⅰ 内所示。

　　区间 Ⅱ：t 在 t_{off} 区间内，开关器件 V 关断，VD 导通，电路如图 3 - 1（c）所示，电感 L 续流，u_L 等于 $-u_o$，u_{VD} 等于零，i_i 等于零，i_L 减小，i_{VD} 等于 i_L，各电压和电流的波形如图 3 - 1（d）中区间 Ⅱ 内所示。

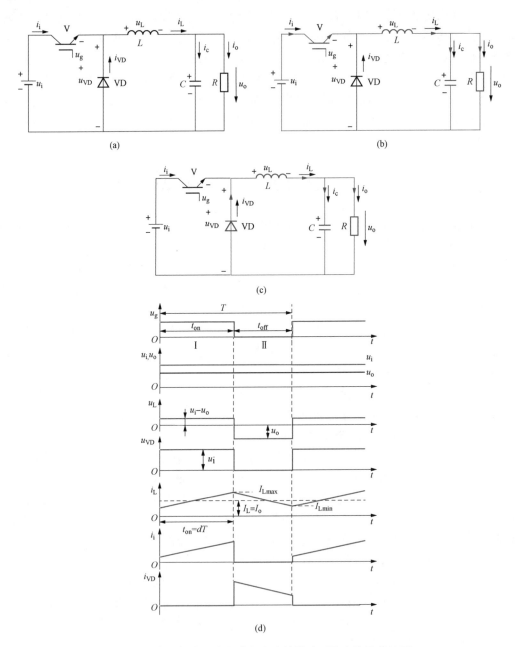

图 3-1　降压斩波电路电感电流连续模式下的电路及其波形

(a) 降压斩波电路;　(b) 区间 Ⅰ 电路;　(c) 区间 Ⅱ 电路;　(d) 电感电流连续时的相关波形

　　此后又是 V 导通,如此循环地工作下去,在稳态时,各周期电感最大电流 I_{Lmax} 和最小电流 I_{Lmin} 分别相等,即电感充电能量等于放电能量,电感两端电压平均值为零,电容的充电能量也等于放电能量,流经电容的电流平均值也为零,维持电容电压恒定,故电感电流平均值 I_{L} 等于负载电流平均值 I_{o}。降压斩波电路工作在电感电流连续模式下的电源电压 u_{i}、输出电压 u_{o}、电感两端电压 u_{L}、二极管承受的反压 u_{VD}、电感电流 i_{L}、电源电流 i_{i} 和流过二极管的电流 i_{VD} 的波形如图 3-1 (d) 所示。表 3-1 为降压斩波电路工作在电感电流连续模式下的各区间的工作情况。

（3）由图 3 - 1 可知，在稳态时，电感两端电压波形是周期性变化的，在一个开关周期内电感吸收的能量和释放的能量相等，因此电感两端的电压平均值 U_L 为零，令电源电压和负载电压的平均值分别为 U_i 和 U_o，即

$$\int_0^T u_L \mathrm{d}t = \int_0^{t_{on}} (U_i - U_o)\mathrm{d}t + \int_{t_{on}}^T (-U_o)\mathrm{d}t = 0 \tag{3-1}$$

可得

$$(U_i - U_o)t_{on} = U_o(T - t_{on}) \tag{3-2}$$

即得

$$\frac{U_o}{U_i} = \frac{t_{on}}{T} = d \tag{3-3}$$

因此，在电感电流连续模式下，当输入电压不变时，输出电压平均值 U_o 小于等于输入电压平均值 U_i，所以该电路完成了降压功能，同时，输出电压随着占空比而线性变化，通过控制开关器件的占空比，可以得到直流负载所需的供电电压。

在忽略电路中所有元件的能量损耗的情况下，输入平均功率 P_i 等于输出平均功率 P_o，即

$$P_i = P_o \tag{3-4}$$

令电源电流和负载电流平均值分别为 I_i 和 I_o，因此

$$U_i I_i = U_o I_o \tag{3-5}$$

可得

$$\frac{I_o}{I_i} = \frac{U_i}{U_o} = \frac{1}{d} \tag{3-6}$$

由式（3 - 3）和式（3 - 6）可知，降压斩波电路输出电压平均值小于或等于输入电压平均值，输出电流平均值大于或等于输入电流平均值，两个电压之间和两个电流之间分别都是线性关系。

表 3 - 1　　　　　　降压斩波电路电感电流连续模式下的工作情况

区间	I	II
t	t_{on} 内	t_{off} 内
器件导通情况	V 导通、VD 关断	V 关断、VD 导通
电路图	图 3 - 1（b）	图 3 - 1（c）
电感两端电压 u_L	$u_i - u_o$	$-u_o$
二极管承受的反压 u_{VD}	u_i	0
电感电流 i_L	电感充电电流	i_{VD}
电源电流 i_i	i_L	0
流过二极管的电流 i_{VD}	0	电感放电电流
负载电压平均值 U_o	$U_o = \dfrac{t_{on}}{T}U_i = dU_i$	

续表

区间	I	II
负载电流平均值 I_o	$I_o = \dfrac{T}{t_{on}} I_i = \dfrac{1}{d} I_i$（$I_i$ 为电源电流平均值）	

2. 电流连续模式和断续模式的边界

图 3-2（a）给出了在电感电流临界连续情况下 u_L 和 i_L 的波形。在电感电流临界连续的情况下，在全控型器件开通时刻和断开时刻，电感电流 i_L 均为 0，电感电流斜率为 L，I_{Lmax} 为电感电流的峰值，根据三角形关系可得

$$U_i - U_o = u_L = L \frac{di_L}{dt} = L \frac{I_{Lmax}}{t_{on}} \tag{3-7}$$

由图可求出电感电流临界连续情况下的电感电流平均值 I_{LB}，即

$$I_{LB} = I_{oB} = \frac{1}{2} I_{Lmax} = \frac{t_{on}}{2L}(U_i - U_o) = \frac{T}{2L} d(U_i - U_o) \tag{3-8}$$

式中：I_{oB} 为电感电流临界连续情况时的输出电流（负载电流）平均值。

因此，如果负载电流平均值 I_o 比式（3-8）中所给出的 I_{oB} 小，则电路工作在电感电流断续模式。

在实际应用中，降压斩波电路有两种工作方式，分别是输入电压 U_i 为恒定值的工作方式和输出电压 U_o 为恒定值的工作方式，以下按这两种工作方式分别进行讨论。

（1）输入电压 U_i 为恒定值的工作方式。该工作方式下 U_i 为恒定值，例如在直流电动机调速中，输入电压 U_i 为恒定值，通过改变占空比 d 的值来改变输出电压 U_o 的值，进而来调整直流电动机的转速。

由式（3-3）和式（3-8）可得

$$I_{LB} = \frac{TU_i}{2L} d(1-d) = I_{oB} \tag{3-9}$$

图 3-2（b）给出了 U_i 为常数时的电感电流平均值 I_{LB} 与占空比 d 的关系。由图 3-2（b）可知，当 $d = 0.5$ 时，电感电流平均值达到最大值 I_{LBmax}，即

$$I_{LBmax} = \frac{TU_i}{8L} \tag{3-10}$$

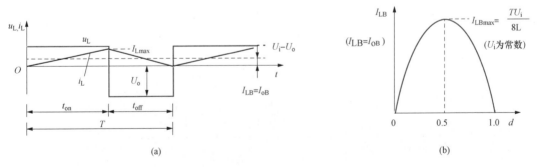

图 3-2　降压斩波电路电感电流临界连续模式下的波形及相对应的关系
（a）电感电流临界连续时的波形；（b）U_i 为常数时电感电流平均值 I_{LB} 与占空比 d 的关系

（2）输出电压 U_o 为恒定值的工作方式。该工作方式下 U_o 为恒定值，例如在直流电源中，输入电压 U_i 可以变化，但输出电压 U_o 为恒定值，通过改变占空比 d 的值来保证输出电压 U_o 的值恒定。

由式（3 - 3）和式（3 - 8）可得

$$I_{LB} = \frac{TU_o}{2L}(1-d) = I_{oB} \tag{3 - 11}$$

当 $d=0$ 时，电感电流平均值达到最大值 I_{LBmax}，即

$$I_{LBmax} = \frac{TU_o}{2L} = I_{oBmax} \tag{3 - 12}$$

实际上该最大值无法真正达到，因为 $d=0$ 时，如果 U_o 为有限值时，要求 U_i 为无穷大。

3. 电流断续模式（discontinuous current mode，DCM）下的工作情况

电感电流断续模式下降压斩波电路的工作过程如下。

（1）根据开关器件的导通和关断的时序，将电路工作过程分为 3 个线性电路工作区间，分别是区间Ⅰ、区间Ⅱ和区间Ⅲ。

（2）区间Ⅰ：t 在 t_{on} 区间内，开关器件 V 导通，VD 关断，电路如图 3 - 3（a）所示，u_L 等于 $u_i - u_o$，u_{VD} 等于电源电压 u_i，i_L 增大，i_i 等于 i_L，i_{VD} 等于零，各电压和电流的波形如图 3 - 3（d）中区间Ⅰ内所示。

区间Ⅱ：t 在 t_{off1} 区间内，开关器件 V 关断，VD 导通，电路如图 3 - 3（b）所示，电感 L 续流，u_L 等于 $-u_o$，u_{VD} 等于零，i_i 等于零，i_L 减小，i_{VD} 等于 i_L，各电压和电流的波形如图 3 - 3（d）中区间Ⅱ内所示。

区间Ⅲ：t 在 t_{off2} 区间内，开关器件 V 和 VD 关断，电路如图 3 - 3（c）所示，仅由电容向负载提供能量，电感两端电压 u_L 等于零，二极管承受的反压 u_{VD} 等于 u_o，i_i 等于零，i_L 等于零，i_{VD} 等于零，各电压和电流的波形如图 3 - 3（d）中区间Ⅲ内所示。

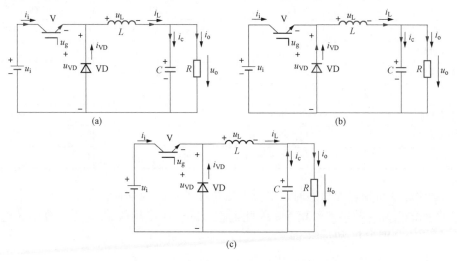

图 3 - 3 降压斩波电路电感电流断续模式下的电路及其波形（一）

(a) 区间Ⅰ电路；(b) 区间Ⅱ电路；(c) 区间Ⅲ电路

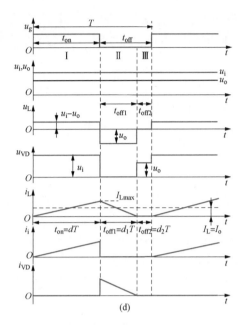

图 3-3　降压斩波电路电感电流断续模式下的电路及其波形（二）

(d) 电感电流断续时的相关波形

　　此后又是 V 导通，如此循环地工作下去，降压斩波电路工作在电感电流断续模式下的电源电压 u_i、输出电压 u_o、电感两端电压 u_L、二极管承受的反压 u_{VD}、电感电流 i_L、电源电流 i_i 和流过二极管的电流 i_{VD} 的波形如图 3-3（d）所示。表 3-2 为降压斩波电路工作在电感电流断续模式下的各区间的工作情况。

表 3-2　　　　　　　　　　**降压斩波电路电感电流断续模式下的工作情况**

区间	I	II	III
t	t_{on} 内	t_{off1} 内	t_{off2} 内
器件导通情况	V 导通、VD 关断	V 关断、VD 导通	V、VD 关断
电路图	图 3-3（a）	图 3-3（b）	图 3-3（c）
电感两端电压 u_L	$u_i - u_o$	$-u_o$	0
u_{VD}	u_i	0	u_o
电感电流 i_L	电感充电电流	i_{VD}	0
电源电流 i_i	i_L	0	0
流过二极管的电流 i_{VD}	0	电感放电电流	0

　　（3）由图 3-3 可知，在稳态时，电感两端电压波形是周期性变化的，在一个开关周期内电感吸收的能量和释放的能量相等，因此电感上的电压平均值 U_L 为零，令电源电压和负载电压的平均值分别为 U_i 和 U_o，即

$$(U_i - U_o)t_{on} = U_o t_{off1} \tag{3-13}$$

　　令 U_o 和 U_i 的电压变比为 M，即得

$$\frac{U_o}{U_i} = \frac{t_{on}}{t_{on} + t_{off1}} = \frac{d}{d + d_1} = M \tag{3-14}$$

因此，电感电流断续模式与电感电流连续模式相似，当输入电压不变时，输出电压平均值 U_o 小于等于输入电压平均值 U_i，所以该电路完成了降压功能。

根据三角形关系可得下式

$$-U_o = L\frac{\mathrm{d}i_L}{\mathrm{d}t} = -L\frac{I_{Lmax}}{t_{off1}} \tag{3-15}$$

可得

$$I_{Lmax} = \frac{U_o}{L}t_{off1} \tag{3-16}$$

由于流经电容的电流的平均值为零，故负载电流平均值 I_o 等于电感电流平均值 I_L，可表示为

$$I_o = I_L = I_{Lmax}\frac{d+d_1}{2} \tag{3-17}$$

将式（3-16）代入式（3-17）可得

$$I_o = \frac{U_o d_1(d+d_1)T}{2L} \tag{3-18}$$

将式（3-14）代入式（3-18）后，用电阻 R 表示负载电压和电流的关系，可得

$$d_1 = \sqrt{\frac{2L}{RT}\left(1-\frac{U_o}{U_i}\right)} = \sqrt{\frac{2L}{RT}(1-M)} \tag{3-19}$$

占空比 d 可表示为

$$d = \sqrt{\frac{\frac{2L}{RT}\left(\frac{U_o}{U_i}\right)^2}{1-\frac{U_o}{U_i}}} = \sqrt{\frac{2L}{RT}\frac{M^2}{1-M}} \tag{3-20}$$

通常当降压斩波电路运行在闭环控制情况下，输入电压 U_i 为恒定值工作方式下的 U_i 或者输出电压 U_o 为恒定值工作方式下的 U_o、电感值和负载电阻值已知，那么 M 就已知，根据式（3-20），控制占空比就可以控制负载电压。

也可以用输出电流来表示输出电压与电源电压之间的关系，将式（3-14）代入式（3-18），可得

$$I_o = \frac{U_i T d d_1}{2L} \tag{3-21}$$

当输入电压 U_i 为恒定值时，将式（3-10）中电感电流临界连续时的电感电流平均值的最大值 I_{LBmax} 代入式（3-21）可得

$$I_o = 4I_{LBmax}dd_1 \tag{3-22}$$

可得

$$d_1 = \frac{I_o}{4I_{LBmax}d} \tag{3-23}$$

将式（3-14）代入式（3-23）可得

$$\frac{U_o}{U_i} = \frac{d^2}{d^2 + \frac{1}{4}(I_o/I_{LBmax})} \tag{3-24}$$

由式（3-24）可知，输出电压平均值与输入电压的关系可以用占空比和负载电流平均

值与电感电流临界连续时负载电流平均值（或电感电流平均值）的最大值的比值求得。

当输入电压 U_i 为恒定值时，图 3-4 给出了降压斩波电路在电感电流连续模式和电感电流断续模式下的运行特性，图中的曲线表示电压比 U_o/U_i 与电流比 I_o/I_{LBmax} 的关系，虚线表示电感电流连续模式和电感电流断续模式的边界曲线，即电感电流临界连续模式的曲线。

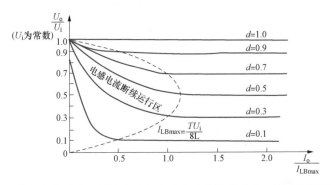

图 3-4　输入电压 U_i 为恒定值时降压斩波电路在电感电流连续模式和电感电流断续模式下的运行特性

当输出电压 U_o 为恒定值时，将式（3-12）中电感电流临界连续时的电感电流平均值的最大值 I_{LBmax} 代入式（3-21）可得

$$I_o = I_{LBmax}(d+d_1)d_1 \qquad (3-25)$$

将式（3-14）代入式（3-25）可得

$$d = \sqrt{\frac{U_o}{U_i}\frac{I_o/I_{LBmax}}{(1-U_o/U_i)}} \qquad (3-26)$$

由式（3-26）可知，在输出电压 U_o 为恒定值时，占空比可以由输出电压平均值 U_o、输入电压平均值 U_i、负载电流平均值与电感电流临界连续时负载电流平均值（或电感电流平均值）的最大值的比值 I_o/I_{LBmax} 来求得。

当输出电压 U_o 为恒定值时，图 3-5 给出了降压斩波电路在电感电流连续模式和电感电流断续模式下的运行特性，图中的曲线表示电压比 U_o/U_i 取不同值时，占空比 d 与电流比 I_o/I_{LBmax} 的关系，虚线表示电感电流连续模式和电感电流断续模式的边界曲线，即电感电流临界连续模式的曲线。

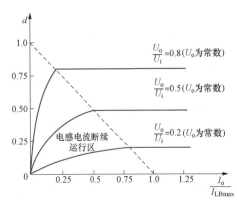

图 3-5　输出电压 U_o 为恒定值时降压斩波电路在电感电流连续模式和电感电流断续模式下的运行特性

3.1.2　升压型 DC-DC 变换电路

升压斩波电路（boost chopper）如图 3-6（a）所示，以下分别介绍不同模式的工作过程。

1. 电流连续模式（continuous current mode，CCM）下的工作情况

应用分时段线性电路的分析方法可以得出升压斩波电路的工作过程如下。

（1）根据开关器件的导通和关断的时序，将电路工作过程分为两个线性电路工作区间，分别是区间Ⅰ和区间Ⅱ。

（2）区间Ⅰ：t 在 t_{on} 区间内，开关器件 V 导通，VD 关断，电路如图 3 - 6（b）所示，输入端电源给电感 L 充电，电容给负载供电，通常情况下滤波电容值设计成较大的值以保证直流输出电压近似为一条直线，即 u_o 近似为一条直线，u_L 等于 u_i，u_V 等于零，i_L 增大，i_i 等于 i_L，i_{VD} 等于零，各电压和电流的波形如图 3 - 6（d）中区间Ⅰ内所示。

区间Ⅱ：t 在 t_{off} 区间内，开关器件 V 关断，VD 导通，输入端电源和电感 L 一起给电容充电，同时给负载供电，电路如图 3 - 6（c）所示，u_L 等于 $u_i - u_o$，u_V 等于 u_o，i_L 减小，i_i 等于 i_L，i_V 等于零，各电压和电流的波形如图 3 - 6（d）中区间Ⅱ内所示。

此后又是 V 导通，如此循环地工作下去，升压斩波电路工作在电感电流连续模式下的电源电压 u_i、输出电压 u_o、电感两端电压 u_L、全控型开关器件两端电压 u_V、电感电流 i_L、电源电流 i_i 和流过二极管的电流 i_{VD} 的波形如图 3 - 6（d）所示。表 3 - 3 为升压斩波电路工作在电感电流连续模式下的各区间的工作情况。

（3）由图 3 - 6 可知，在稳态时，电感两端电压波形是周期性变化的，在一个开关周期内电感吸收的能量和释放的能量相等，因此电感两端的电压平均值 U_L 为零，令电源电压和负载电压的平均值分别为 U_i 和 U_o，即

$$\int_0^T u_L dt = \int_0^{t_{on}} U_i dt - \int_{t_{on}}^T (U_o - U_i) dt = 0 \tag{3-27}$$

可得

$$U_i t_{on} = (U_o - U_i) t_{off} \tag{3-28}$$

即得

$$\frac{U_o}{U_i} = \frac{T}{t_{off}} = \frac{1}{1-d} \tag{3-29}$$

因此，在电感电流连续模式下，当输入电压不变时，输出电压平均值 U_o 大于或等于输入电压平均值 U_i，所以该电路完成了升压功能，同时，通过控制开关器件的占空比，可以得到直流负载所需的供电电压。

在忽略电路中所有元件的能量损耗的情况下，输入平均功率 P_i 等于输出平均功率 P_o，即

$$P_i = P_o \tag{3-30}$$

令电源电流和负载电流的平均值分别为 I_i 和 I_o，因此

$$U_i I_i = U_o I_o \tag{3-31}$$

可得

$$\frac{I_o}{I_i} = \frac{U_i}{U_o} = 1 - d \tag{3-32}$$

由式（3 - 32）可知，升压斩波电路输出电压平均值大于或等于输入电压平均值，输出电流平均值小于或等于输入电流平均值。升压斩波电路升压原理是电源输出的能量与负载消耗的能量平衡的过程，开关器件导通时间 t_{on} 越大，电源输出电流在一个开关周期内平均值越大，即输出平均功率越大。当一个开关周期内电源输出的平均功率与负载的平均功率相等时达到平衡，负载电压稳定在一个值，又由于电源电流平均值 I_i 大于流过二极管的电流平均值 I_{VD}，即 $I_i > I_{VD}$，使得负载电压大于电源电压；当需要增大该负载电压平均值时，可以增大 t_{on} 以增大电源输出的平均功率，电源输出的平均功率大于负载消耗的平均功率，电容存储能量而使其电压上升，增大了负载的平均功率，当电源输出的平均功率再一次与负载的平均功率相等时达到了另一个平衡状态，此时的负载电压大于初始时的负载电压。当需要减小

负载电压时，可应用同样的方法，减小 t_{on} 即可，这就是通过 t_{on} 来控制输出电压的方法。

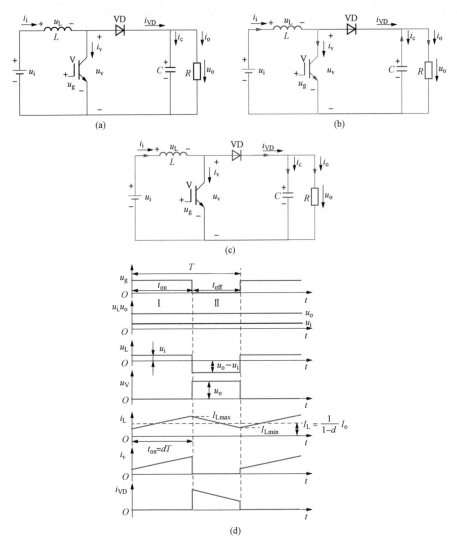

图 3-6　升压斩波电路电感电流连续模式下的电路及其波形

（a）升压斩波电路；（b）区间Ⅰ电路；（c）区间Ⅱ电路 ；（d）电感电流连续时的相关波形

表 3-3　　　　　　　　　　升压斩波电路电感电流连续模式下的工作情况

区间	Ⅰ	Ⅱ
t	t_{on} 内	t_{off} 内
器件导通情况	V 导通、VD 关断	V 关断、VD 导通
电路图	图 3-6（b）	图 3-6（c）
电感两端电压 u_L	u_i	$u_i - u_o$
全控型开关器件两端电压 u_V	0	u_o
电感电流 i_L	电感充电电流	i_{VD}
电源电流 i_i	i_L	i_L
流过二极管的电流 i_{VD}	0	电感放电电流

区间	I	II
负载电压平均值 U_o	$U_o = \dfrac{T}{t_{off}} U_i = \dfrac{1}{1-d} U_i$	
负载电流平均值 I_o	$I_o = \dfrac{t_{off}}{T} I_i = (1-d) I_i$	

2. 电流连续模式和断续模式的边界

图 3 - 7（a）给出了在电感电流临界连续情况下 u_L 和 i_L 的波形。在电感电流临界连续的情况下，在全控型器件开通时刻和断开时刻，电感电流 i_L 均为 0，电感电流斜率为 L，I_{Lmax} 为电感电流的峰值，根据三角形关系，可得下式

$$U_i = u_L = L \frac{di_L}{dt} = L \frac{I_{Lmax}}{t_{on}} \tag{3-33}$$

由式（3 - 29）和式（3 - 33）可求出电感电流临界连续情况下的电感电流平均值 I_{LB}，即

$$I_{LB} = \frac{1}{2} I_{Lmax} = \frac{U_i t_{on}}{2L} = \frac{T U_o}{2L} d(1-d) \tag{3-34}$$

电源电流平均值与电感电流平均值相等，由式（3 - 32）可知，电感电流临界连续时负载电流平均值 I_{oB} 为

$$I_{oB} = (1-d) I_i = \frac{T U_o}{2L} d(1-d)^2 \tag{3-35}$$

因此，如果负载电流平均值 I_o 比式（3 - 35）中所给出的 I_{oB} 小，则电路工作在电感电流断续模式。

升压斩波电路在大多数应用中都是输出电压 U_o 为恒定值的工作方式，例如在直流电源、直流电动机的再生制动等方面的应用。图 3 - 7（b）给出了 U_o 为常数时电感电流平均值 I_{LB} 与占空比 d 的关系。U_o 为恒定值，而占空比 d 变化，说明输入电压 U_i 是不断变化的。

由图 3 - 7（b）可知，输出电压 U_o 为恒定值的工作方式下，当 $d = 0.5$ 时，电感电流平均值达到最大值 I_{LBmax}，即

$$I_{LBmax} = \frac{T U_o}{8L} \tag{3-36}$$

当 $d = 1/3 \approx 0.333$ 时，负载电流平均值达到最大值，为

$$I_{oBmax} = \frac{2 T U_o}{27L} = 0.074 \frac{T U_o}{L} \tag{3-37}$$

将式（3 - 36）和式（3 - 37）分别代入式（3 - 34）和式（3 - 35），I_{LB} 和 I_{oB} 可分别用其最大值表示为

$$I_{LB} = 4d(1-d) I_{LBmax} \tag{3-38}$$

$$I_{oB} = \frac{27}{4} d(1-d)^2 I_{oBmax} \tag{3-39}$$

也可以借鉴降压斩波电路中输入电压 U_i 为恒定值的工作方式的分析方法来分析输入电压 U_i 为恒定值的工作方式下升压斩波电路电感电流临界连续模式下的基本特性，这里就不再详述。

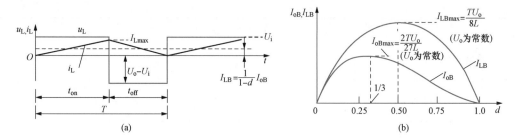

图 3-7　升压斩波电路电感电流临界连续模式下的波形及相对应的关系

（a）电感电流临界连续时的波形；（b）U_o 为常数时电感电流平均值 I_{LB} 和负载电流平均值 I_{oB} 与占空比 d 的关系

3. 电流断续模式（discontinuous current mode，DCM）下的工作情况

电感电流断续模式下升压斩波电路的工作过程如下。

（1）根据开关器件的导通和关断的时序，将电路工作过程分为 3 个线性电路工作区间，分别是区间Ⅰ、区间Ⅱ和区间Ⅲ。

（2）区间Ⅰ：t 在 t_{on} 区间内，开关器件 V 导通，VD 关断，电路如图 3-8（a）所示，u_L 等于 u_i，u_V 等于零，i_L 增大，i_i 等于 i_L，i_{VD} 等于零，各电压和电流的波形如图 3-8（d）中区间Ⅰ内所示。

区间Ⅱ：t 在 t_{off1} 区间内，开关器件 V 关断，VD 导通，电路如图 3-8（b）所示，u_L 等于 $u_i - u_o$，u_V 等于 u_o，i_L 减小，i_i 等于 i_L，i_{VD} 等于 i_L，i_V 等于零，各电压和电流的波形如图 3-8（d）中区间Ⅱ内所示。

区间Ⅲ：t 在 t_{off2} 区间内，开关器件 V 和 VD 关断，电路如图 3-8（c）所示，仅由电容向负载提供能量，电感两端电压 u_L 等于零，u_V 等于 u_i，i_i 等于零，i_L 等于零，i_{VD} 等于零，各电压和电流的波形如图 3-8（d）中区间Ⅲ内所示。

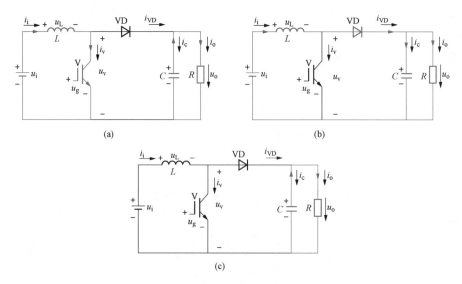

图 3-8　升压斩波电路电感电流断续模式下的电路及其波形（一）

（a）区间Ⅰ电路；（b）区间Ⅱ电路；（c）区间Ⅲ电路

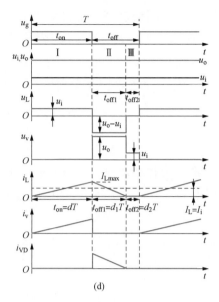

图 3 - 8　升压斩波电路电感电流断续模式下的电路及其波形（二）

（d）电感电流断续时的相关波形

　　此后又是 V 导通，如此循环地工作下去，升压斩波电路工作在电感电流断续模式下的电源电压 u_i、输出电压 u_o、电感两端电压 u_L、全控型开关器件两端电压 u_V、电感电流 i_L、电源电流 i_i 和流过二极管的电流 i_{VD} 的波形如图 3 - 8（d）所示。表 3 - 4 为升压斩波电路工作在电感电流断续模式下的各区间的工作情况。

表 3 - 4　　　　　　　　　　升压斩波电路电感电流断续模式下的工作情况

区间	I	II	III
t	t_{on} 内	t_{off1} 内	t_{off2} 内
器件导通情况	V 导通、VD 关断	V 关断、VD 导通	V、VD 关断
电路图	图 3 - 8（a）	图 3 - 8（b）	图 3 - 8（c）
电感两端电压 u_L	u_i	$u_i - u_o$	0
全控型开关器件两端电压 u_V	0	u_o	u_i
电感电流 i_L	电感充电电流	i_{VD}	0
电源电流 i_i	i_L	i_L	0
流过二极管的电流 i_{VD}	0	电感放电电流	0

　　（3）由图 3 - 8 可知，在稳态时，电感两端电压波形是周期性变化的，在一个开关周期内电感吸收的能量和释放的能量相等，因此电感两端的电压平均值 U_L 为零，令电源电压和负载电压平均值分别为 U_i 和 U_o，即

$$dTU_i + (U_i - U_o)d_1T = 0 \qquad (3 - 40)$$

令 U_o 和 U_i 的电压变比为 M，即

$$\frac{U_o}{U_i} = \frac{d_1 + d}{d_1} = M \qquad (3 - 41)$$

因此，电感电流断续模式与电感电流连续模式相似，当输入电压不变时，输出电压平均值 U_o 大于或等于输入电压平均值 U_i，所以该电路完成了升压功能。

根据三角形关系，可得下式

$$U_i = L\frac{di_L}{dt} = L\frac{I_{Lmax}}{t_{on}} \tag{3-42}$$

可得

$$I_{Lmax} = \frac{U_i}{L}t_{on} \tag{3-43}$$

在忽略电路中所有元件的能量损耗的情况下，输入平均功率 P_i 等于输出平均功率 P_o，$U_i I_i = U_o I_o$，由式（3-41）可得 $I_o/I_i = d_1/(d_1+d)$。电源电流与电感电流相等，即 $I_i = I_L$，电感电流平均值 $I_L = I_{Lmax}(d_1+d)/2$，那么负载电流平均值 I_o 可表示为

$$I_o = \frac{d_1}{d+d_1}I_L = \frac{d_1}{d+d_1}I_{Lmax}\frac{d+d_1}{2} = \frac{d_1}{2}I_{Lmax} \tag{3-44}$$

将式（3-43）代入式（3-44）可得

$$I_o = \frac{TU_i}{2L}dd_1 \tag{3-45}$$

将式（3-41）代入式（3-45）后，用电阻 R 表示负载电压和电流之间的关系，可得

$$d_1 = \sqrt{\frac{2L}{RT}\frac{U_o}{U_i}\Big/\Big(\frac{U_o}{U_i}-1\Big)} = \sqrt{\frac{2LM}{RT(M-1)}} \tag{3-46}$$

占空比 d 可表示为

$$d = \sqrt{\frac{2L}{RT}\frac{U_o}{U_i}\Big(\frac{U_o}{U_i}-1\Big)} = \sqrt{\frac{2L}{RT}M(M-1)} \tag{3-47}$$

通常当升压斩波电路运行在闭环控制情况下，输入电压 U_i 或者输出电压 U_o、电感值和负载电阻值已知，那么 M 就已知，根据式（3-47），控制占空比就可以控制负载电压。

在输出电压 U_o 为恒定值的工作方式下，将式（3-36）和式（3-41）代入式（3-45）可得

$$I_o = \frac{4dd_1^2 I_{LBmax}}{d_1+d} \tag{3-48}$$

将式（3-41）代入式（3-48）可得

$$d = \left[\frac{4}{27}\times\frac{U_o}{U_i}\Big(\frac{U_o}{U_i}-1\Big)\cdot\frac{I_o}{I_{oBmax}}\right]^{1/2} \tag{3-49}$$

由式（3-49）可知，在输出电压 U_o 为恒定值的工作方式下，占空比 d 可以由输出电压平均值 U_o、输入电压平均值 U_i、负载电流平均值与电感电流临界连续时负载电流平均值的最大值的比值 I_o/I_{oBmax} 来求得。

图 3-9 给出了输出电压 U_o 为恒定值时升压斩波电路在电感电流连续模式和电感电流断续模式下的运行特性，图中的曲线表示占空比 d 与电流比 I_o/I_{oBmax} 的关系，虚线表示

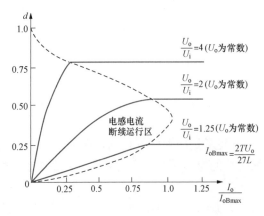

图 3-9 输出电压 U_o 为恒定值时升压斩波电路在电感电流连续模式和电感电流断续模式下的运行特性

电感电流连续模式和电感电流断续模式的边界曲线，即电感电流临界连续的曲线。

也可以借鉴降压斩波电路中输入电压 U_i 为恒定值的工作方式的分析方法来分析升压斩波电路输入电压 U_i 为恒定值的工作方式下电感电流断续模式下的基本特性，这里就不再详述。

3.1.3 升降压型 DC - DC 变换电路

升降压斩波电路（buck - boost chopper）如图 3 - 10（a）所示。以下分别介绍不同模式下的工作过程。

1. 电流连续模式（continuous current mode，CCM）下的工作情况

应用分时段线性电路的分析方法可以得出升降压斩波电路的工作过程。

（1）根据开关器件的导通和关断的时序，将电路工作过程分为两个线性电路工作区间，分别是区间 Ⅰ 和区间 Ⅱ。

（2）区间 Ⅰ：t 在 t_{on} 区间内，开关器件 V 导通，VD 关断，电路如图 3 - 10（b）所示，输入端电源给电感 L 充电，电容给负载供电，通常情况下滤波电容值设计成较大的值以保证直流输出电压近似为一条直线，即 u_o 近似为一条直线，u_L 等于 u_i，u_{VD} 等于 $u_i + u_o$，i_L 增大，i_i 等于 i_L，i_{VD} 等于零，各电压和电流的波形如图 3 - 10（d）中区间 Ⅰ 内所示。

区间 Ⅱ：t 在 t_{off} 区间内，开关器件 V 关断，VD 导通，电感 L 给电容充电，同时给负载供电，电路如图 3 - 10（c）所示，u_L 等于 $-u_o$，u_{VD} 等于零，i_i 等于零，i_L 减小，i_{VD} 等于 i_L，各电压和电流的波形如图 3 - 10（d）中区间 Ⅱ 内所示。

此后又是 V 导通，如此循环地工作下去，升降压斩波电路工作在电感电流连续模式下的电源电压 u_i、输出电压 u_o、电感两端电压 u_L、二极管两端反压 u_{VD}、电感电流 i_L、电源电流 i_i 和流过二极管的电流 i_{VD} 的波形如图 3 - 10（d）所示。表 3 - 5 为升降压斩波电路工作在电感电流连续模式下的各区间的工作情况。

（3）由图 3 - 10 可知，在稳态时，电感两端电压波形是周期性变化的，在一个开关周期内电感吸收的能量和释放的能量相等，因此电感两端的电压平均值 U_L 为零，令电源电压和负载电压的平均值分别为 U_i 和 U_o，即

$$\int_0^T u_L dt = \int_0^{t_{on}} U_i dt - \int_{t_{on}}^T U_o dt = 0 \qquad (3 - 50)$$

可得

$$U_i t_{on} = U_o t_{off} \qquad (3 - 51)$$

即得

$$\frac{U_o}{U_i} = \frac{t_{on}}{t_{off}} = \frac{d}{1 - d} \qquad (3 - 52)$$

因此，在电感电流连续模式下，当 $0 < d < 1/2$ 时电路工作在降压状态，当 $1/2 < d < 1$ 时电路工作在升压状态，所以该电路称为升降压斩波电路，当 $d = 1/2$ 时电路的输出电压平均值等于输入电压平均值。通过控制开关器件的占空比，可以得到直流负载所需的供电电压。

在忽略电路中所有元件的能量损耗的情况下，输入平均功率 P_i 等于输出平均功率 P_o，即

$$P_i = P_o \qquad (3 - 53)$$

令电源电流平均值和负载电流平均值分别为 I_i 和 I_o，因此

$$U_i I_i = U_o I_o \qquad (3 - 54)$$

可得

$$\frac{I_o}{I_i}=\frac{U_i}{U_o}=\frac{1-d}{d} \tag{3-55}$$

因为电容充电能量等于放电能量，流经电容的电流的平均值为零，所以负载电流的平均值 I_o 等于流过二极管的电流的平均值 I_{VD}。电感电流平均值 I_L 等于电源电流的平均值 I_i 和流过二极管的电流的平均值 I_{VD} 之和，也等于电源电流的平均值 I_i 和负载电流的平均值 I_o 之和。

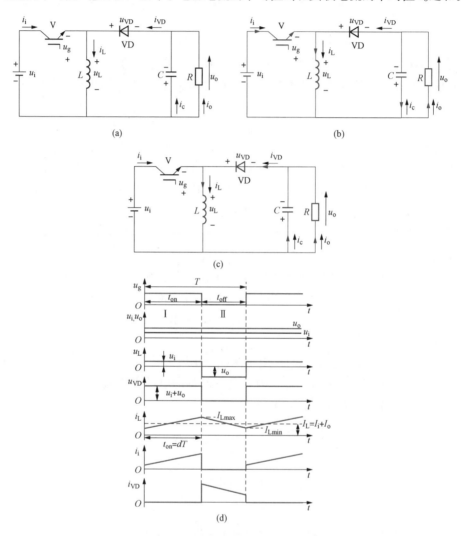

图 3 - 10　升降压斩波电路电感电流连续模式下的电路及其波形

（a）升降压斩波电路；（b）区间 Ⅰ 电路；（c）区间 Ⅱ 电路；（d）电感电流连续时的相关波形

表 3 - 5　　　　　　　　升降压斩波电路电感电流连续模式下的工作情况

区间	Ⅰ	Ⅱ
t	t_{on}内	t_{off}内
器件导通情况	V 导通、VD 关断	V 关断、VD 导通
电路图	图 3 - 10（b）	图 3 - 10（c）

续表

区间	I	II
电感两端电压 u_L	u_i	$-u_o$
二极管两端反压 u_{VD}	$u_i + u_o$	0
电感电流 i_L	电感充电电流	i_{VD}
电源电流 i_i	i_L	0
流过二极管的电流 i_{VD}	0	电感放电电流
负载电压平均值 U_o	$U_o = \dfrac{t_{on}}{t_{off}} U_i = \dfrac{d}{1-d} U_i$	
负载电流平均值 I_o	$I_o = \dfrac{t_{off}}{t_{on}} I_i = \dfrac{1-d}{d} I_i$	

2. 电流连续模式和断续模式的边界

图 3 - 11（a）给出了在电感电流临界连续情况下 u_L 和 i_L 的波形。在电感电流临界连续的情况下，在全控型器件开通时刻和断开时刻电感电流 i_L 均为 0，电感电流斜率为 L，I_{Lmax} 为电感电流的峰值，根据三角形关系，可得下式

$$U_i = u_L = L \frac{di_L}{dt} = L \frac{I_{Lmax}}{t_{on}} \tag{3-56}$$

由图 3 - 11（a）和式（3 - 56）可求出电感电流临界连续情况下的电感电流平均值 I_{LB}，即

$$I_{LB} = \frac{1}{2} I_{Lmax} = \frac{TU_i}{2L} d \tag{3-57}$$

在稳态时，电容电流平均值为零，可得

$$I_o = I_L - I_i \tag{3-58}$$

将式（3 - 52）代入式（3 - 57），可得

$$I_{LB} = \frac{TU_o}{2L} (1-d) \tag{3-59}$$

在电感电流临界连续模式下，将式（3 - 55）和式（3 - 59）代入式（3 - 58）后，负载电流平均值 I_{oB} 可表示为

$$I_{oB} = \frac{TU_o}{2L} (1-d)^2 \tag{3-60}$$

因此，如果负载电流平均值 I_o 比式（3 - 60）中所给出的 I_{oB} 小，则电路工作在电感电流断续模式。

升降压斩波电路在大多数应用中都是输出电压 U_o 为恒定值的工作方式，输入电压 U_i 可以变化，通过改变占空比 d 的值来保证输出电压 U_o 的值恒定。图 3 - 11（b）给出了 U_o 为常数时电感电流平均值 I_{LB} 与占空比 d 的关系。

由图 3 - 11（b）、式（3 - 59）和式（3 - 60）可知，当 $d=0$ 时，电感电流平均值和负载电流平均值分别达到最大值 I_{LBmax} 和 I_{oBmax}，即

$$I_{LBmax} = \frac{TU_o}{2L} \tag{3-61}$$

$$I_{oBmax} = \frac{TU_o}{2L} \tag{3-62}$$

将式（3-61）和式（3-62）分别代入式（3-59）和式（3-60），I_{LB} 和 I_{oB} 分别用其最大值表示为

$$I_{LB}=(1-d)I_{LBmax} \tag{3-63}$$

$$I_{oB}=(1-d)^2 I_{oBmax} \tag{3-64}$$

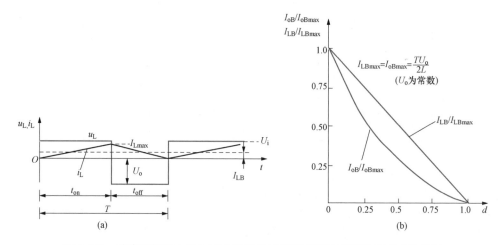

图 3-11 升降压斩波电路电感电流临界连续模式下的波形及相对应的关系

（a）电感电流临界连续时的波形；（b）U_o 为常数时电感电流平均值 I_{LB} 和负载电流平均值 I_{oB} 与占空比 d 的关系

也可以借鉴降压斩波电路中输入电压 U_i 为恒定值的工作方式的分析方法来分析输入电压 U_i 为恒定值的工作方式下升降压斩波电路电感电流临界连续模式下的基本特性，这里就不再详述。

3. 电流断续模式（discontinuous current mode，DCM）下的工作情况

电感电流断续模式下升降压斩波电路的工作过程如下。

（1）根据开关器件的导通和关断的时序，将电路工作过程分为 3 个线性电路工作区间，分别是区间 I、区间 II 和区间 III。

（2）区间 I：t 在 t_{on} 区间内，开关器件 V 导通，VD 关断，电路如图 3-12（a）所示，输入端电源给电感 L 充电，电容给负载供电，通常情况下滤波电容的值设计成较大的值以保证直流输出电压近似为一条直线，即 u_o 近似为一条直线，u_L 等于 u_i，u_{VD} 等于 u_i+u_o，i_L 增大，i_i 等于 i_L，i_{VD} 等于零，各电压和电流的波形如图 3-12（d）中区间 I 内所示。

区间 II：t 在 t_{off1} 区间内，开关器件 V 关断，VD 导通，电感 L 给电容充电，同时给负载供电，电路如图 3-12（b）所示，u_L 等于 $-u_o$，u_{VD} 等于零，i_i 等于零，i_L 减小，i_{VD} 等于 i_L，各电压和电流的波形如图 3-12（d）中区间 II 内所示。

区间 III：t 在 t_{off2} 区间内，开关器件 V 和 VD 关断，电路如图 3-12（c）所示，仅由电容向负载提供能量，电感两端电压 u_L 等于零，u_{VD} 等于 u_o，i_L 等于零，i_i 等于零，i_{VD} 等于零，各电压和电流的波形如图 3-12（d）中区间 III 内所示。

此后又是 V 导通，如此循环地工作下去，升降压斩波电路工作在电感电流断续模式下的电源电压 u_i、输出电压 u_o、电感两端电压 u_L、二极管两端反压 u_{VD}、电感电流 i_L、电源电流 i_i 和流过二极管的电流 i_{VD} 的波形如图 3-12（d）所示。表 3-6 为升降压斩波电路工作在电感电流断续模式下的各区间的工作情况。

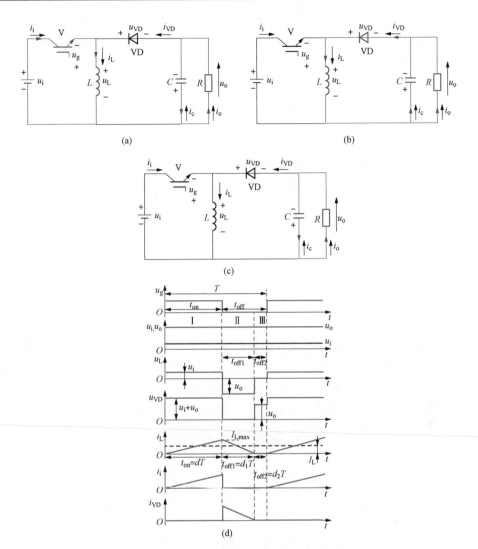

图 3 - 12　升降压斩波电路电感电流断续模式下的电路及其波形

（a）区间Ⅰ电路；（b）区间Ⅱ电路；（c）区间Ⅲ电路；（d）电感电流断续时的相关波形

表 3 - 6　　　　　　　　　升降压斩波电路电感电流断续模式下的工作情况

区间	Ⅰ	Ⅱ	Ⅲ
t	t_{on} 内	t_{off1} 内	t_{off2} 内
器件导通情况	V 导通、VD 关断	V 关断、VD 导通	V、VD 关断
电路图	图 3 - 12（a）	图 3 - 12（b）	图 3 - 12（c）
电感两端电压 u_L	u_i	$-u_o$	0
二极管两端反压 u_{VD}	$u_i + u_o$	0	u_o
电感电流 i_L	电感充电电流	i_{VD}	0
电源电流 i_i	i_L	0	0
流过二极管的电流 i_{VD}	0	电感放电电流	0

（3）由图 3-12 可知，在稳态时，电感两端电压波形是周期性变化的，在一个开关周期内电感吸收的能量和释放的能量相等，因此电感两端的电压平均值 U_L 为零，令电源电压和负载电压的平均值分别为 U_i 和 U_o，即

$$dTU_i + (-U_o)d_1T = 0 \qquad (3-65)$$

令 U_o 和 U_i 的电压变比为 M，即得

$$\frac{U_o}{U_i} = \frac{d}{d_1} = M \qquad (3-66)$$

因此，电感电流断续模式与电感电流连续模式相似，当输入电压不变时，输出电压平均值 U_o 可以大于输入电压平均值 U_i，也可以小于输入电压平均值 U_i，所以该电路完成了升降压功能。

根据三角形关系，可得下式

$$U_i = L\frac{di_L}{dt} = L\frac{I_{Lmax}}{t_{on}} \qquad (3-67)$$

可得

$$I_{Lmax} = \frac{U_i}{L}t_{on} = \frac{dTU_i}{L} = \frac{d_1TU_o}{L} \qquad (3-68)$$

在忽略电路中所有元件的能量损耗的情况下，输入平均功率 P_i 等于输出平均功率 P_o，$U_iI_i = U_oI_o$，由式（3-66）可得 $I_o/I_i = d_1/d$。流经电容的电流平均值为零，电感电流平均值 I_L、负载电流平均值 I_o 和电源电流平均值 I_i 满足关系 $I_L = I_o + I_i$，电感电流平均值 $I_L = I_{Lmax}(d_1 + d)/2$，所以电感电流平均值 I_L 和负载电流平均值 I_o 可表示为

$$I_L = I_{Lmax}\frac{d+d_1}{2} = \frac{TU_o}{2L}d_1(d+d_1) \qquad (3-69)$$

$$I_o = \frac{d_1}{d+d_1}I_L = \frac{d_1}{2}I_{Lmax} = \frac{TU_o}{2L}d_1^2 \qquad (3-70)$$

将式（3-66）代入式（3-70），用电阻 R 表示负载电压和电流之间的关系，可得

$$d_1 = \sqrt{\frac{2L}{RT}} \qquad (3-71)$$

占空比 d 可表示为

$$d = \frac{U_o}{U_i}\sqrt{\frac{2L}{RT}} = M\sqrt{\frac{2L}{RT}} \qquad (3-72)$$

通常当升降压斩波电路运行在闭环控制情况下，输入电压 U_i 或者输出电压 U_o、电感值和负载电阻值已知，那么 M 就已知，根据式（3-72），控制占空比就可以控制负载电压。

在输出电压 U_o 为恒定值的工作方式下，将式（3-61）代入式（3-70）可得

$$I_o = d_1^2I_{LBmax} \qquad (3-73)$$

将式（3-61）、式（3-62）和式（3-66）代入式（3-73）可得

$$d = \frac{U_o}{U_i}\sqrt{\frac{I_o}{I_{oBmax}}} \qquad (3-74)$$

由式（3-74）可知，在输出电压 U_o 为恒定值的工作方式下，占空比 d 可以由输出电压平均值 U_o、输入电压平均值 U_i、负载电流平均值与电感电流临界连续时负载电流平均值的

最大值的比值 I_o/I_{oBmax} 来求得。

图 3 - 13 给出了输出电压 U_o 为恒定值时升降压斩波电路在电感电流连续模式和电感电流断续模式下的运行特性，图中的曲线表示占空比 d 与电流比 I_o/I_{oBmax} 的关系，虚线表示电感电流连续模式和电感电流断续模式的边界曲线，即电感电流临界连续的曲线。

3.1.4　基本直接 DC - DC 变换电路控制方法

基本直接 DC - DC 变换电路控制可采用电压单闭环控制方法和电压、电流双闭环控制方法，以下分别介绍两类控制方法。

（1）电压单闭环控制方法。如图 3 - 14 所示，控制系统由采样网络、电压指令、调节器、PWM 控制和驱动电路构成，控制系统和主电路构成一个负反馈系统，对负载电压进行采样，作为控制闭环的反馈，与电压指令比较后产生误差信号，经过调节器后与三角波进行比较生成 PWM 脉冲信号，PWM 脉冲信号经过驱动电路后驱动全控型开关器件，当驱动电路输出一个高电平的驱动信号后，全控型开关器件导通，假设电源提供的能量增加，反之，

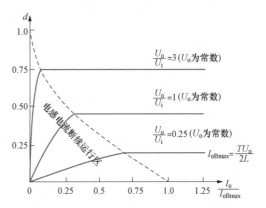

图 3 - 13　输出电压 U_o 为恒定值时升降压斩波电路在电感电流连续模式和电感电流断续模式下的运行特性

全控型开关器件断开，电源提供的能量减少。当 u_o 经采样网络采样后的电压 $u_f < U_{ref}$ 时，误差信号正偏，使得 u_g 信号占空比增大，通过对 DC - DC 变换电路主电路中的全控型开关器件的控制使电源提供的能量增加，使得 u_o 增大，u_f 也增大。反之，当 $u_f > U_{ref}$ 时，u_o 减小，u_f 也减小。当达到稳态时，$u_f = U_{ref}$，u_o 稳定在与 U_{ref} 所对应的目标电压值。

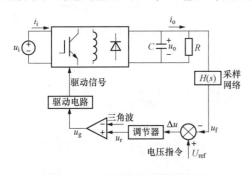

图 3 - 14　电压单闭环控制方法

（2）电压、电流双闭环控制方法。电压单闭环控制方法的特点是结构简单、设计方便，但在闭环受到扰动后，系统各电气量会发生变化，等到各电气量变化而导致输出电压发生变化后，电压闭环才进行调节，在电压闭环起作用之前或起作用过程中，输出电压可能产生较大幅度的波动。在双闭环系统中，增加了电流内环，即增加了一个反馈信息或控制量，当扰动引起电流变化后，电流闭环进行快速调节，减小了电流

的大幅波动，也降低了由电流变化引起的输出电压的波动，与电压单闭环控制方法相比，具有更好的动态性能。在电压、电流双闭环控制方法中可采用平均电流控制方法和峰值电流控制方法。

图 3 - 15 为平均电流控制方法，双闭环分别是电压外环和电流内环。电压外环与电压单闭环控制方法中的控制原理相似。以升压斩波电路为例来说明闭环控制原理，因为流经电感的电流平均值与负载电压值成比例，所以可通过电感电流来控制负载电压。实际负载电压经采样网络采样后和电压指令相比较产生误差信号，经过调节器 PI_1 后生成电感电流指令 i_{ref}；在电流内环中，检测电感电流值并形成负反馈，经过电流闭环调节器 PI_2 后生成 PWM 脉冲

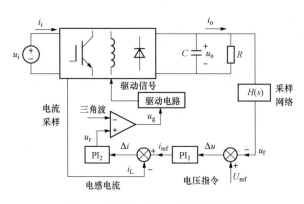

图 3-15   平均电流双闭环控制方法

信号，然后通过驱动电路驱动全控型开关器件，电流闭环的作用是稳态时使得 $i_L = i_{ref}$，电压、电流双闭环控制方法最终目的是稳态时使得 $u_f = U_{ref}$，u_o 稳定在与 U_{ref} 所对应的目标电压值。

图 3-16（a）为峰值电流控制方法，同样也是双闭环控制。电压外环与平均电流控制方法中的电压外环原理相似，电压闭环生成电流指令 i_{ref}，不同点是在峰值电流控制方法中，用全控型开关器件的电流作为反馈。在图 3-16

（b）中，通过 RS 触发器 S 端和 R 端来生成 PWM 脉冲信号。当与 RS 触发器 S 端相连的时钟信号有脉冲时，将触发器输出端 Q 置 "1"，产生驱动信号使得全控型开关器件导通，流过全控型开关器件的电流 i_V 将上升，例如在降压斩波电路中，全控型开关器件的电流 i_V 上升，电感电流也是增大的，电源提供的能量增加；当 $i_V = i_{ref}$ 时，比较器输出为 1，使得 RS 触发器输出端 Q 置 "0"，全控型开关器件关断，流过全控型开关器件电流 i_V 为零，电感放电，电源提供的能量减少。在峰值电流控制方法中，当负载电压 u_o 大小变化时，经过电压闭环的调节器后 i_{ref} 改变，进而电流闭环生成的驱动信号的占空比改变，调节电源提供的能量，最终控制负载电压 u_o 恢复到所需要的值。电压、电流双闭环控制方法最终目的是稳态时使得 $u_f = U_{ref}$，u_o 稳定在与 U_{ref} 所对应的目标电压值。

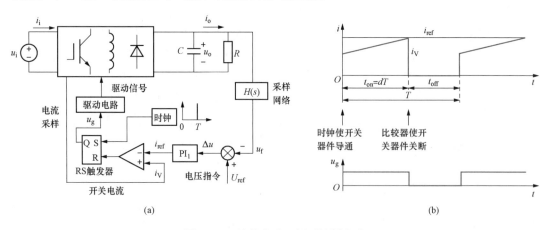

(a)   (b)

图 3-16   峰值电流双闭环控制方法
（a）控制系统；（b）控制量和驱动信号

平均电流双闭环控制方法优点是控制精度高，另外由于噪声干扰经平均后不能驱动开关器件，使得其抗噪声能力强。峰值电流双闭环控制方法优点是动态性能好，另外其具备限流保护功能，提高了电路可靠性；缺点是抗干扰能力差，电路对噪声较敏感，噪声干扰可能驱动电路中的开关器件。

3.2 复合型 DC - DC 变换电路

复合型 DC - DC 变换电路也称为复合型斩波电路，是利用上节介绍的降压斩波电路和升压斩波电路进行组合而产生的电路，输入与输出之间不隔离，所以也属于直接 DC - DC 变换电路，以下介绍两种复合型斩波电路。

3.2.1 双向 DC - DC 变换电路

双向 DC - DC 变换电路（bidirectional DC - DC converter 或 buck/boost converter）也称为两象限直流 - 直流变换电路，如图 3 - 17 所示，常用于直流电动机控制，U_i 为电压源电压，E_M 是直流电动机的电枢反电动势，L 为平波电抗器，其值一般较大，R 为电枢电阻，其值一般较小，u_M 为直流电动机电压。该电路输出直流电压 u_o 的平均值恒大于零，但输出电流 i_o 的方向可以改变，电流平均值可以大于零，也可以小于零，功率可在电源和负载之间双向流动，故称为双向 DC -DC 变换电路。

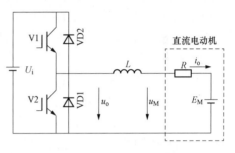

图 3 - 17 双向 DC - DC 变换电路

为了分析直流电动机运行状态，图 3 - 18 给出了他励直流电动机的工作区间与各种工作状态，直流电动机转速 $n = U_M / C_e \Phi - \beta T$，电磁转矩 $T = C_T \Phi I_o$，其中，U_M 为直流电动机电压平均值，Φ 为每极磁通，C_e 为电动势常数，C_T 为转矩常数，β 为机械特性的斜率。

双向 DC - DC 变换电路有以下 3 种工作模式：

（1）第 1 种工作模式（Buck 电路工作模式）。如图 3 - 19 （a）所示，在第 1 种工作模式下，V2 一直关断，V1 周期性导通和关断，则电路变成了降压斩波电路，在此模式下电源输出功率，直流电动机作为负载吸收功率，直流电动机运行状态为正转电动运行，工作于第 1 象限，通过改变 V1 的驱动信号 u_{g1} 的占空比可以改变输出电压平均值，也就是可以调节直流电动机的转速。在稳态情况下，负载电流平均值是恒定的，但是瞬时值存在脉动，在双向 DC - DC 变换电路开关频率较高时，负载电流的脉动幅值较小，对直流电动机的转速

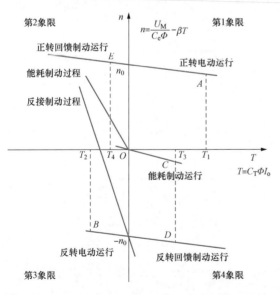

图 3 - 18 他励直流电动机的工作区间与各种运行状态

和反电动势的影响也较小，一般可以忽略不计。这里，为了对双向 DC - DC 变换电路开关频率较小或负载电流较小而脉动占比较大情况的学习，以下分析一下负载电流脉动情况下的直流电动机工况。在一个开关周期内，双向 DC - DC 变换电路和直流电动机的工作过程可分为两个区间理解：在区间 I 中，V1 导通，$u_M > 0$ 且 $i_o > 0$，直流电动机工作于第 1 象限，即正

转电动运行，电压源提供电能，电感吸收电能，直流电动机将电能转变为机械能；在区间Ⅱ中，VD1 导通，$u_M > 0$ 且 $i_o > 0$，直流电动机工作于第 1 象限，即正转电动运行，电压源提供电能，电感释放电能，直流电动机将电能转变为机械能。在一个开关周期内，如果忽略负载电流脉动，可认为在 2 个时段内负载电流值不变，直流电动机的电枢反电动势 E_M 不变（电感两端电压为 u_o 的交流分量），直流电动机一直工作在第 1 象限的正转电动运行状态。如果双向 DC - DC 变换电路的输出电流 i_o 断续，当 i_o 降为零后电压 u_o 也为零，由于降压斩波电路电压源电压高于输出电压而无法使输出电流 i_o 反向，直流电动机输出端开路。

（2）第 2 种工作模式（Boost 电路工作模式）。如图 3 - 19（b）所示，在第 2 种工作模式下，V1 一直关断，V2 周期性导通和关断，则电路变成了升压斩波电路，在此模式下直流电动机工作于正转制动运行状态，直流电动机将机械能转变为电能反馈给电压源，此时直流电动机为电源，并提供能量，电压源为负载，并吸收能量，直流电动机工作于第 2 象限。在一个开关周期内，双向 DC - DC 变换电路和直流电动机的工作过程也可分为两个区间理解：在区间Ⅲ中，V2 导通，$u_M > 0$ 且 $i_o < 0$，直流电动机工作于第 2 象限，即正转回馈制动运行（也称为正转再生制动运行），电压源既不提供也不吸收能量，电感吸收电能，直流电动机将机械能转变为电能；在区间Ⅳ中，VD2 导通，$u_M > 0$ 且 $i_o < 0$，直流电动机工作于第 2 象限，即正转回馈制动运行（正转再生制动运行），电压源吸收电能，电感释放电能，直流电动机将机械能转变为电能。在一个开关周期内，如果忽略负载电流脉动，可认为在 2 个时段内负载电流值不变，直流电动机的电枢反电动势 E_M 不变（电感两端电压为 u_o 的交流分量），直流电动机一直工作在第 2 象限的正转回馈制动运行（正转再生制动运行）状态。如果双向 DC - DC 变换电路的输出电流 i_o 断续，当 i_o 为零后 V1、V2、VD1 和 VD2 全不导通，直流电动机输出端开路。

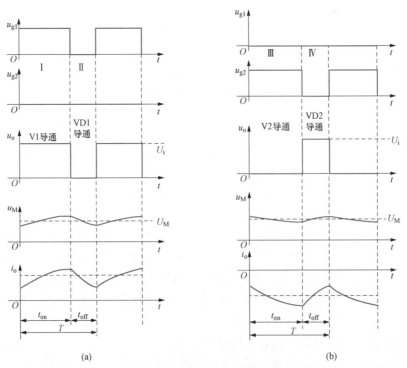

(a)　　　　　　　　　　　　(b)

图 3 - 19　带直流电动机负载时双向 DC - DC 变换电路工作模式 1 和模式 2 的波形

（a）工作模式 1；（b）工作模式 2

　　（3）第 3 种工作模式（Buck/Boost 电路工作模式）。在第 3 种工作模式下，V1 和 V2 交替导通，有 3 种工作状态。如果输出电压平均值 U_o 大于直流电动机电压平均值 U_M 时，即 $U_o > U_M$，直流电动机的电枢电流为正且较大，如果忽略负载电流脉动，可认为负载电流值不变，直流电动机的电枢反电动势 E_M 不变，电感两端电压为 u_o 的交流分量，直流电动机工作在第 1 象限的正转电动运行状态，如图 3 - 20（a）所示，工作电路如图 3 - 21（a）和图 3 - 21（b）所示。如果 $U_o \approx U_M$，直流电动机的电枢反电动势 E_M 为正，直流电动机的电枢电流有正有负，如图 3 - 20（b）所示。当 $t_1 < t < t_2$ 时，$u_M > 0$ 且 $i_o > 0$，工作电路如图 3 - 21（a）所示，V1 导通，直流电动机工作在第 1 象限，即正转电动运行；当 $t_2 < t < t_3$ 时，$u_M > 0$ 且 $i_o > 0$，工作电路如图 3 - 21（b）所示，VD1 导通，直流电动机工作在第 1 象限，即正转电动运行；当 $t_3 < t < t_4$ 时，$u_M > 0$ 且 $i_o < 0$，直流电动机电枢电流 i_o 为负，工作电路如图 3 - 21（c）所示，V2 导通，直流电动机工作于第 2 象限，即正转回馈制动运行（也称为正转再生制动运行）；当 $t_4 < t < t_5$ 时，$u_M > 0$ 且 $i_o < 0$，直流电动机电枢电流 i_o 为负，工作电路如图 3 - 21（d）所示，VD2 导通，直流电动机工作于第 2 象限，即正转回馈制动运行（正转再生制动运行）。如果 $U_o < E_M$，直流电动机的电枢电流为负且绝对值较大，如果忽略负载电流脉动，可认为负载电流值不变，直流电动机的电枢反电动势 E_M 不变，电感两端电压为 u_o 的交流分量，直流电动机工作在第 2 象限的正转回馈制动运行状态，如图 3 - 20（c）所示，工作电路如图 3 - 21（c）和图 3 - 21（d）所示。双向 DC - DC 变换电路第 3 种工作模式的各区间的工作情况见表 3 - 7。

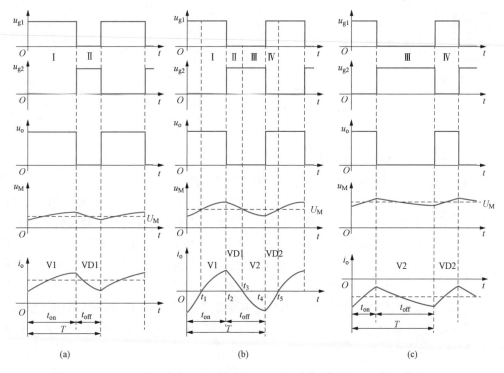

图 3 - 20　带直流电动机负载时双向 DC - DC 变换电路工作第 3 种工作模式的波形

（a）$U_o > E_M$ 时工作波形；（b）$U_o \approx E_M$ 时工作波形；（c）$U_o < E_M$ 时工作波形

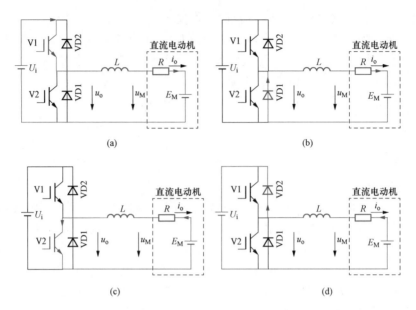

图 3 - 21　带直流电动机负载时双向 DC - DC 变换电路工作电路

(a) 区间Ⅰ电路；(b) 区间Ⅱ电路；(c) 区间Ⅲ电路；(d) 区间Ⅳ电路

表 3 - 7　　带直流电动机负载时双向 DC - DC 变换电路第 3 种工作模式的工作情况

区间	Ⅰ	Ⅱ	Ⅲ	Ⅳ
器件导通情况	V1 导通	VD1 导通	V2 导通	VD2 导通
电路图	图 3 - 21 (a)	图 3 - 21 (b)	图 3 - 21 (c)	图 3 - 21 (d)
输出电压 u_o	U_i	0	0	U_i
直流电动机工作象限	第 1 象限	第 1 象限	第 2 象限	第 2 象限
直流电动机运行状态	正转电动运行	正转电动运行	正转回馈制动运行（正转再生制动运行）	正转回馈制动运行（正转再生制动运行）

3.2.2　全桥 DC - DC 变换电路

全桥 DC - DC 变换电路由两个双向 DC - DC 变换电路构成，如图 3 - 22 所示，由 4 个桥臂构成，V1 和 V4 所在的桥臂为一对桥臂，V2 和 V3 所在的桥臂为一对桥臂，两对桥臂的上、下桥臂导通和关断状态互补。该电路常用于直流电动机控制，E_M 是直流电动机的电枢反电动势，L 为平波电抗器，R 为电枢电阻。全桥 DC - DC 变换电路输出直流电压 u_o 平均值可以大于零也可以小于零，同时输出电流 i_o 方向可以改变，电流平均值可以大于零也可以小于零。

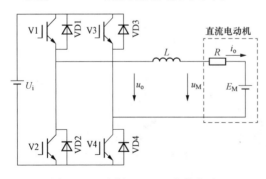

图 3 - 22　全桥 DC - DC 变换电路

以他励直流电动机为例来说明直流电动机四象限运行时的各种工作状态，控制全桥DC -DC 变换电路的输出电压可以使直流电动机工作在正转电动运行、反转电动运行、反接制动过程、正转回馈制动运行（正转再生

制动运行)、反转回馈制动运行(反转再生制动运行)等,如图 3 - 18 所示,将全桥 DC -
DC 变换电路输出电压 U_o 和负载电流 I_o 的方向和大小代入直流电动机转速和转矩的表达
式,即可得到直流电动机工作在哪个象限。

在分析全桥 DC - DC 变换电路输出电压、输出电流与直流电动机四象限运行状态之间的
关系前,需区分全桥 DC - DC 变换电路的四象限与直流电动机运行的四象限。全桥 DC - DC
变换电路的四象限指的是输出电流 I_o 为横轴和输出电压 U_o 为纵轴构成的坐标系,电压和电
流正负四种组合构成了四象限;直流电动机运行的四象限指的是直流电动机转矩 T 为横轴
和转速 n 为纵轴构成的坐标系,转速和转矩正负四种组合构成了四象限。在不考虑平波电抗
器时,全桥 DC - DC 变换电路的四象限和直流电动机运行的四象限之间存在的对应关系为
$n=(U_o-RI_o)/C_e\Phi$ 及 $T=C_T\Phi I_o$,在忽略电枢电阻 R 时,两种情况的四象限重合。但是,
为了使负载电流连续需要串联较大的平波电抗器,此时全桥 DC - DC 变换电路输出电压 u_o 与
直流电动机的电压 u_M 是不同的,全桥 DC - DC 变换电路运行所在的象限和直流电动机运行
所在的象限不是完全相同的。

全桥 DC - DC 变换电路有以下 3 种工作模式:

(1)第 1 种工作模式。在第 1 种工作模式下,V4 一直导通,全桥 DC - DC 变换电路等
效为图 3 - 17 所示的双向 DC - DC 变换电路,输出电压平均值为正,直流电动机工作于第 1、
第 2 象限,可工作在正转电动运行和正转回馈制动运行。在此工作模式下的电路工作过程和
波形与双向 DC - DC 变换电路相同。

(2)第 2 种工作模式。在第 2 种工作模式下,V2 一直导通,由 V3、VD3 和 V4、VD4
构成另一组双向 DC - DC 变换电路,输出电压为负,直流电动机工作于第 3、第 4 象限,工
作在反转电动运行和反转回馈制动运行。在此工作模式下的电路工作过程和波形与双向 DC -
DC 变换电路相同。

(3)第 3 种工作模式。在第 3 种工作模式下,V1、V4 所在的桥臂和 V2、V3 所在的桥
臂交替导通。分负载电流较大和负载电流较小两种情况介绍第 3 种工作模式。

在稳态,负载电流平均值是恒定的,但是瞬时值存在脉动,在全桥 DC - DC 变换电路开
关频率较高时,负载电流的脉动幅值较小,对直流电动机的转速和反电动势的影响也较小,
一般可以忽略不计。这里,为了对全桥 DC - DC 变换电路开关频率较小或负载电流较小而脉
动占比较大情况的学习,以下分析了负载电流脉动情况下的直流电动机工况。

当负载电流较大时,由于直流电动机存在机械惯性,可认为直流电动机的转速和反电动
势基本不变。如图 3 - 23(a)所示,直流电动机电枢反电动势为正,正转运行。当负载平均
电流 $I_o>0$ 时,在区间 I 中,V1、V4 导通,如图 3 - 24(a)所示,$u_o>0$ 且 $i_o>0$,全桥
DC - DC 变换电路工作在第 1 象限,$u_M>0$ 且 $i_o>0$,直流电动机工作于第 1 象限,即正转电
动运行,电压源提供电能,电感吸收电能,直流电动机将电能转变为机械能;在区间 II 中,
VD2、VD3 导通,如图 3 - 24(b)所示,$u_o<0$ 且 $i_o>0$,全桥 DC - DC 变换电路工作在第 4
象限,$u_M>0$ 且 $i_o>0$,直流电动机仍工作于第 1 象限,即正转电动运行,电压源吸收电能,
电感释放电能,直流电动机将电能转变为机械能。如果忽略负载电流脉动,可认为负载电流
值不变,直流电动机的电枢反电动势 E_M 不变(电感两端电压为 u_o 的交流分量),直流电动
机一直工作在第 1 象限的正转电动运行。当负载平均电流 $I_o<0$ 时,在区间 III 中,V2、V3
导通,如图 3 - 24(c)所示,$u_o<0$ 且 $i_o<0$,全桥 DC - DC 变换电路工作在第 3 象限,

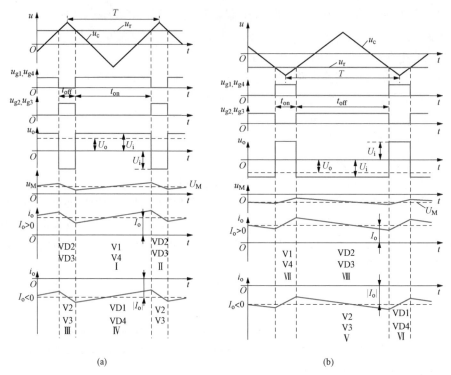

图 3‑23　带直流电动机负载且负载电流较大时全桥 DC‑DC 变换电路第 3 种工作模式的波形
(a) 电枢反电动势为正；(b) 电枢反电动势为负

$u_M > 0$ 且 $i_o < 0$，直流电动机工作于第 2 象限，即正转回馈制动运行（正转再生制动运行），电压源提供电能，电感吸收电能，直流电动机将机械能转变为电能；在区间Ⅳ中，VD1、VD4 导通，如图 3‑24 (d) 所示，$u_o > 0$ 且 $i_o < 0$，全桥 DC‑DC 变换电路工作在第 2 象限，$u_M > 0$ 且 $i_o < 0$，直流电动机仍工作于第 2 象限，即正转回馈制动运行（正转再生制动运行），电压源吸收电能，电感释放电能，直流电动机将机械能转变为电能。如果忽略负载电流脉动，可认为负载电流值不变，直流电动机的电枢反电动势 E_M 不变（电感两端电压为 u_o 的交流分量），直流电动机一直工作在第 2 象限的正转回馈制动运行。如图 3‑23 (b) 所示，直流电动机电枢反电动势为负，反转运行。当负载平均电流 $I_o < 0$ 时，在区间Ⅴ中，V2、V3 导通，如图 3‑24 (e) 所示，$u_o < 0$ 且 $i_o < 0$，全桥 DC‑DC 变换电路工作在第 3 象限，$u_M < 0$ 且 $i_o < 0$，直流电动机工作于第 3 象限，即反转电动运行，电压源提供电能，电感吸收电能，直流电动机将电能转变为机械能；在区间Ⅵ中，VD1、VD4 导通，如图 3‑24 (f) 所示，$u_o > 0$ 且 $i_o < 0$，全桥 DC‑DC 变换电路工作在第 2 象限，$u_M < 0$ 且 $i_o < 0$，直流电动机仍工作于第 3 象限，即反转电动运行，电压源吸收电能，电感释放电能，直流电动机将电能转变为机械能。如果忽略负载电流脉动，可认为负载电流值不变，直流电动机的电枢反电动势 E_M 不变（电感两端电压为 u_o 的交流分量），直流电动机一直工作在第 3 象限的反转电动运行。当负载平均电流 $I_o > 0$ 时，在区间Ⅶ中，V1、V4 导通，如图 3‑24 (g) 所示，$u_o > 0$ 且 $i_o > 0$，全桥 DC‑DC 变换电路工作在第 1 象限，$u_M < 0$ 且 $i_o > 0$，直流电动机工作于第 4 象限，即反转回馈制动运行（反转再生制动运行），电压源提供电能，电感吸收电能，直流电动机将机械能转变为电能；在区间Ⅷ中，VD2、VD3 导通，如图 3‑24 (h) 所示，$u_o < 0$ 且

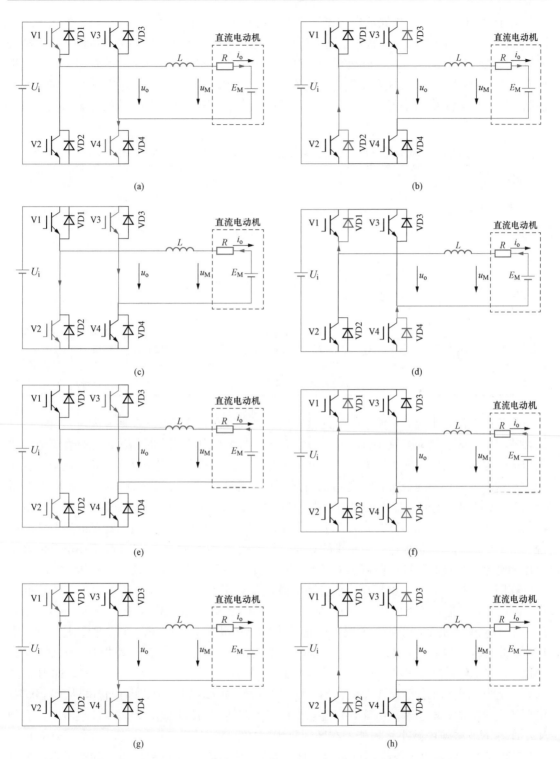

图 3 - 24　带直流电动机负载且负载电流较大时全桥 DC - DC 变换电路第 3 种工作模式的电路

(a) 区间 I 电路；(b) 区间 II 电路；(c) 区间 III 电路；(d) 区间 IV 电路；(e) 区间 V 电路；(f) 区间 VI 电路；

(g) 区间 VII 电路；(h) 区间 VIII 电路

$i_o>0$，全桥 DC-DC 变换电路工作在第 4 象限，$u_M<0$ 且 $i_o>0$，直流电动机仍工作于第 4 象限，即反转回馈制动运行（反转再生制动运行），电压源吸收电能，电感释放电能，直流电动机将机械能转变为电能。如果忽略负载电流脉动，可认为负载电流值不变，直流电动机的电枢反电动势 E_M 不变（电感两端电压为 u_o 的交流分量），直流电动机一直工作在第 4 象限的反转回馈制动运行（反转再生制动运行）。全桥 DC-DC 变换电路第 3 种工作模式的各区间工作情况见表 3-8。

表 3-8 带直流电动机负载且负载电流较大时全桥 DC-DC 变换电路第 3 种工作模式的工作情况

区间	I	II	III	IV	V	VI	VII	VIII
器件导通情况	V1、V4 导通	VD2、VD3 导通	V2、V3 导通	VD1、VD4 导通	V2、V3 导通	VD1、VD4 导通	V1、V4 导通	VD2、VD3 导通
电路图	图 3-24 (a)	图 3-24 (b)	图 3-24 (c)	图 3-24 (d)	图 3-24 (e)	图 3-24 (f)	图 3-24 (g)	图 3-24 (h)
输出电压 u_o	U_i	$-U_i$	$-U_i$	U_i	$-U_i$	U_i	U_i	$-U_i$
直流电动机运行象限	第1象限	第1象限	第2象限	第2象限	第3象限	第3象限	第4象限	第4象限
直流电动机运行状态	正转电动运行	正转电动运行	正转回馈制动运行（正转再生制动运行）	正转回馈制动运行（正转再生制动运行）	反转电动运行	反转电动运行	反转回馈制动运行（反转再生制动运行）	反转回馈制动运行（反转再生制动运行）

当负载电流较小或者平波电抗器的值较小，再或者开关器件开关周期较大时，直流电动机转速较低，感应电动势较小且瞬时值有正有负，与负载电流较大时相比，此时直流电动机工作区间更多。为了说明直流电动机在这种工况下的运行状态，应用直流电动机拖动一台小车为示意来更为形象地说明直流电动机所运行的象限，如图 3-25（a）所示，实际上全桥 DC-DC 变换电路的开关器件的周期远小于小车的运行时间，这仅用于等效地解释直流电动机的运行状态。小车的运行方式有多个，下面以下坡时拖动小车的直流电动机的运行状态来说明直流电动机的四象限运行，小车的其他运行方式所对应的全桥 DC-DC 变换电路的输出电压和电流与下坡时不同，但可以参考下坡时的直流电动机的运行状态进行分析。

在图 3-25（b）中，电枢反电动势平均值 $U_M>0$。当负载平均电流 $I_o>0$ 时，在区间 I 中，V1、V4 导通，$u_o>0$ 且 $i_o>0$，全桥 DC-DC 变换电路工作在第 1 象限，$u_M>0$ 且 $i_o>0$，直流电动机工作于第 1 象限，即正转电动运行状态，类似于小车在平路上前进，电压源提供电能，电感吸收电能，直流电动机将电能转变为机械能；在区间 II 中，VD2、VD3 导通，$u_o<0$ 且 $i_o>0$，全桥 DC-DC 变换电路工作在第 4 象限，$u_M>0$ 且 $i_o>0$，即 B 点之前，直流电动机仍工作于第 1 象限，如图 3-25（c）中 AB 段所示，即正转电动运行状态，电压源吸收电能，电感释放电能，直流电动机将电能转变为机械能，但机械能在减小，类似于小车在下坡减速中减小机械能；在区间 III 中，V2、V3 导通，$u_o<0$ 且 $i_o<0$，全桥 DC-DC 变换电路工作在第 3 象限，在 $u_M>0$ 且 $i_o<0$ 时段，即在 B 点和 C 点之间时，直流电动机工作于第 2 象限的正转回馈制动运行（正转再生制动运行）状态，如图 3-25（c）中 BC 段所示，电压源提供电能，电感吸收电能，直流电动机将机械能转变为电能，类似于小车在下坡制动中减小机械能，在 $u_M<0$ 且 $i_o<0$ 时段，即在 C 点和 D 点之间时，直流电动机工

作于第 2 象限的正转反接制动过程，如图 3 - 25（c）中 CD 段所示，电压源提供电能，电感吸收电能，直流电动机将机械能转变为电能，类似于小车在下坡制动中快速减少机械能，至 D 点直流电动机转速为零，之后直流电动机工作于第 3 象限，如图 3 - 25（c）中 DE 段反向转速增加过程所示，即反向起动（或可认为是反转电动运行状态），电压源提供电能，电感吸收电能，直流电动机将电能转变为机械能，类似于小车在坡上倒车；在区间 Ⅳ 中，VD1、VD4 导通，$u_o > 0$ 且 $i_o < 0$，全桥 DC - DC 变换电路工作在第 2 象限，在 E 点之前的 $u_M < 0$ 且 $i_o < 0$ 时段，直流电动机工作于第 3 象限，即反转电动运行状态，如图 3 - 25（c）中 DE

段反向转速减小过程所示，电压源吸收电能，电感释放电能，直流电动机将电能转变为机械能，类似于小车在坡上倒车后停车，E 点直流电动机转速为零；在 E 点和 F 点之间的 $u_M < 0$ 且 $i_o < 0$ 时段，直流电动机转速为正，工作于第 2 象限的正转反接制动过程，如图 3 - 25（c）中 EF 段所示，电压源吸收电能，电感释放能量，直流电动机将机械能转变为电能，类似于小车又变为下坡时快速减少机械能，在 $u_M > 0$ 且 $i_o < 0$ 时段，即在 F 点和 G 点之间，直流电动机转速为正，工作于第 2 象限的正转回馈制动运行（正转再生制动运行）状态，如图 3 - 25（c）中 FG 段所示，电压源吸收电能，电感释放电能，直流电动机将机械能转变为电能，类似于小车又变为下坡时减少机械能。之后在 G 点和 H 点之间，直流电动机工作于第 1 象限，如图 3 - 25（c）中 GH 段所示，类似于小车又在平路上前进。在整个运行过程中，直流电动机在第 1 象限、第 2 象限和第 3 象限之间转换。如果在负电流最小值时直流电动机转速仍为正，说明在下坡时小车没有停止，那么直流电动机 C 点到 F 点之间仍处于第 2 象限的正转反接制动过程，如图 3 - 25（d）中 CF 段所示，类似于小车在下坡制动中快速减少机械能；在 F 点和 G 点之间直流电动机工作在第 2 象限的正转回馈制动运行（正转再生制动运行）状态，如图 3 - 25（d）中 FG 段所示，类似于小车在下坡时减少机械能；如图 3 - 25（d）中 GH 段所示，在 G 点和 H 点之间

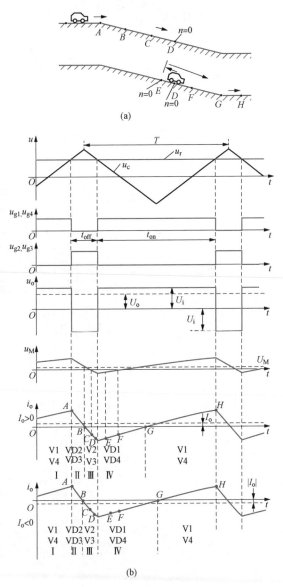

图 3 - 25　带直流电动机负载且负载电流较小时全桥 DC - DC 变换电路第 3 种工作模式的波形及直流电动机运行象限（一）

(a) 直流电动机拖动一台小车示意图；(b) 电枢反电动势为正

直流电动机工作在第 1 象限的正转电动运行状态。也就是说如果直流电动机转速未达到零，直流电动机一直在第 1 象限和第 2 象限工作。当负载平均电流 $I_o<0$ 时，全桥 DC - DC 变换电路和直流电动机工作状态与负载平均电流 $I_o>0$ 时类似，只不过 A、B、C、D、E、F、G 点和 H 点位置有变化。

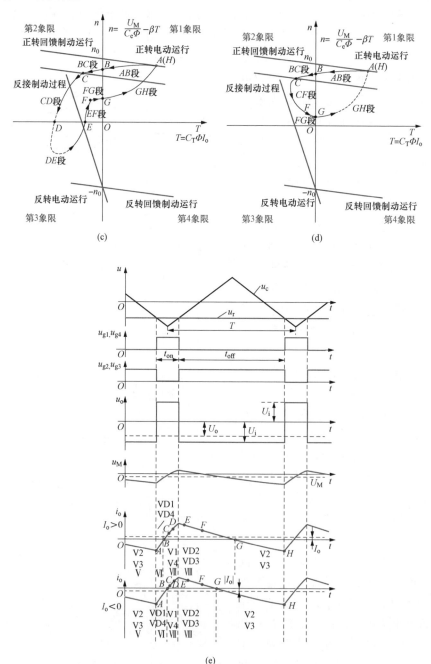

图 3 - 25 带直流电动机负载且负载电流较小时全桥 DC - DC 变换电路第 3 种工作模式的波形及直流电动机运行象限（二）

（c）电枢反电动势为正时直流电动机运行象限（转速反向）；（d）电枢反电动势为正时直流电动机运行象限（转速不反向）；（e）电枢反电动势为负

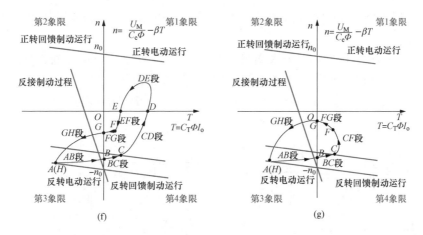

图 3 - 25　带直流电动机负载且负载电流较小时全桥 DC - DC 变换电路第 3 种工作模式的波形及
直流电动机运行象限（三）

(f) 电枢反电动势为负时直流电动机运行象限（转速反向）；(g) 电枢反电动势为负时直流电动机运行象限（转速不反向）

　　图 3 - 25 （e）、（f）、（g） 给出了电枢反电动势平均值 $U_M < 0$ 时的全桥 DC - DC 变换电路的波形及直流电动机运行的象限，类似于小车倒车下坡的运行方式，与前进下坡运行方式的分析方法类似，在图 3 - 25 （f） 中直流电动机在第 3 象限、第 4 象限和第 1 象限之间转换，在图 3 - 25 （g） 中直流电动机在第 3 象限和第 4 象限之间转换。

　　全桥 DC - DC 变换电路在第 3 种工作模式下没有电流断续的情况，因为输出电压正负交替，负载电流降为零后会反向增大。

3.3　变压器隔离型 DC - DC 变换电路

　　变压器隔离型 DC - DC 变换电路是间接直流 - 直流变换电路，与直接直流 - 直流变换电路相比，间接直流 - 直流电路中先将直流电变为交流电，然后经过变压器后再将交流电变为直流电，增加了交流环节，也被称为直交直变换电路。间接直流 - 直流变换电路主要适用于输出与输入需要隔离、相互隔离的多路输出、输出电压与输入电压比例较大或较小、应用高频交流来减小变压器和滤波器体积和质量等场合。间接直流 - 直流变换电路在直流到交流变换过程中实际上已经用到了逆变电路的原理，更详细的逆变电路理论将在下一章讲解，本章只涉及与间接直流 - 直流变换电路有关系的逆变部分，以下介绍两种常用的变压器隔离型 DC - DC 变换电路。

3.3.1　变压器隔离型半桥 DC - DC 变换电路

　　变压器隔离型半桥 DC - DC 变换电路如图 3 - 26 （a） 所示，应用分时段线性电路的分析方法可以得出变压器隔离型半桥 DC - DC 变换电路的工作过程。

　　（1）根据开关器件的导通和关断的时序，将电路工作过程分为 4 个线性电路工作区间，分别是区间 Ⅰ、区间 Ⅱ、区间 Ⅲ 和区间 Ⅳ。

　　（2）区间 Ⅰ：即 $t_0 \leqslant t < t_1$ 区间内，开关器件 V1 导通，V2 关断，VD3 导通，电路如图 3 - 26 （b） 所示，各电压和电流的波形如图 3 - 26 （e） 中区间 Ⅰ 内所示。

　　区间 Ⅱ：$t_1 \leqslant t < t_2$ 区间内，开关器件 V1、V2 关断，电路如图 3 - 26 （c） 所示，变压器一次侧电流为零，根据变压器的磁动势平衡方程，变压器二次侧两个绕组的电流大小相等、

方向相反，所以 VD3、VD4 导通，平分电感电流。各电压和电流的波形如图 3 - 26（e）中区间Ⅱ内所示。

区间Ⅲ：$t_2 \leqslant t < t_3$ 区间内，开关器件 V1 关断，V2 导通，VD4 导通，电路如图 3 - 26（d）所示。各电压和电流的波形如图 3 - 26（e）中区间Ⅲ内所示。

区间Ⅳ：$t_3 \leqslant t < t_4$ 区间内，开关器件 V1、V2 关断，与区间Ⅱ电路相同。各电压和电流的波形如图 3 - 26（e）中区间Ⅳ内所示。

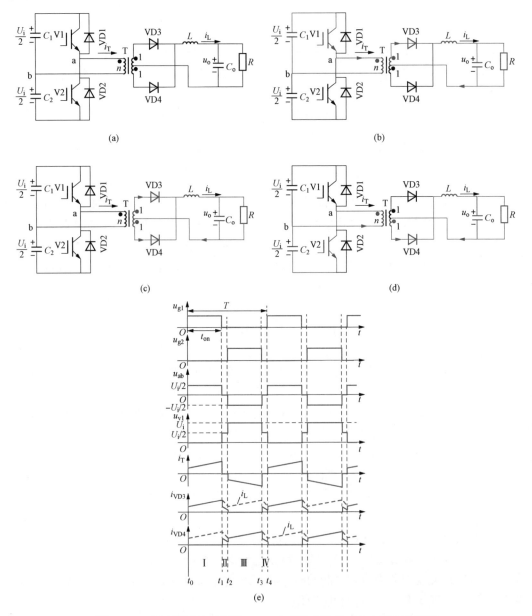

图 3 - 26　变压器隔离型半桥 DC - DC 变换电路的工作电路及其波形

（a）变压器隔离型半桥 DC - DC 变换电路；（b）区间Ⅰ电路；（c）区间Ⅱ、Ⅳ电路；（d）区间Ⅲ电路；（e）相关波形

（3）由图 3 - 26 可知，在稳态时，电感两端的电压平均值为零，可得负载电压平均值

U_o，即

$$U_\mathrm{o}=\frac{U_\mathrm{i}t_\mathrm{on}}{nT}=\frac{U_\mathrm{i}d}{n}\qquad(3\text{-}75)$$

其中，n 为变压器变比。由式（3 - 75）可知，通过控制占空比 d 可以控制输出电压平均值。

变压器隔离型半桥 DC-DC 变换电路变压器一次侧电压 u_ab、一次侧电流 i_T、上桥臂 IG-BT 两端电压 u_V1、流过二极管 VD3 的电流 i_VD3、流过二极管 VD4 的电流 i_VD4 的波形如图 3 - 26（e）所示。表 3 - 9 为变压器隔离型半桥 DC - DC 变换电路的各区间的工作情况。

表 3 - 9　　　　　　变压器隔离型半桥 DC - DC 变换电路的工作情况

区间	Ⅰ	Ⅱ	Ⅲ	Ⅳ
器件导通情况	V1、VD3 导通	VD3、VD4 导通	V2、VD4 导通	VD3、VD4 导通
电路图	图 3 - 26（b）	图 3 - 26（c）	图 3 - 26（d）	图 3 - 26（c）
变压器一次侧电压 u_ab	$U_\mathrm{i}/2$	0	$-U_\mathrm{i}/2$	0
上桥臂 IGBT 两端电压 u_V1	0	$U_\mathrm{i}/2$	U_i	$U_\mathrm{i}/2$
变压器一次侧电流 i_T	$i_\mathrm{T}>0$，增大	0	$i_\mathrm{T}<0$，绝对值增大	0
电感电流 i_L	i_T	续流	$-i_\mathrm{T}$	续流
流过二极管 VD3 的电流 i_VD3	i_T	$i_\mathrm{L}/2$	0	$i_\mathrm{L}/2$
流过二极管 VD4 的电流 i_VD4	0	$i_\mathrm{L}/2$	$-i_\mathrm{T}$	$i_\mathrm{L}/2$
输出电压平均值 U_o	$U_\mathrm{o}=\dfrac{U_\mathrm{i}t_\mathrm{on}}{nT}=\dfrac{U_\mathrm{i}d}{n}$			

3.3.2　变压器隔离型全桥 DC - DC 变换电路

变压器隔离型全桥 DC - DC 变换电路如图 3 - 27（a）所示，与变压器隔离型半桥 DC - DC 变换电路相比，多了两个桥臂，变压器一次侧电压最大值为 U_i，相同交流电压下器件耐压减小了一半，且不需要两个电容均压。应用分时段线性电路的分析方法可以得出变压器隔离型全桥 DC - DC 变换电路的工作过程。

（1）根据开关器件的导通和关断的时序，将电路工作过程分为 4 个线性电路工作区间，分别是区间Ⅰ、区间Ⅱ、区间Ⅲ和区间Ⅳ。

（2）区间Ⅰ：即 $t_0{\leqslant}t{<}t_1$ 区间内，开关器件 V1、V4 导通，V2、V3 关断，VD5、VD8 导通，电路如图 3 - 27（b）所示，各电压和电流的波形如图 3 - 27（e）中区间Ⅰ内所示。

区间Ⅱ：$t_1{\leqslant}t{<}t_2$ 区间内，开关器件 V1～V4 关断，电路如图 3 - 27（c）所示，变压器一次侧电流为零，VD5～VD8 导通，平分电感电流。各电压和电流的波形如图 3 - 27（e）中区间Ⅱ内所示。

区间Ⅲ：$t_2{\leqslant}t{<}t_3$ 区间内，开关器件 V1、V4 关断，V2、V3 导通，VD6、VD7 导通，电路如图 3 - 27（d）所示。各电压和电流的波形如图 3 - 27（e）中区间Ⅲ内所示。

区间Ⅳ：$t_3{\leqslant}t{<}t_4$ 区间内，开关器件 V1～V4 关断，与区间Ⅱ电路相同。各电压和电流的波形如图 3 - 27（e）中区间Ⅳ内所示。

（3）由图 3 - 27 可知，在稳态时，电感两端的电压平均值为零，可得负载电压平均值 U_o，即

$$U_o = \frac{2U_i t_{on}}{nT} = \frac{2U_i d}{n} \tag{3-76}$$

其中，n 为变压器变比。由式（3-76）可知，通过控制占空比 d 可以控制输出电压平均值。

变压器隔离型全桥 DC-DC 变换电路变压器一次侧电压 u_{ab}、一次侧电流 i_T、上桥臂 IGBT 两端电压 u_{V1}、流过二极管 VD5 的电流 i_{VD5}、流过二极管 VD6 的电流 i_{VD6} 的波形如图 3-27（e）所示。表 3-10 为变压器隔离型全桥 DC-DC 变换电路的各区间的工作情况。

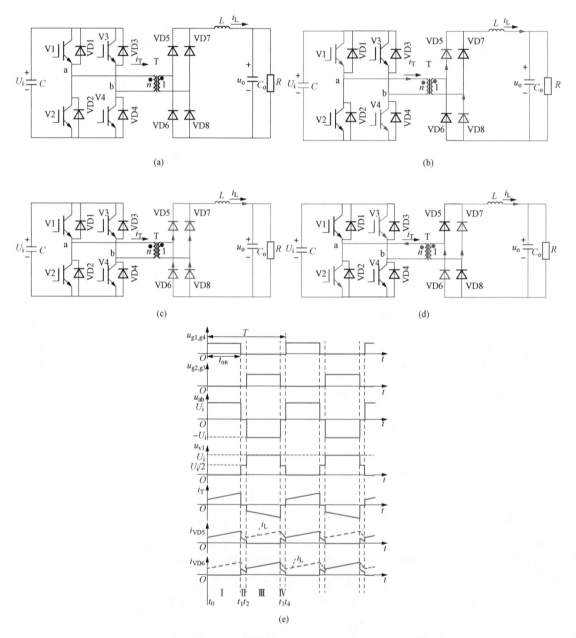

图 3-27　变压器隔离型全桥 DC-DC 变换电路的工作电路及其波形

（a）变压器隔离型全桥 DC-DC 变换电路；（b）区间 I 电路；（c）区间 II、IV 电路；（d）区间 III 电路；（e）相关波形

区间	Ⅰ	Ⅱ	Ⅲ	Ⅳ
表 3 - 10 变压器隔离型全桥 DC - DC 变换电路的工作情况				
器件导通情况	V1、V4、VD5、VD8 导通	VD5～VD8 导通	V2、V3、VD6、VD7 导通	VD5～VD8 导通
电路图	图 3 - 27（b）	图 3 - 27（c）	图 3 - 27（d）	图 3 - 27（c）
变压器一次侧电压 u_{ab}	U_i	0	$-U_i$	0
上桥臂 IGBT 两端电压 u_{V1}	0	$U_i/2$	U_i	$U_i/2$
变压器一次侧电流 i_T	$i_T>0$，增大	0	$i_T<0$，绝对值增大	0
电感电流 i_L	i_T	续流	$-i_T$	续流
流过二极管 VD5 的电流 i_{VD6}	i_T	$i_L/2$	0	$i_L/2$
流过二极管 VD6 的电流 i_{VD6}	0	$i_L/2$	$-i_T$	$i_L/2$
输出电压平均值 U_o	$U_o=\dfrac{2U_it_{on}}{nT}=\dfrac{2U_id}{n}$			

3.3.3　隔离型双有源全桥双向 DC - DC 变换电路

隔离型双有源全桥双向 DC - DC 变换电路也常称为双有源全桥双向 DC - DC 变换电路
（dual active bridge bidirectional DC - DC converter，DAB），如图 3 - 28 所示，该电路是直交
直变换电路，功率可以双向流动。

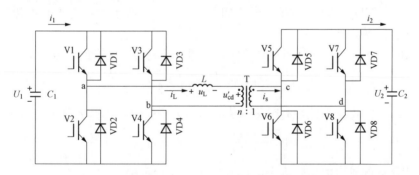

图 3 - 28　隔离型双有源全桥双向 DC - DC 变换电路

隔离型双有源全桥双向 DC - DC 变换电路常采用移相调压的调制方式，移相调压方式有
多种，本节只介绍简单的移相调压调制方法，其他移相调压方法应用到隔离型双有源全桥双
向 DC - DC 变换电路中实现起来比较复杂，本节就不再介绍。在简单移相调压调制方式下每
个上、下桥臂要互补，斜对着的两个桥臂同时导通，V1 和 V5 的驱动信号相差一个角度或
时间，在两个全桥电路交流端产生两个有相位或时间差的电压，故称移相调压，等效电路如
图 3 - 29 所示，控制 u_{ab} 和 u_{cd} 之间的相移可以控制电流 i_L。

应用分时段线性电路的分析方法可以得出隔离型双有源全桥双向 DC - DC 变换电路的工

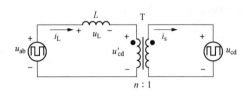

图 3-29　隔离型双有源全桥
双向 DC-DC 变换电路等效电路

作过程。

（1）根据开关器件的导通和关断的时序，将电路工作过程分为 6 个线性电路工作区间，分别是区间Ⅰ、区间Ⅱ、区间Ⅲ、区间Ⅳ、区间Ⅴ和区间Ⅵ。

（2）区间Ⅰ：$t_0 \leqslant t < t_1$ 区间内，开关器件 V1、V4、V6、V7 被驱动，因为 $i_L < 0$，所以开关器件 VD1、VD4、VD6、VD7 导通，电路如图 3-30（a）所示，各电压和电流的波形如图 3-30（g）中区间Ⅰ内所示。

区间Ⅱ：$t_1 \leqslant t < t_2$ 区间内，开关器件 V1、V4、V6、V7 被驱动，因为 $i_L > 0$，所以开关器件 V1、V4、V6、V7 导通，电路如图 3-30（b）所示，各电压和电流的波形如图 3-30（g）中区间Ⅱ内所示。

区间Ⅲ：$t_2 \leqslant t < t_3$ 区间内，开关器件 V1、V4、V5、V8 被驱动，因为 $i_L > 0$，所以开关器件 V1、V4、VD5、VD8 导通，电路如图 3-30（c）所示，各电压和电流的波形如图 3-30（g）中区间Ⅲ内所示。

区间Ⅳ：$t_3 \leqslant t < t_4$ 区间内，开关器件 V2、V3、V5、V8 被驱动，因为 $i_L > 0$，所以开关器件 VD2、VD3、VD5、VD8 导通，电路如图 3-30（d）所示，各电压和电流的波形如图 3-30（g）中区间Ⅳ内所示。

区间Ⅴ：$t_4 \leqslant t < t_5$ 区间内，开关器件 V2、V3、V5、V8 被驱动，因为 $i_L < 0$，所以开关器件 V2、V3、V5、V8 导通，电路如图 3-30（e）所示，各电压和电流的波形如图 3-30（g）中区间Ⅴ内所示。

区间Ⅵ：$t_5 \leqslant t < t_6$ 区间内，开关器件 V2、V3、V6、V7 被驱动，因为 $i_L < 0$，所以开关器件 V2、V3、VD6、VD7 导通，电路如图 3-30（f）所示，各电压和电流的波形如图 3-30（g）中区间Ⅵ内所示。

（3）由图 3-30 可知，在区间Ⅰ和Ⅱ内，电感电流是线性上升的，可表示为

$$i_L(t) = i_L(t_0) + \frac{U_1 + nU_2}{L} \cdot (t - t_0) \tag{3-77}$$

其中，$i_L(t_0)$ 为电感电流在 t_0 时刻的值。由于 $t_2 - t_0 = \theta$，那么 t_2 时刻电感电流为

$$i_L(t_2) = i_L(t_0) + \frac{U_1 + nU_2}{L} \cdot (t_2 - t_0) = i_L(t_0) + \frac{U_1 + nU_2}{L}\theta \tag{3-78}$$

同理可得出区间Ⅲ内电感电流表达式为

$$i_L(t) = i_L(t_2) + \frac{U_1 - nU_2}{L} \cdot (t - t_2) \tag{3-79}$$

由于 $t_3 - t_2 = T/2 - \theta$，那么 t_3 时刻电感电流为

$$i_L(t_3) = i_L(t_2) + \frac{U_1 - nU_2}{L} \cdot (t_3 - t_2) = i_L(t_2) + \frac{U_1 - nU_2}{L} \cdot \left(\frac{T}{2} - \theta\right) \tag{3-80}$$

因为电感电流正半周波形和负半周波形的对称性，所以 $i_L(t_0) = -i_L(t_3)$，再根据式（3-78）和式（3-80）可得电感电流在 t_0 时刻的值

$$i_L(t_0) = -\frac{4nU_2\theta + (U_1 - nU_2)T}{4L} \tag{3-81}$$

整理式（3 - 77）、式（3 - 78）、式（3 - 79）和式（3 - 81）可得电感电流在 T 内的表达式

$$i_{\mathrm{L}}(t)=\begin{cases}\dfrac{U_1+nU_2}{L}\cdot(t-t_0)-\dfrac{4nU_2\theta+(U_1-nU_2)T}{4L} & (t_0\leqslant t<t_2)\\[3mm]\dfrac{U_1-nU_2}{L}\cdot(t-t_2)+\dfrac{4U_1\theta-(U_1-nU_2)T}{4L} & (t_2\leqslant t<t_3)\end{cases}\tag{3-82}$$

可得一次侧输入平均功率表达式为

$$P_1=U_1I_1=U_1\frac{1}{T/2}\int_{t_0}^{t_3}i_{\mathrm{L}}(t)\mathrm{d}t\tag{3-83}$$

其中，I_1 是 i_1 的平均值。将式（3 - 82）代入式（3 - 83）可得

$$P_1=U_1I_1=U_1\frac{1}{T/2}\int_{t_0}^{t_3}i_{\mathrm{L}}(t)\mathrm{d}t=\frac{nU_2U_1}{LT}\theta(T-2\theta)\tag{3-84}$$

由式（3 - 84）可得，通过控制 θ 可以控制功率，因为电路具有对称性，所以功率反向流动与上述正向流动相类似，这里不再详述。

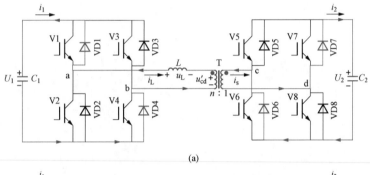

(a)

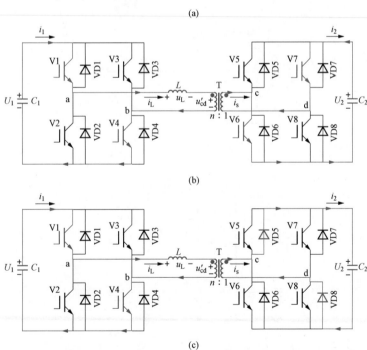

(b)

(c)

图 3 - 30　隔离型双有源全桥双向 DC - DC 变换电路的工作电路及其波形（一）

(a) 区间 I 电路；(b) 区间 II 电路；(c) 区间 III 电路

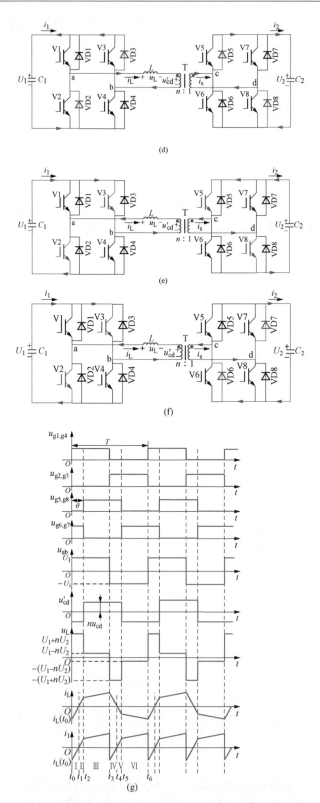

图 3-30　隔离型双有源全桥双向 DC-DC 变换电路的工作电路及其波形（二）

(d) 区间 Ⅳ 电路；(e) 区间 Ⅴ 电路；(f) 区间 Ⅵ 电路；(g) 相关波形

隔离型双有源全桥双向 DC - DC 变换电路左边变换电路输出电压 u_{ab}、变压器一次侧电压 u'_{cd}、电感两端电压 u_L、电感电流 i_L、左边变换电路直流侧电流 i_1 的波形如图 3 - 30 （g）所示。表 3 - 11 为隔离型双有源全桥双向 DC - DC 变换电路的各区间的工作情况。

表 3 - 11　　　　　　　隔离型双有源全桥双向 **DC - DC** 变换电路的工作情况

区间	I	II	III	IV	V	VI
t	$t_0 \leqslant t < t_1$	$t_1 \leqslant t < t_2$	$t_2 \leqslant t < t_3$	$t_3 \leqslant t < t_4$	$t_4 \leqslant t < t_5$	$t_5 \leqslant t < t_6$
器件导通情况	VD1、VD4、VD6、VD7 导通	V1、V4、V6、V7 导通	V1、V4、VD5、VD8 导通	VD2、VD3、VD5、VD8 导通	V2、V3、V5、V8 导通	V2、V3、VD6、VD7 导通
电路图	图 3 - 30 （a）	图 3 - 30 （b）	图 3 - 30 （c）	图 3 - 30 （d）	图 3 - 30 （e）	图 3 - 30 （f）
左边变换电路输出电压 u_{ab}	U_1	U_1	U_1	$-U_1$	$-U_1$	$-U_1$
变压器一次侧电压 u'_{cd}	$-nU_2$	$-nU_2$	nU_2	nU_2	nU_2	$-nU_2$
电感两端电压 u_L	$U_1 + nU_2$	$U_1 + nU_2$	$U_1 - nU_2$	$-(U_1 + nU_2)$	$-(U_1 + nU_2)$	$-(U_1 - nU_2)$
电感电流 i_L	$i_L < 0$，绝对值减小	$i_L > 0$，增大	$i_L > 0$，增大	$i_L > 0$，减小	$i_L < 0$，绝对值增大	$i_L < 0$，绝对值增大
左边变换电路直流侧电流 i_1	i_L	i_L	i_L	$-i_L$	$-i_L$	$-i_L$
输出功率 P_1	$P_1 = \dfrac{nU_2 U_1}{LT} \theta (T - 2\theta)$，$\theta$ 为相移的时间					

3.4　大功率或高电压 DC - DC 变换电路

在单台 DC - DC 变换电路容量不足或者耐压不够时可以考虑多个 DC - DC 变换电路串联或者并联，以适应大功率高电压场合。本节介绍几种常用的大功率或高电压 DC - DC 变换电路。

3.4.1　多相多重 DC - DC 变换电路

多相多重 DC - DC 变换电路是在电源和负载之间由多个结构相同的基本斩波电路构成，一个控制周期中电源侧的电流脉动数称为多相多重 DC - DC 变换电路的相数，负载电流脉动数称为多相多重 DC - DC 变换电路的重数。如图 3 - 31 所示，电路为三相三重降压斩波电路及其波形。该电路由 3 个降压斩波电路并联构成，3 个斩波电路的工作驱动信号错开一定时间，总的输入电流的平均值和总的输出电流的平均值都是单个降压斩波电路的 3 倍，脉动数也分别是单个降压斩波电路的 3 倍。3 个斩波电路的电流脉动幅值相互抵消，使得总的输入电流和总的输出电流脉动幅值均变小，总的输入电流和总的输出电流脉动频率提高，谐波分量比单个斩波电路时减小，易于滤波，需要平波电抗器的总质量减轻。多相多重 DC-DC 变换电路不仅具有减小谐波和增加容量的功能，还具有备用功能，其中某一路发生故障其余各路可以继续运行，提高了总体运行的可靠性。

图 3-32 为三相一重 DC-DC 变换电路，电源公用，负载是 3 个独立负载。图 3-33 为一相三重 DC-DC 变换电路，电源是 3 个独立电源，向一个负载供电。

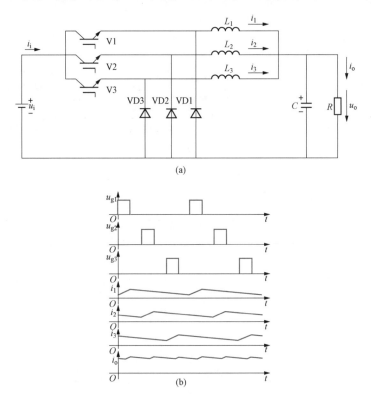

图 3-31　三相三重 DC-DC 变换电路及其波形
(a) 电路图；(b) 波形

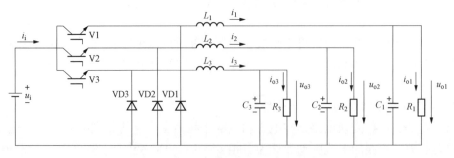

图 3-32　三相一重 DC-DC 变换电路

3.4.2　DAB 组合型 DC-DC 变换电路

多个隔离型双有源全桥双向 DC-DC 变换电路的组合可以满足大功率或高电压直流变换的需求。在图 3-34 (a) 中，多个 DAB 的输入和输出均并联，可以增加直流变换的功率，

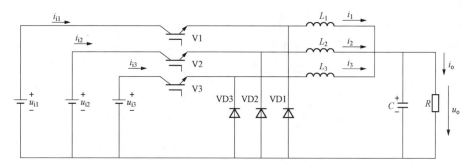

图 3 - 33　一相三重 DC - DC 变换电路

在图 3 - 34（b）中，多个 DAB 的输入和输出均串联，可以增加直流变换的电压，还可以输入并联输出串联或输入串联输出并联，以适应容量和电压的需求。

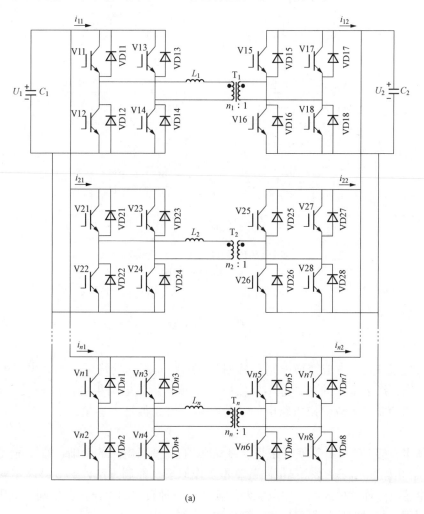

(a)

图 3 - 34　多个 DAB 组合的 DC - DC 变换电路（一）

（a）输入并联输出并联

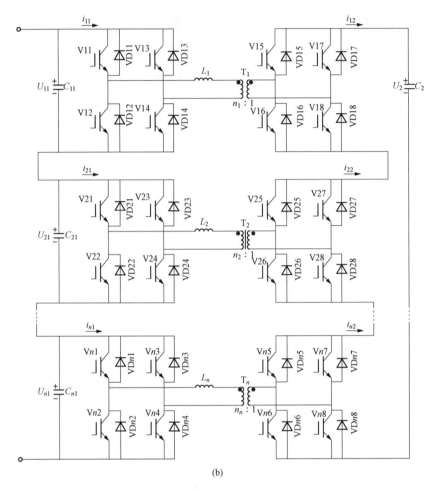

(b)

图 3-34 多个 DAB 组合的 DC-DC 变换电路（二）

（b）输入串联输出串联

 本章小结

本章讲述了直流-直流变换电路及其相关的一些问题，电路可分为 3 类：第 1 类是直接直流-直流变换电路中的 3 种基本斩波电路和基本斩波电路组合的两种复合斩波电路；第 2 类是间接直流-直流变换电路中的 3 种电路；第 3 类是大容量或高电压直流-直流变换电路。

（1）基本直接 DC-DC 变换电路是学习直流-直流变换电路的基础，需要重点掌握 Buck 电路、Boost 电路和 Buck-Boost 电路的基本工作原理及控制方法，这 3 种基本斩波电路均可工作在电感电流连续模式和电感电流断续模式，每种模式的工作情况不同，电压、电流的波形有所不同，相对应的各物理量的计算公式也不同。

（2）复合型 DC-DC 变换电路也属于直接直流-直流变换电路，在复合型 DC-DC 变换电路中讲述了双向 DC-DC 变换电路和全桥 DC-DC 变换电路，两种电路均有 3 种工作模式，带直流电动机负载时，电压和电流的波形所对应的直流电动机工作象限和工作状态是本节重点和难点。

（3）变压器隔离型 DC - DC 变换电路属于间接直流 - 直流变换电路，有很多种类，本书只讲述了变压器隔离型半桥 DC - DC 变换电路、变压器隔离型全桥 DC - DC 变换电路和隔离型双有源全桥双向 DC - DC 变换电路，这 3 种电路常被应用到功率较大和电压较高的场合。间接直流 - 直流变换电路是直流变换电路在电力系统中应用的基本单元，需要掌握其基本工作原理。

（4）大功率或高电压 DC - DC 变换电路中讲述了多相多重 DC - DC 变换电路和 DAB 组合型 DC - DC 变换电路，该类电路主要是通过串、并联技术来增加功率、承受高电压或减小谐波。

直流 - 直流变换电路有多种不同的拓扑形式和控制方法，本章仅介绍了与直流 - 直流变换电路在电力系统中应用相关的具有代表性的拓扑形式和控制方法。

习题及思考题

1. 简述降压斩波电路的基本工作原理。

2. 降压斩波电路工作在电感电流连续模式，已知电感极大，输入端电源电压 $U_i =$ 100V，$R = 10\Omega$。当开关周期 $T = 400\mu s$ 和导通时间 $t_{on} = 100\mu s$ 时，要求：

（1）画出输出电压 u_o 和负载电流 i_o 的波形。

（2）求输出电压平均值 U_o 和负载电流平均值 I_o。

3. 在降压斩波电路中，电感电流连续模式和电感电流断续模式各有什么特点？

4. 简述升压斩波电路的基本工作原理。

5. 在升压斩波电路中，已知电感足够大，输入端电源电压 $U_i = 100V$，$R = 10\Omega$。当开关周期 $T = 400\mu s$ 和导通时间 $t_{on} = 100\mu s$ 时，要求：

（1）画出输出电压 u_o 和负载电流 i_o 的波形。

（2）求输出电压平均值 U_o 和负载电流平均值 I_o。

6. 在升压斩波电路中，电感电流连续模式和电感电流断续模式各有什么特点？

7. 简述升降压斩波电路的基本工作原理。

8. 在升降压斩波电路中，已知电感足够大，输入端电源电压 $U_i = 100V$，$R = 10\Omega$。要求：

（1）画出输出电压 u_o 和负载电流 i_o 的波形。

（2）当开关周期 $T = 400\mu s$ 和导通时间 $t_{on} = 100\mu s$ 时，求输出电压平均值 U_o 和负载电流平均值 I_o。

9. 在升降压斩波电路中，电感电流连续模式和电感电流断续模式各有什么特点？

10. 双向 DC - DC 变换电路带直流电动机负载，画出应用第 3 种工作模式时的负载电压和负载电流波形，并分析不同负载电压和负载电流下的直流电动机的转速及工作象限变化情况。

11. 全桥 DC - DC 变换电路带直流电动机负载，画出应用第 3 种工作模式且负载电流较大时的负载电压和负载电流波形，并分析不同负载电压和负载电流下的直流电动机转速及工作象限变化情况。

12. 全桥 DC-DC 变换电路带灯箱负载，若 IGBT V1 的占空比 d 为 1 时，灯箱的功率为 1kW，当 $d = 0.7$ 时，问灯箱的功率有何变化，为什么？

13. 变压器隔离型半桥 DC-DC 变换电路与变压器隔离型全桥 DC-DC 变换电路相比有何主要异同？

14. 在隔离型双有源全桥双向 DC-DC 变换电路中，是如何实现功率反向流动的？

第 4 章 直流 - 交流变换电路

[思维导图]

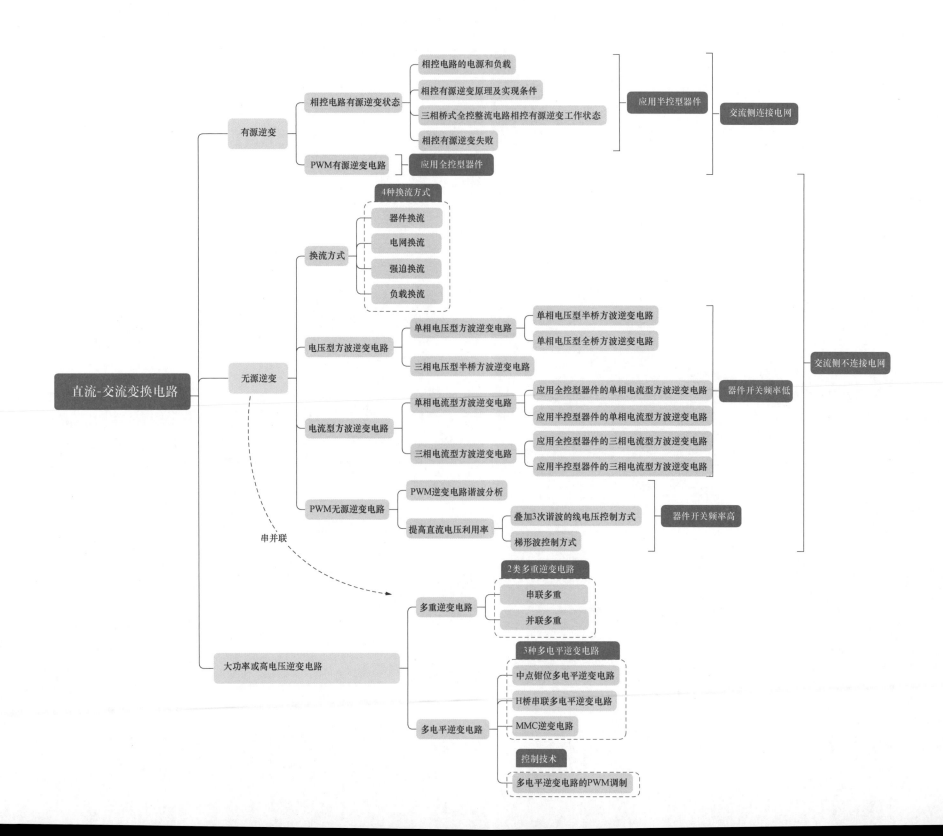

　　直流 - 交流变换电路（DC - AC converter）是将直流电能变为交流电能的电路，也称为逆变电路（inverter）。当交流侧连接电网时，称为有源逆变电路；当交流侧不与电网连接，而直接将直流电逆变成交流电供给负载时，称为无源逆变。

4.1　有　源　逆　变

　　有源逆变电路可以分为相控有源逆变电路和 PWM 有源逆变电路，这两类电路分别应用了半控型器件和全控型器件，工作原理不同，本节将分别讲述这两类有源逆变电路的工作原理。

4.1.1　相控电路有源逆变状态

　　相控有源逆变电路常用于直流可逆调速系统、高压直流输电等方面。相控有源逆变电路工作在有源逆变状态，相控有源逆变状态是相控整流电路满足一定条件下实现的，相控整流电路形式并未发生变化，只是工作条件发生变化，将直流电逆变成交流电注入交流电源中。

1. 相控电路的电源和负载

　　电源和负载的区别体现在电能流转的方向不同，如图 4 - 1 所示，为直流发电机 - 电动机系统，M 为电动机，G 为发电机。在图 4 - 1（a）中，M 作为电动机运行，G 作为发电机运行，$E_G > E_M$，电流 I_d 从 G 流向 M，G 输出电功率 $E_G I_d$，其作为电源在运行，M 吸收功率 $E_M I_d$，将电功率转变为 M 的轴上的机械功率，M 作为负载在运行。在图 4 - 1（b）中，M 作为发电机运行，即回馈制动运行，将 M 的轴上的机械能转变为电能反送给 G，G 吸收功率，$E_G < E_M$，电流 I_d 从 M 流向 G，G 吸收电功率 $E_G I_d$，其作为负载在运行，M 输出功率 $E_M I_d$，M 作为电源在运行。由上面电能的流转分析可知，输出功率的电路称为电源，吸收功率的电路称为负载。再看图 4 - 1（c），称为两电动势顺向串联，G 和 M 均输出功率，给 R 供电，由于线路电阻 R 非常小，相当于两个电压源短路，在工作中必须避免这种接线方式。

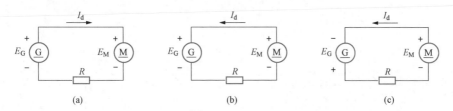

图 4 - 1　直流发电机 - 电动机之间电能的流转

（a）两电动势同极性 $E_G > E_M$；（b）两电动势同极性 $E_G < E_M$；（c）两电动势反极性，顺向串联（短路）

　　相控整流电路是将交流侧能量流转给直流负载，交流侧为电源，直流侧为负载；相控有源逆变电路则是把直流侧能量流转给交流侧，直流侧为电源，交流侧为负载。

2. 相控有源逆变原理及实现条件

　　以单相桥式全控整流电路代替上述发电机给电动机负载供电为例，说明相控有源逆变原理及实现相控有源逆变的条件，如图 4 - 2 所示。在图 4 - 2（a）中，电动机 M 作为负载，运行在电动状态，单相桥式全控整流电路工作在整流状态，直流侧输出电压 U_d 为正，并且 $U_d > E_M$，整流电路直流侧输出电流 I_d，交流电源输出电功率，电动机吸收电功率，此过程为整流状态。如图 4 - 2（b）所示，为相控有源逆变状态，电动机 M 处于回馈制动运行状态，作为发电机将功率反馈给交流侧。可由下面步骤推导相控有源逆变的实现条件：

（1）晶闸管器件的单向导电性，要求电路内 I_d 方向不变，欲改变电能的输送方向，需改变 E_M 的极性，使直流端输出功率。

（2）为了防止两个电动势反极性顺向串联，与整流电路相比，需要 U_d 与 E_M 同极性，即 U_d 为负值。

（3）为了使电流方向不变，$|E_M|>|U_d|$。这样就能将直流侧电能输送到交流侧，电动机输出功率，电网吸收功率，实现相控有源逆变。E_M 的大小由电动机的转速决定，U_d 的大小和方向可通过触发角 α 来控制，由于 $U_d<0$，所以在相控有源逆变状态时触发角 α 在 $\pi/2\sim\pi$ 之间。当 $\alpha>\pi/2$ 时，由于外接直流电动势 E_M 的存在，E_M 输出功率，使得 u_d 与 E_M 共同作用给电感充放电，因此晶闸管在电压 u_2 负半周仍能承受正向电压而导通，仍可以给电感充电，最终实现 u_d 负半周面积大于正半周面积（即 $U_d<0$），波形图如图 4-2（c）和图 4-2（d）所示。

相控有源逆变的实现条件（以下两点必须同时具备）：①要有直流电动势 E_M，其极性需和晶闸管可流过电流的方向一致，且 $|E_M|>|U_d|$；②晶闸管的触发角 $\alpha>\pi/2$，使 $U_d<0$。两者必须同时具备才能实现有源逆变。

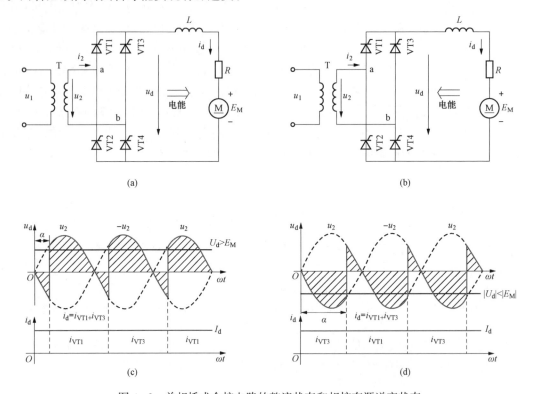

图 4-2　单相桥式全控电路的整流状态和相控有源逆变状态
（a）相控整流状态；（b）相控有源逆变状态；（c）相控整流状态波形；（d）相控有源逆变状态波形

3. 三相桥式全控整流电路相控有源逆变工作状态

如果三相桥式全控整流电路满足上述的实现条件也可工作在相控有源逆变工作状态，通常情况下，定义 β 为逆变角，且 $\beta=\pi-\alpha$，以方便分析和计算。以逆变角 $\beta=\pi/3$ 为例，图 4-3 给出了逆变角 $\beta=\pi/3$ 时的直流输出电压 u_d 和负载电流 i_d 的波形。

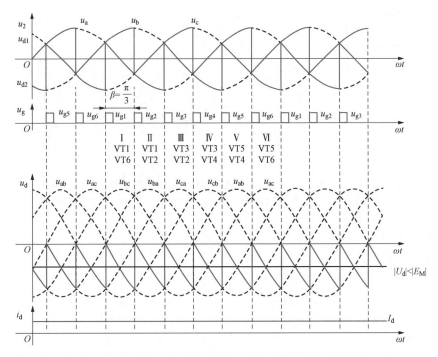

图 4 - 3　逆变角 $\beta = \pi/3$ 下三相桥式全控整流电路工作于相控有源逆变
状态时的直流输出电压和负载电流的波形

4. 相控有源逆变失败

相控有源逆变运行时，如果发生换相失败，负载中外接的直流电源可能会通过晶闸管整流电路形成短路，或者使变换电路输出的直流电压和负载中外接的直流电源的电动势形成顺向串联，由于相控有源逆变电路的线路阻抗很小，所以将形成很大的短路电流，这种现象称为相控有源逆变失败，或相控有源逆变颠覆。

相控有源逆变失败的原因：

（1）触发电路工作不正常。触发电路无法正确地给晶闸管施加脉冲，例如脉冲丢失，或者触发角 $\alpha < \pi/2$ 而不满足相控有源逆变电路的条件等，可能使负载中外接的直流电动势与交流电源顺向串联，产生很大的短路电流。

（2）晶闸管发生故障。晶闸管关断和开通不正常，造成相控有源逆变失败。

（3）交流电源故障。由于直流电动势仍然存在，晶闸管仍可导通，失去电源后的交流侧无法提供关断晶闸管的电压，直流电动势可能通过晶闸管使直流电源短路。

（4）换相的裕度角不足。例如在图 4 - 4 中，交流侧电感引起的换相重叠角对逆变电路换相过程产生影响。换相重叠角会给相控有源逆变工作带来不利的影响，在图 4 - 4（b）中，当 $\beta > \gamma$ 时，以 VT3 支路向 VT1 支路换相过程为例，在换相过程中和换相后 a 相电压始终大于 c 相电压，使得 VT3 在换相结束后承受反向电压而关断，VT1 持续导通，换相完成；当 $\beta < \gamma$ 时，a 相电压大于 c 相电压，开始换相，换相尚未结束，在自然换相点 p 点之后 a 相电压小于了 c 相电压，应该导通的晶闸管 VT1 承受反压而重新关断，应该关断的 VT3 不承受反压而继续导通，当 u_d 为正时，u_d 与电动势 E_M 顺向串联导致相控有源逆变失败。所以为了防止相控有源逆变失败，逆变角必须大于能可靠实现相控有源逆变的最小的逆变角，该最

小的逆变角一般取 $30°\sim35°$。

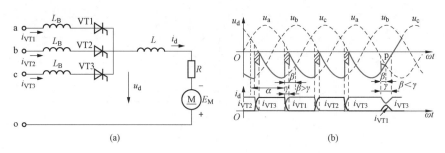

图 4-4　交流侧电感对相控有源逆变的影响

(a) 三相半波可控整流电路；(b) 换相重叠角和逆变角关系对相控有源逆变的影响

4.1.2　PWM 有源逆变电路

将 PWM 控制技术应用于逆变电路，就形成了 PWM 逆变电路。PWM 逆变电路也分为电压型 PWM 逆变电路和电流型 PWM 逆变电路。PWM 逆变电路的拓扑和控制方法与第 3 章中的 PWM 整流电路相近，只是 PWM 整流电路交流侧向直流侧供电，PWM 逆变电路是直流侧向交流侧供电，PWM 整流电路的分析方法与控制方法同样适用于 PWM 逆变电路。PWM 逆变电路分为 PWM 有源逆变电路和 PWM 无源逆变电路。PWM 逆变电路的交流侧连接电网时称为 PWM 有源逆变电路，或者称为并网型 PWM 逆变电路；当交流侧不与电网连接，而直接将直流电逆变成交流电供给负载时称为 PWM 无源逆变电路。本节介绍 PWM 有源逆变电路，下一节将介绍 PWM 无源逆变电路。

根据直流侧电源性质可将逆变电路分为电压型逆变电路和电流型逆变电路，直流侧为电压源的称为电压型逆变电路或电压源型逆变电路（voltage source inverter，VSI），直流侧为电流源的称为电流型逆变电路或电流源型逆变电路（current source inverter，CSI）。通常情况下，电压型逆变电路的交流侧可等效为可控电压源，电流型逆变电路的交流侧可等效为可控电流源。

本节以交流侧可等效为可控电压源的 PWM 逆变电路（电压型 PWM 逆变电路）为例来讲述 PWM 有源逆变电路，PWM 有源逆变电路是将 PWM 逆变电路经过电感等滤波器与电网相连所构成的电路，在第 6 章讲述的新能源发电并网变换器、统一潮流控制器等均属于 PWM 有源逆变电路，另外，静止无功发生器、有源电力滤波器等的基本工作原理也与 PWM 有源逆变电路相近，只不过此时 PWM 有源逆变电路输出的是无功电流或者谐波电流。

电压型 PWM 有源逆变电路可以应用图 2-46（a）所示的等效电路来分析，与单相电压型 PWM 整流电路的基本工作原理相近，本节就不再详述。下面给出了交流侧可等效为可控电压源的 PWM 有源逆变电路的电压和电流相量关系，如图 4-5 所示，如果忽略线路电阻 R 的影响，控制 PWM 有源逆变电路的输出电压（交流侧电压）的基波幅值和相位，即控制交流侧等效的可控电压源的基波幅值和相位，可得到 4 种工况，分别是 PWM 有源逆变、PWM 整流、感性运行和容性运行。

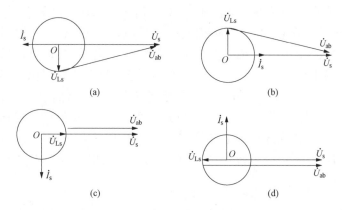

图 4 - 5　交流侧可等效为可控电压源的 PWM 有源逆变电路相量关系及运行状态
(a) PWM 有源逆变；(b) PWM 整流；(c) 感性运行；(d) 容性运行

4.2　无　源　逆　变

　　无源逆变电路应用非常广泛，给交流负载供电的变换电路核心部分就是无源逆变电路。本节首先将介绍换流方式，然后分别介绍电压型和电流型无源逆变电路。

4.2.1　换流方式

　　电流由一条支路向另一条支路转移的方式称为换流方式，电力电子电路主要有 4 种换流方式：第 1 种适用于应用全控型器件的电路；其他 3 种适用于应用半控型器件的电路。

1. 器件换流（device commutation）

　　器件换流是针对应用全控型器件的电路而言的，利用全控型器件的自关断能力进行换流，在采用 IGBT、电力 MOSFET、GTO 等全控型器件的电路中，常采用器件换流，例如三相电压型半桥 PWM 整流电路中应用 IGBT 的自关断能力进行换流。

2. 电网换流（line commutation）

　　由电网提供器件关断的电压来进行换流的方式称为电网换流。例如在相控整流电路和相控有源逆变电路中，使晶闸管关断的反向电压来自电网。因为无源逆变电路中没有交流电网，所以无源逆变电路无法使用电网换流方式。

3. 强迫换流（forced commutation）

　　强迫换流是应用附加的换流电路使得晶闸管承受反压或叠加反向电流使晶闸管电流为零而关断的换流方式，强迫换流通常利用附加已充电的电容来实现，因此也称为电容换流。常用的强迫换流电路如图 4 - 6 所示。在图 4 - 6（a）中，在晶闸管导通工作时，用额外的电路给电容 C 按照图中所示极性充电，当欲让晶闸管关断时，将开关 S 闭合，晶闸管承受反压而关断，这种直接在晶闸管上加反压使其关断的换流方式叫电压换流。在图 4 - 6（b）中，给出了另一种强迫换流电路，晶闸管在 LC 振荡第 1 个半周期内关断，如图 4 - 6（d）所示，欲让晶闸管关断时，开关 S 闭合，电容电压下降，电感电流上升，LC 振荡电流 i_c 将与原晶闸管 VT 中的电流 i_{VT} 相减，当流过晶闸管的电流降至零后晶闸管关断，电感电流经过二极管 VD 继续上升，当电容电压降为零时电感电流达到最大值，之后电感电流降低，电容电压为负。在图 4 - 6（c）中，也给出了一种强迫换流电路，晶闸管在 LC 振荡第 2 个半周期内关断，如图 4 - 6（e）所示，欲让晶闸管关断时，开关 S 闭合，电容电压下降，电感电流上升，LC 振荡电流 i_c 先与原晶闸管 VT 中的电流 i_{VT} 相加，经过半个振荡周期后，振荡电流 i_c 反向，并与原晶闸管中的电流 i_{VT} 相减，当流过晶闸管的电流降至零后晶闸管关断，电感电流经过二极管 VD 进行续流，绝对值继续上升，当电容电压为零时电感电流达到负的最大值，之后电感电流绝对值降低，电容电压为正，最后电容回到 LC 振荡前的初始电压值。图 4 - 6（b）和图 4 - 6（c）中将晶闸管电流降为零的换流方式称为电流换流。在这 3 种强迫换流方式中，图 4 - 6（a）和图 4 - 6（b）中的电容需要额外的充电电路，在图 4 - 6（c）中可以利用主电路给电容预充电，无需额外的电容充电电路。

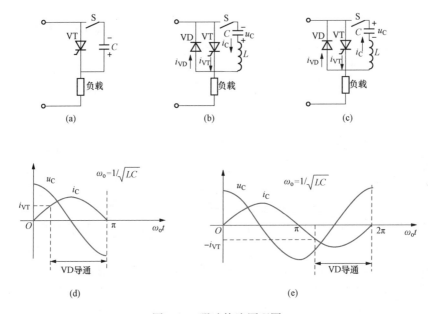

图 4 - 6　强迫换流原理图

（a）电容提供换流电压型；（b）电容和电感谐振第 1 个半周期关断型；（c）电容和电感谐振第 2 个半周期关断型；
（d）电容和电感谐振第 1 个半周期关断波形；（e）电容和电感谐振第 2 个半周期关断波形

4. 负载换流（load commutation）

由负载提供晶闸管关断电压的换流方式称为负载换流。图 4 - 7（a）是应用负载换流的逆变电路，其直流侧串入大电感 L_d 使得工作时 i_d 基本无脉动，电路工作波形如图 4 - 7（b）所示，VT1、VT4 构成的一对桥臂与 VT2、VT3 构成的一对桥臂交替导通，因为直流侧电流近似为恒定值，所以负载电流为矩形波。该电路完成负载换流的条件：在阻感负载两端并一个电容，使其与阻感负载工作在接近并联谐振状态而使整体负载略呈容性。该条件可使电容、负载电感、负载电阻构成的整体负载的电流的相位超前于整体负载的电压的相位。又因为整体负载工作在对基波频率接近并联谐振的状态，故对基波电流的阻抗很大，使得矩形波电流中的基波电流部分在负载上产生很大的电压，而对谐波电流的阻抗很小使得矩形波电流中的谐波电流在负载上产生很小的电压，因此矩形波电流在负载上产生的电压 u_o 波形接近正弦波。如图 4 - 7（b）所示，设在 t_1 时刻前 VT1 和 VT4 导通，VT2 和 VT3 关断，u_o 和 i_o 均为正，因为整体负载呈容性，所以电容电压为左正右负。在 t_1 时刻触发 VT2 和 VT3 使其导通，电容电压即负载电压 u_o（左正右负）就通过 VT2 和 VT3 分别施加在 VT4 和 VT1 上，使 VT4 和 VT1 承受反压而关断，电流从 VT1、VT4 所在支路换流到 VT3、VT2 所在支路。通过换流过程可知负载呈容性即电流相位超前于电压相位才能产生左正右负的电容电压使欲关断的晶闸管关断，如果负载呈感性即电压过零前尚未完成换流，会使得整体负载电流继续流通而无法关断 VT1 和 VT4，也无法开通 VT2 和 VT3。

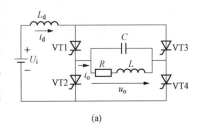

(a)

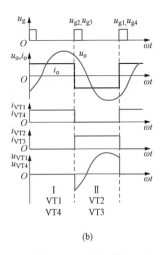

(b)

图 4 - 7　负载换流原理图

（a）负载换流电路；（b）工作波形

4.2.2　电压型方波逆变电路

逆变电路变换方式可分为方波逆变方式和 PWM 逆变方式，方波逆变方式是指逆变电路输出波形为交流方波，通常 1 个电源周期内含有正负两个方波，PWM 逆变方式是指应用 PWM 控制技术使得电路输出波形为 PWM 脉冲波。本节将介绍几种方波无源逆变电路，下一节将介绍 PWM 无源逆变电路。常用的电压型方波无源逆变电路将在下面详细介绍。

1. 单相电压型方波逆变电路

（1）单相电压型半桥方波逆变电路。图 4 - 8 为单相电压型半桥方波逆变电路，由图可得出电压型逆变电路的主要特点：①直流侧为电压源或直流侧并联有大电容，具有类似于电压源的性质，即直流侧电压基本无脉动和直流侧呈现低阻抗特性；②交流侧输出电压受开关器件控制，波形为矩形波，而交流侧输出电流波形由输出电压和负载决定；③交流侧带阻感负载时，负载电感和直流侧电容需要进行无功能量的交换，直流侧电容起到缓冲负载感性无功能量的作用，为了给感性负载向直流侧电容反馈无功能量提供通道，逆变电路各桥臂需并联反馈二极管（或称为反并联二极管）。

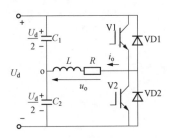

图 4 - 8　单相电压型半桥
方波逆变电路

单相电压型半桥方波逆变电路有两个桥臂，每个桥臂由一个全控型器件和一个反并联的反馈二极管组成。直流侧由两个非常大的电容串联构成，两个电容的连接点为直流电源的中点，负载连接在直流电源中点和两个桥臂连接点之间。应用分时段线性电路的分析方法可以得出单相电压型半桥方波逆变电路带阻感负载时的工作过程。

1) 根据开关器件 V1、V2、VD1 和 VD2 的导通和关断的时序，将电路工作过程分为 4 个线性电路工作区间，分别是区间 I、区间 II、区间 III 和区间 IV。

2) 区间 I：t 在 $t_1 \sim t_2$ 区间内，V1 被驱动并导通，V2、VD2 和 VD1 关断，电路如图 4 - 9（a）所示。负载电压 u_o 等于 $U_d/2$，各电压和电流的波形如图 4 - 9（e）中区间 I 内所示。

区间Ⅱ：t 在 $t_2 \sim t_3$ 区间内，V2 被驱动，但由于电流 $i_o > 0$，所以 VD2 导通，电路如图 4-9（b）所示。负载电压 u_o 等于 $-U_d/2$，各电压和电流的波形如图 4-9（e）中区间Ⅱ内所示。

区间Ⅲ：t 在 $t_3 \sim t_4$ 区间内，V2 被驱动并导通，V1、VD2 和 VD1 关断，电路如图 4-9（c）所示，$i_o < 0$。负载电压 u_o 等于 $-U_d/2$，各电压和电流的波形如图 4-9（e）中区间Ⅲ内所示。

区间Ⅳ：t 在 $t_4 \sim t_5$ 区间内，V1 被驱动，但由于电流 $i_o < 0$，所以 VD1 导通，电路如图 4-9（d）所示。负载电压 u_o 等于 $U_d/2$，各电压和电流的波形如图 4-9（e）中区间Ⅳ内所示。

此后又是 V1 导通，如此循环地工作下去，单相电压型半桥方波逆变电路的输出电压 u_o 和负载电流 i_o 的波形如图 4-9（e）所示。表 4-1 为单相电压型半桥方波逆变电路各区间的工作情况。

3）由图 4-9 可知 V1 或 V2 导通时，负载电压和负载电流同方向，直流侧电容向负载电感提供无功能量，当 VD1 或 VD2 导通时，负载电压和负载电流反向，负载电感将吸收的无功能量反馈给直流侧电容，因为二极管 VD1 和 VD2 起着使负载电流连续的作用，因此反馈二极管又称为续流二极管。单相电压型半桥方波逆变电路的优点是结构简单，使用器件少。其缺点是交流电压幅值最大值仅为 $U_d/2$，且两个直流侧电容需要均压。

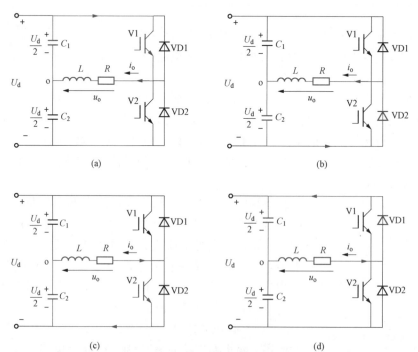

图 4-9　单相电压型半桥方波逆变电路带阻感负载时的各区间的工作电路及其波形（一）

(a) 区间Ⅰ电路；(b) 区间Ⅱ电路；(c) 区间Ⅲ电路；(d) 区间Ⅳ电路

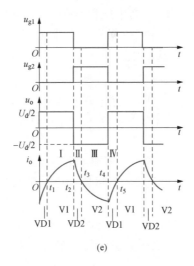

（e）

图 4 - 9　单相电压型半桥方波逆变电路带阻感负载时的各区间的工作电路及其波形（二）

（e）波形图

表 4 - 1　　　　　　　　　单相电压型半桥方波逆变电路带阻感负载时的工作情况

区间	Ⅰ	Ⅱ	Ⅲ	Ⅳ
t	$t_1 \sim t_2$	$t_2 \sim t_3$	$t_3 \sim t_4$	$t_4 \sim t_5$
器件导通情况	V1 导通	VD2 导通	V2 导通	VD1 导通
电路图	图 4 - 9（a）	图 4 - 9（b）	图 4 - 9（c）	图 4 - 9（d）
负载电压 u_o	$U_d/2$	$-U_d/2$	$-U_d/2$	$U_d/2$
负载电流 i_o	$i_o>0$，幅值增大	$i_o>0$，幅值减小	$i_o<0$，绝对值增大	$i_o<0$，绝对值减小

（2）单相电压型全桥方波逆变电路。单相电压型全桥方波逆变电路如图 4 - 10 所示，共有 4 个桥臂，常采用两种工作方式，分别是 V1、V4 构成的一对桥臂与 V2、V3 构成的一对桥臂交替导通方式和移相调压方式。在第 1 种工作方式下，成对的两个桥臂同时导通，两对交替导通的桥臂各导通 180°，其输出电压 u_o 的波形和负载电流 i_o 的波形形状与图 4 - 9（e）中所示的单相电压型半桥方波逆变电路的

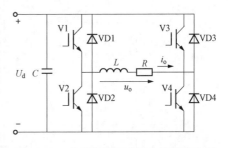

图 4 - 10　单相电压型全桥方波逆变电路

波形相同，区别是输出电压和负载电流的幅值增大了一倍，对单相电压型半桥方波逆变电路的分析也完全适用于单相电压型全桥方波逆变电路。另一种工作方式为移相调压方式，就是调节输出电压脉冲的宽度，如图 4 - 11 所示，以下主要介绍一下移相调压工作方式下的单相电压型全桥方波逆变电路带阻感负载时的工作过程，第 1 种交替导通的工作方式也可以认为是移相调压工作方式下移相角度为 180°的情况。

1）根据开关器件 V1～V4、VD1～VD4 导通和关断的时序，将电路工作过程分为 6 个线性电路工作区间，分别是区间Ⅰ、区间Ⅱ、区间Ⅲ、区间Ⅳ、区间Ⅴ和区间Ⅵ。

2）区间Ⅰ：t 在 $t_1 \sim t_2$ 区间内，V1 和 V4 被驱动并导通，其他器件关断，电路如图

4-11（a）所示。负载电压 u_o 等于 U_d，各电压和电流的波形如图 4-11（g）中区间I内所示。

    区间Ⅱ：t 在 $t_2\sim t_3$ 区间内，V1 和 V3 被驱动，但由于电流 $i_o>0$，所以 V1 和 VD3 导通，电路如图 4-11（b）所示。负载电压 u_o 等于零，各电压和电流的波形如图 4-11（g）中区间Ⅱ内所示。

    区间Ⅲ：t 在 $t_3\sim t_4$ 区间内，V2 和 V3 被驱动，但由于电流 $i_o>0$，所以 VD2 和 VD3 导通，电路如图 4-11（c）所示。负载电压 u_o 等于 $-U_d$，各电压和电流的波形如图 4-11（g）中区间Ⅲ内所示。

    区间Ⅳ：t 在 $t_4\sim t_5$ 区间内，V2 和 V3 被驱动并导通，其他器件关断，电路如图 4-11（d）所示。负载电压 u_o 等于 $-U_d$，$i_o<0$，各电压和电流的波形如图 4-11（g）中区间Ⅳ内所示。

    区间Ⅴ：t 在 $t_5\sim t_6$ 区间内，V2 和 V4 被驱动，但由于电流 $i_o<0$，所以 V2 和 VD4 导通，电路如图 4-11（e）所示。负载电压 u_o 等于零，各电压和电流的波形如图 4-11（g）中区间Ⅴ内所示。

    区间Ⅵ：t 在 $t_6\sim t_7$ 区间内，V1 和 V4 被驱动，但由于电流 $i_o<0$，所以 VD1 和 VD4 导通，电路如图 4-11（f）所示。负载电压 u_o 等于 U_d，各电压和电流的波形如图 4-11（g）中区间Ⅵ内所示。

    此后又是 V1 和 V4 导通，如此循环地工作下去，单相电压型全桥方波逆变电路移相调压工作方式下的负载电压 u_o 和负载电流 i_o 的波形如图 4-11（g）所示。表 4-2 为单相电压型全桥方波逆变电路移相调压工作方式下的工作情况。

    3）由图 4-11 可知改变 θ 的大小可调整输出电压或负载电压 u_o。

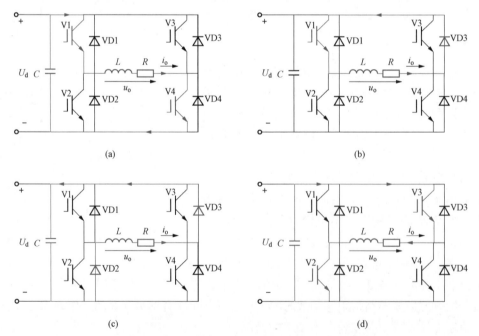

图 4-11   单相电压型全桥方波逆变电路移相调压工作方式下的各区间的工作电路及其波形（阻感负载）（一）

(a) 区间Ⅰ电路；(b) 区间Ⅱ电路；(c) 区间Ⅲ电路；(d) 区间Ⅳ电路

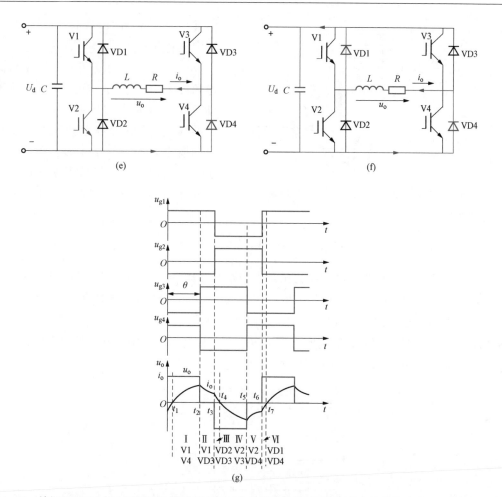

图 4 - 11 单相电压型全桥方波逆变电路移相调压工作方式下的各区间的工作电路及其波形（阻感负载）（二）
(e) 区间 V 电路；(f) 区间 Ⅵ 电路；(g) 波形图

表 4 - 2 单相电压型全桥方波逆变电路移相调压工作方式下的工作情况（阻感负载）

区间	Ⅰ	Ⅱ	Ⅲ	Ⅳ	Ⅴ	Ⅵ
t	$t_1 \sim t_2$	$t_2 \sim t_3$	$t_3 \sim t_4$	$t_4 \sim t_5$	$t_5 \sim t_6$	$t_6 \sim t_7$
器件导通情况	V1、V4 导通	V1、VD3 导通	VD2、VD3 导通	V2、V3 导通	V2、VD4 导通	VD1、VD4 导通
电路图	图 4 - 11 (a)	图 4 - 11 (b)	图 4 - 11 (c)	图 4 - 11 (d)	图 4 - 11 (e)	图 4 - 11 (f)
负载电压 u_o	U_d	0	$-U_d$	$-U_d$	0	U_d
负载电流 i_o	$i_o>0$，幅值增大	$i_o>0$，幅值减小	$i_o>0$，幅值减小	$i_o<0$，绝对值增大	$i_o<0$，绝对值减小	$i_o<0$，绝对值减小

2. 三相电压型半桥方波逆变电路

在三相电压型逆变电路中，应用最广泛的是三相电压型半桥逆变电路。三相电压型半桥

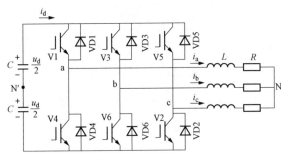

图 4 - 12　三相电压型半桥方波逆变电路

方波逆变电路如图 4 - 12 所示，其常用 180°导电方式。

在 180°导电方式下，每个桥臂的导电角度为 180°，同一相上下两个桥臂驱动信号互补而交替导通，a、b、c 三相开始导通的角度依次相差 120°，工作在纵向换流方式，工作波形如图 4 - 13 所示。与三相电压型半桥 PWM 整流电路中推导 N 点和 N′点之间电压的推导方式相同，可得

$$u_{NN'} = \frac{u_{aN'} + u_{bN'} + u_{cN'}}{3} \tag{4-1}$$

由图 4 - 13 中 $u_{NN'}$ 的波形可知，它是矩形波，其频率为 u_{aN} 频率的 3 倍，幅值为 $u_{aN}/3$。u_{bN}、u_{cN} 的波形形状与 u_{aN} 相同，仅相位依次相差 120°。i_a 可通过求解微分方程 $u_{aN} = L di_a/dt + R i_a$ 得到，i_b、i_c 的波形形状与 i_a 相同，相位也是依次相差 120°。把上桥臂 1、3、5 的电流波形相加就得到了直流侧电流 i_d 的波形。为了防止同一相上下两个桥臂同时导通而导致直流侧电源短路，需要对同一相上下两个桥臂的驱动信号设置死区时间。

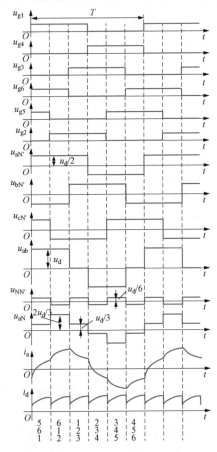

图 4 - 13　三相电压型半桥方波逆变电路的工作波形

将输出的线电压 u_{ab} 展开成傅里叶级数可得

$$u_{ab} = \frac{2\sqrt{3}U_d}{\pi}\left(\sin\omega t - \frac{1}{5}\sin5\omega t - \frac{1}{7}\sin7\omega t + \frac{1}{11}\sin11\omega t + \frac{1}{13}\sin13\omega t - \cdots\right)$$

$$= \frac{2\sqrt{3}U_d}{\pi}\left[\sin\omega t + \sum_{\substack{n=6k\pm1 \\ k=1,2,3,\cdots}}(-1)^k\frac{1}{n}\sin n\omega t\right] \tag{4-2}$$

将 u_{aN} 展开成傅里叶级数可得

$$u_{aN} = \frac{2U_d}{\pi}\left(\sin\omega t + \frac{1}{5}\sin5\omega t + \frac{1}{7}\sin7\omega t + \frac{1}{11}\sin11\omega t + \frac{1}{13}\sin13\omega t + \cdots\right)$$

$$= \frac{2U_d}{\pi}\left(\sin\omega t + \sum_{\substack{n=6k\pm1 \\ k=1,2,3,\cdots}}\frac{1}{n}\sin n\omega t\right) \tag{4-3}$$

4.2.3　电流型方波逆变电路

1. 单相电流型方波逆变电路

直流侧电源为电流源的逆变电路称为电流型逆变电路，电流型逆变电路可以应用全控型器件构成电路，也可以应用半控型器件构成电路。

（1）应用全控型器件的单相电流型方波逆变电路。图 4 - 14 为应用全控型器件的单相电流型方波逆变电路，可以是图 4 - 14（a）所示的 IGBT 串联二极管来防止该支路电流反向流动的电路，也可以是图 4 - 14（b）所示的应用全控型器件 GTO（反向阻断型）的电路。两种电路以桥臂为基础分析其工作原理可得相同的结论，应用分时段线性电路的分析方法可以得出应用全控型器件的单相电流型方波逆变电路的工作过程，其输出电流 i_o、负载电压 u_o、桥臂两端电压 $u_{V1,4}$ 和 $u_{V2,3}$ 的波形如图 4 - 15 所示。表 4 - 3 为应用全控型器件的单相电流型方波逆变电路各区间的工作情况。由图 4 - 15 可得出电流型逆变电路的主要特点：①直流侧为电流源或直流侧串联有大电感，具有类似于电流源的性质，即直流侧电流基本无脉动和直流侧呈现高阻抗特性；②交流侧输出电流受开关器件控制，波形为矩形波，而交流侧负载电压波形由输出电流和负载决定；③交流侧带阻感负载时，必须在阻感负载两端并一个电容，使整体负载略呈容性以便吸收换流时负载电感中的无功能量之后再与直流侧电感进行无功能量的交换，直流侧电感起到缓冲整体略呈容性的负载的无功能量的作用，因为电流型逆变电路是横向换流工作模式，交流电流反向时直流电流并不反向，故电流型逆变电路各桥臂不需要并联反馈二极管。

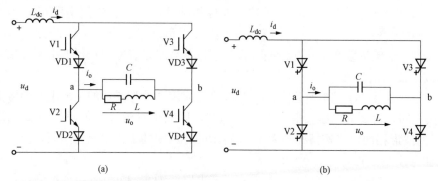

图 4 - 14　应用全控型器件的单相电流型方波逆变电路

（a）应用 IGBT 串联二极管的电路；（b）应用 GTO 全控型器件的电路

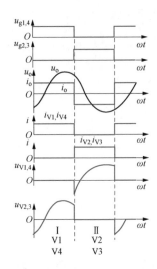

图 4-15 应用全控型器件的单相电流型方波逆变电路的波形图

表 4-3 应用全控型器件的单相电流型方波逆变电路的工作情况

区间	Ⅰ	Ⅱ
器件导通情况	V1、V4 导通，V2、V3 关断	V2、V3 导通，V1、V4 关断
负载电流 i_o	i_d	$-i_d$
负载电压 u_o	u_o 近似为正弦，且滞后于 i_o	
桥臂两端电压 $u_{V1,4}$	0	$-u_o$
桥臂两端电压 $u_{V2,3}$	u_o	0

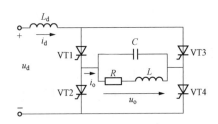

图 4-16 应用半控型器件的单相
电流型方波逆变电路

（2）应用半控型器件的单相电流型方波逆变电路。采用半控型器件的电压型方波逆变电路已经很少应用，采用半控型器件的电流型逆变电路仍应用较多，常采用负载换流方式和强迫换流方式。图 4-16 为应用半控型器件的单相电流型方波逆变电路，该电路在介绍负载换流时已经提到了，有 4 个桥臂，每个桥臂由一个半控型器件晶闸管组成，直流侧串联 1 个非常大的电感。该电路采用负载换流方式工作，要求负载两端并联一个电容，与阻感负载产生并联谐振，且使整体负载略呈容性。矩形波电流在负载上产生的电压 u_o 波形接近正弦波。

应用半控型器件的单相电流型方波逆变电路与应用全控型器件的单相电流型方波逆变电路分析方法相同，得到的电压和电流波形也相同，即输出电流 i_o 和负载电压 u_o 的波形和图 4-15 所示的波形相同，工作情况与表 4-3 所示的各区间的工作情况也相同。

2. 三相电流型方波逆变电路

（1）应用全控型器件的三相电流型方波逆变电路。图 4-17 为应用全控型器件的三相电流型方波逆变电路，可以是图 4-17（a）所示的应用 IGBT 串联二极管来防止电流反向流动的电路，也可以是图 4-17（b）所示的应用 GTO 全控型器件的电路，直流侧电感值很大，使得电压源和电感串联呈现电流源特性。应用分时段线性电路的分析方法可以得出应用全控型器件的三相电流型方波逆变电路的工作过程，应用全控型器件的三相电流型逆变电路的输出电流 i_a、i_b、i_c 和负载电压 u_{oa}、u_{ob}、u_{oc} 的波形如图 4 - 18 所示，其各区间的工作情况见表 4 - 4。应用全控型器件的三相电流型方波逆变电路采用横向换流以保证 i_d 连续。整体负载成容性可使得整体负载电流可以突变，而整体负载电压不允许突变，阻感负载的电流通过给电容充放电来续流。所以应用全控型器件的三相电流型方波逆变电路采用120°导电方式，即每个桥臂的导电角度为120°，a、b、c 三相上面三个桥臂开始导通的角度依次相差120°，下面三个桥臂开始导通的角度依次相差120°，V1～V6 驱动信号依次相差60°。

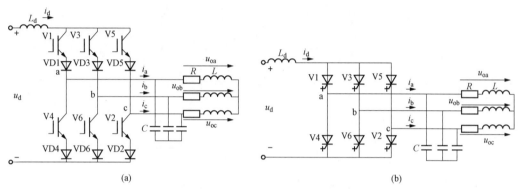

图 4 - 17　应用全控型器件的三相电流型方波逆变电路

（a）应用 IGBT 串联二极管的电路；（b）应用 GTO 全控型器件的电路

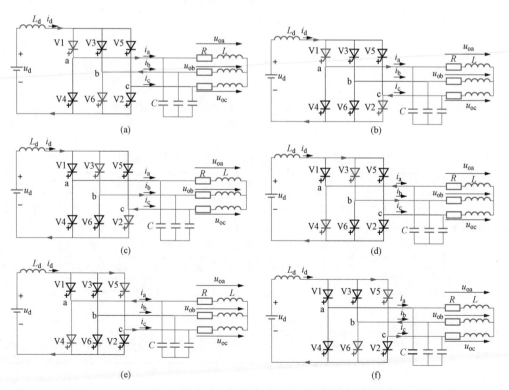

图 4 - 18　应用全控型器件的三相电流型方波逆变电路及其波形图（一）

（a）区间Ⅰ电路；（b）区间Ⅱ电路；（c）区间Ⅲ电路；（d）区间Ⅳ电路；（e）区间Ⅴ电路；（f）区间Ⅵ电路

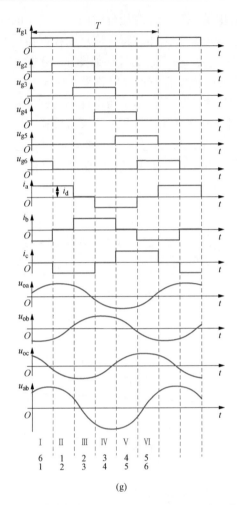

图 4-18 应用全控型器件的三相电流型方波逆变电路及其波形图（二）

(g) 波形图

表 4-4 应用全控型器件的三相电流型方波逆变电路的工作情况

区间	I	II	III	IV	V	VI
器件导通情况	V6、V1 导通，其他关断	V1、V2 导通，其他关断	V2、V3 导通，其他关断	V3、V4 导通，其他关断	V4、V5 导通，其他关断	V5、V6 导通，其他关断
电路图	图 4-18 (a)	图 4-18 (b)	图 4-18 (c)	图 4-18 (d)	图 4-18 (e)	图 4-18 (f)
负载电流	$i_a=i_d$, $i_b=-i_d$, $i_c=0$	$i_a=i_d$, $i_b=0$, $i_c=-i_d$	$i_a=0$, $i_b=i_d$, $i_c=-i_d$	$i_a=-i_d$, $i_b=i_d$, $i_c=0$	$i_a=-i_d$, $i_b=0$, $i_c=i_d$	$i_a=0$, $i_b=-i_d$, $i_c=i_d$
负载电压 u_{oa}, u_{ob}, u_{oc}	近似为正弦，a、b、c 三相相差 120°，且每相电压都滞后于所在相电流					

（2）应用半控型器件的三相电流型方波逆变电路。图 4-19 为串联二极管式晶闸管方波逆变电路，是应用半控型器件的三相电流型方波逆变电路，主要用于中大功率交流电动机调

速系统。该电路由于各桥臂的晶闸管与二极管串联而得名，采用强迫换流方式，连接于各桥臂之间的电容 $C_1 \sim C_6$ 上的电压使得欲关断的晶闸管承受反压而关断，实现电路的换流。该电路采用 120°导电方式，输出电流波形与图 4 - 18 中的波形相似。图 4 - 20 为串联二极管式晶闸管方波逆变电路的换流过程，换流过程分为电容恒流放电、电容反向充电和二极管续流三个阶段，以 VT1 向 VT3 换流过程为例来解释该电路换流的工作原理。在图 4 - 20（a）中，上桥臂 VT1 和 VD1 导通，电容 C_1 左边电压连到了直流端高电压处，所以稳态时电容 C_1 和 C_5 均是左正右负的电压；在图

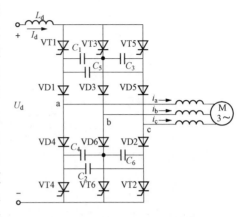

图 4 - 19　串联二极管式晶闸管方波逆变电路

4 - 20（b）中，当晶闸管 VT3 被触发时，在左正右负电压的电容 C_1 作用下 VT3 导通，VT1 关断，直流电流 I_d 从 VT1 换到 VT3 上，电容 C_1 以 I_d 为电流值放电，即电容恒流放电阶段；在图 4 - 20（c）中，电容 C_1 放电结束后反向充电，电容 C_1 的电压变为右正左负，当电压大于 b 点到 a 点之间电压时二极管 VD3 导通，即电容反向充电阶段；由于 a 相负载含电感，电感续流使得 VD1 继续导通，i_a 减小，i_b 增大，即二极管续流阶段；在图 4 - 20（d）中，a 相负载电感续流结束，a 相上桥臂关断，电流由 a 相上桥臂换流到 b 相上桥臂。在串联二极管式晶闸管方波逆变电路中电容提供了晶闸管关断的反压，起到了使欲关断晶闸管承受反压而关断的作用，同时，电容在直流侧电感和交流侧电感之间也起到了缓冲无功能量的作用。

4.2.4　PWM 无源逆变电路

PWM 无源逆变电路的拓扑和控制方法与 PWM 有源逆变电路相近，均可等效为可控电源，PWM 有源逆变电路的分析方法与控制方法同样适用于 PWM 无源逆变电路，这里就不再详述。

1. PWM 逆变电路谐波分析

本节的谐波分析所得的结论同样适用于 PWM 整流电路。PWM 逆变电路可以使输出电压或输出电流接近正弦波，应用面积等效原理，PWM 脉冲波的基波频率与调制波频率相同，但存在高频分量，载波与调制波进行调制的时候，产生了与载波和调制波有关的谐波分量，虽然都是高次谐波，但是其作为 PWM 逆变电路性能指标之一，需要进行分析。本节给出了常用的异步调制下的双极性 SPWM 波形的谐波规律。

在单相电压型全桥 PWM 逆变电路中，如果载波频率为 f_c，调制波频率为 f_r，则输出电压谐波频率为 $nf_c \pm kf_r$。其中，$n=1,3,5,\cdots$ 时，$k=0,2,4,\cdots$；$n=2,4,6,\cdots$ 时，$k=1,3,5,\cdots$。

可以看出，单相电压型全桥 PWM 逆变电路中输出 PWM 脉冲波中不含有低次谐波，只含有频率为 f_c 及其附近的谐波，以及 $2f_c$、$3f_c$ 等及其附近的谐波。在上述谐波中，幅值最高且影响最大的是频率为 f_c 的谐波分量。在双极性异步调制方式下，调制度为 1 时的单相电压型全桥 PWM 逆变电路输出的 PWM 脉冲波的频谱图如图 4 - 21 所示。

在三相电压型半桥 PWM 逆变电路中，三相公用一个载波时，则输出线电压谐波频率为

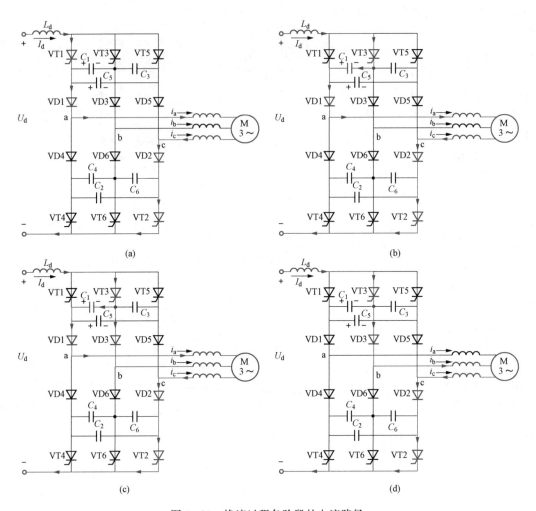

图 4‑20 换流过程各阶段的电流路径

（a）a、c 两相导通；（b）电容放电；（c）a、b、c 三相导通；（d）b、c 两相导通

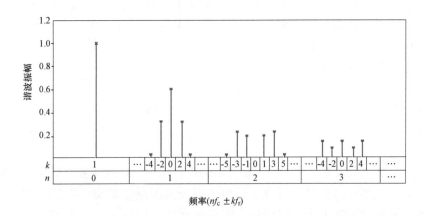

图 4‑21 单相电压型全桥 PWM 逆变电路输出电压的频谱图

$nf_c \pm kf_r$。其中，$n=1,3,5,\cdots$时，$k=3(2m-1)\pm1$，$m=1,2,\cdots$。

$$n=2,4,6,\cdots\text{时}，k=\begin{cases}6m+1，m=0,1,\cdots\\6m-1，m=1,2,\cdots\end{cases}$$

可以看出，三相电压型半桥 PWM 逆变电路中输出线电压的 PWM 波形中不含有低次谐波，只含有频率为 f_c、$2f_c$、$3f_c$ 等附近的谐波。与单相电压型全桥 PWM 逆变电路相比，无频率为 f_c 整数倍的谐波。在上述谐波中，幅值较高且影响较大的是频率为 $f_c \pm 2f_r$ 和 $2f_c \pm f_r$ 的谐波分量。在双极性异步调制方式下，调制度为 1 时的三相电压型半桥 PWM 逆变电路输出线电压的 PWM 脉冲波的频谱图如图 4 - 22 所示。

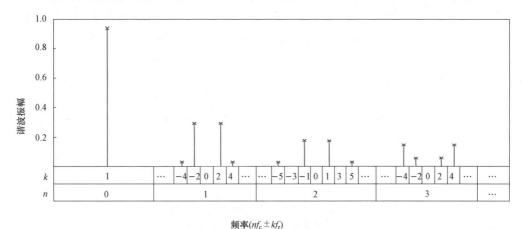

图 4 - 22　三相电压型半桥 PWM 逆变电路输出线电压频谱图

载波频率越高，逆变电路输出电压波形中谐波频率就越高，如果 $f_c \gg f_r$，高次谐波就容易通过滤波器滤除掉。

2. 提高直流电压利用率

逆变电路的直流电压利用率是指逆变电路所能输出的交流电压基波峰值 U_{1m} 和直流电压 U_d 之比，相电压峰值与 U_d 之比称为相电压直流电压利用率，线电压峰值与 U_d 之比称为线电压直流电压利用率，提高直流电压利用率可以提高逆变电路的电压输出能力。在三相电压型半桥 PWM 逆变电路中，在调制度（调制波峰值与载波峰值之比）为最大值 1 时，输出相电压的基波峰值为 $U_d/2$，输出线电压的基波峰值是 $\sqrt{3}U_d/2$，所以线电压直流电压利用率为 0.866。这个直流电压利用率较低，原因是正弦波调制波的峰值不能超过三角波峰值，即调制比最大值为 1。最常用的提高直流侧电压利用率的方法是叠加 3 次谐波的线电压控制方式和梯形波控制方式。

（1）叠加 3 次谐波的线电压控制方式。当控制目标为相电压时称为相电压控制方式，当控制目标为线电压时称为线电压控制方式。在线电压控制方式下，只要给负载提供三相对称的正弦线电压即可，对相对于直流电源中点的相电压是否正弦无要求，所以在线电压控制方式下常用修改相对于直流电源中点的相电压波形但不改变线电压波形的方式，来提高线电压直流电压利用率。

在相对于直流电源中点的相电压的调制波中叠加适当大小的 3 次或 3 的整数倍次谐波，使之成为鞍形波，则经过 PWM 调制后相对于逆变电路直流电源中点的输出电压为鞍形波，

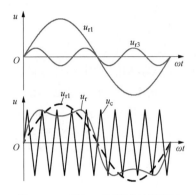

图 4 - 23　叠加 3 次谐波的调制波

其波形中包含了 3 次或 3 的整数倍次谐波，且三相的三次谐波大小相等相位相同。在合成线电压时，两相之间的 3 次或 3 的整数倍次谐波相互抵消，得到的线电压为正弦波。如图 4 - 23 所示，在正弦调制波 u_{r0} 中叠加 3 次谐波 u_{r3}，正弦调制波正峰值时刻与 3 次谐波 u_{r3} 负峰值时刻重合，使调制波成为鞍形波，调制波峰值不超过三角载波峰值，但鞍形波的基波 u_{r1} 峰值超过了三角波峰值，线电压峰值也提高了，即提高了线电压直流电压利用率。

（2）梯形波控制方式。梯形波控制方式是用梯形波代替正弦波作为调制波，可以提高直流电压利用率，因为相同峰值的梯形波和正弦波相比，梯形波的基波峰值要大于与梯形波同峰值的正弦波，如图 4 - 24 所示，在三相电压型半桥 PWM 逆变电路中，相对直流电源中点的 a 相输出电压基波部分 u_{af} 高于滤除高频谐波的输出电压 u_a，线电压 u_{ab} 的基波也相应被提高。用梯形波调制时，输出电压引入了 5、7 次等低次谐波，这是梯形波控制方法的不足。

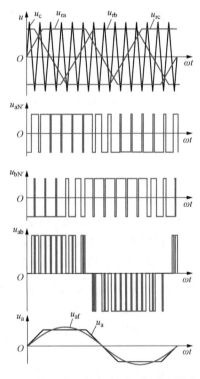

图 4 - 24　梯形波控制方式的调制波及输出电压

4.3　大功率或高电压逆变电路

在大功率或者高电压逆变场合，可应用多重逆变电路和多电平逆变电路来减小谐波。将几个矩形波组合起来，使其更接近正弦波。

4.3.1　多重逆变电路

多重化电路在第 3 章讲述的多重化整流电路中已经涉及了，本节将多重化技术应用到逆变电路中，以消除谐波。多重逆变电路分为串联多重和并联多重两种方式。串联多重逆变电路是把几个逆变电路的输出端串联起来，相当于几个交流电源串联，电压型逆变电路常采用串联多重方式；并联多重逆变电路是把几个逆变电路的输出端并联起来，相当于几个交流电源并联，电流型逆变电路常采用并联多重方式。以下以电压型逆变电路的多重化为例来说明逆变电路多重化的基本原理，其基本原理可推广到电流型逆变电路的多重化中去。

1. 串联多重

图 4 - 25 为由两个单相电压型全桥方波逆变电路构成的单相电压型全桥方波串联二重逆变电路，输入端公用一个直流电压源，输出端通过变压器 T1 和 T2 串联起来。图 4 - 26 为逆变电路的输出电压波形，两个单相电压型全桥方波逆变电路都工作在 180°导电方式，输出电压均为方波，其中含有奇次谐波。如图 4 - 25 所示，如果想消除 3 次谐波，将两个单相电压型全桥方波逆变电路导通的相位错开 $\varphi = 60°$，则对于输出电压 u_1 和 u_2 中的 3 次谐波来说就错开了 $3 \times 60° = 180°$。通过多重化将 3 次谐波消除，所得到的总的输出电压 u_o 中不含有 3 次谐波。

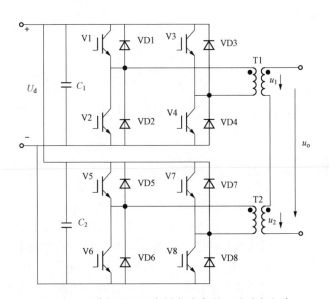

图 4 - 25　单相电压型全桥方波串联二重逆变电路

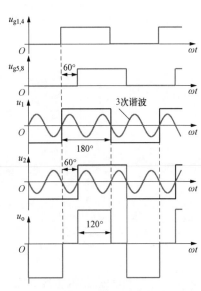

图 4 - 26　单相电压型全桥方波串联二重逆变电路的工作波形

图 4 - 27 给出了三相电压型半桥方波串联二重逆变电路基本结构，该电路由两个三相电压型半桥方波逆变电路构成，其输入端公用，输出电压通过变压器 T1 和 T2 串联合成，两个逆变电路均采用 180°导电方式，输出电压均为 120°方波。在图中，逆变电路Ⅱ比逆变电路Ⅰ滞后 30°。变压器 T1 为 D/Y 联结，变压器一次侧和二次侧绕组匝数比为 1∶1。变压器 T2 一次侧也是三角形联结，但二次侧由两个绕组构成，两个绕组采用曲折星形接法，即某一相的绕组和该相在另一相铁芯上的绕组串联后构成星形，另外，对两个绕组的电压进行合成，使得逆变电路Ⅱ中 T2 二次侧电压与逆变电路Ⅰ中 T1 二次侧电压基波相位相同，抵消了逆变电路Ⅱ滞后于逆变电路Ⅰ的 30°。图 4 - 28 为电压相量图，变压器绕组 A1、A21 和

B22 上的基波电压相量分别为 $\dot{U}_{a1}$、$\dot{U}_{A21}$ 和 $\dot{U}_{B22}$，在图 4-29 中，分别给出了 u_{a1}、u_{A21}、$-u_{B22}$、u_{a2} 和 u_{aN} 的波形图，可以看出，经过多重化后 u_{aN} 的波形比 u_{a1} 更接近正弦波。在两个变压器 T1 和 T2 一次侧绕组匝数相同的情况下，为了使 u_{a2} 和 u_{a1} 的基波幅值相同，T2 和 T1 二次侧间的匝数比为 $1/\sqrt{3}$。通过对 u_{aN} 展开成傅里叶级数后可知交流侧含有 $12k\pm1$（k 为自然数）次谐波。

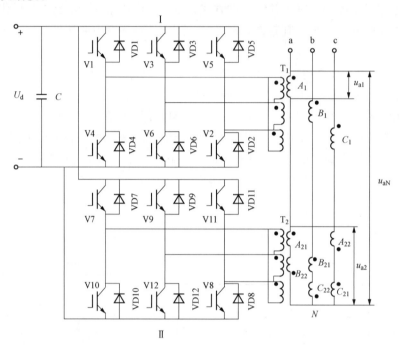

图 4-27　三相电压型半桥方波串联二重逆变电路

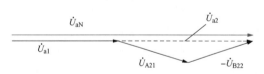

图 4-28　三相电压型半桥方波串联二重逆变电路的二次侧基波电压合成相量图

2. 并联多重

PWM 逆变电路也可以采用多重化来减少输出电压的谐波。因为 SPWM 波形开关频率较高时理论上不产生低次谐波，因此，在 PWM 多重逆变电路中，一般不以减少低次谐波为目的，而是通过多个 PWM 逆变电路多重化来提高等效开关频率，不仅可以减小开关损耗，也可以减少和载波有关的高频谐波分量。图 4-30 是三相电压型半桥 PWM 并联二重逆变电路，输出端用平衡电抗器相连，电抗器中心抽头为逆变电路的总的输出端。图中两个三相电压型半桥 PWM 逆变电路的载波相互错开半个载波周期，图 4-31 给出了输出电压波形，谐波含量有所减小。因为电路的等效载波频率调高了 1 倍，所以输出电压中的谐波含量减小，最低次谐波的次数增大。

4.3.2　多电平逆变电路

在三相电压型半桥方波逆变电路中，以直流侧电压中点为参考点，a 相输出电压有两个电平，分别为 $U_d/2$ 和 $-U_d/2$，即当 a 相上桥臂导通时输出 $U_d/2$ 的电压，a 相下桥臂导通时输出 $-U_d/2$ 的电压，b、c 两相与 a 相类似，这种电路称为两电平逆变电路。

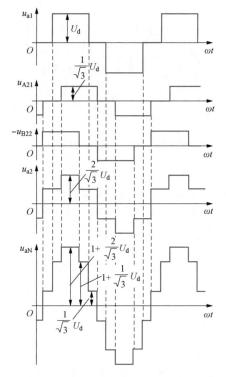

图 4 - 29　三相电压型半桥方波串联二重逆变电路的工作波形

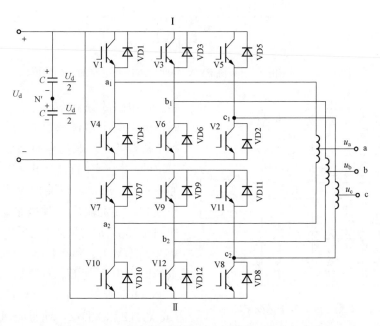

图 4 - 30　三相电压型半桥 PWM 并联二重逆变电路

1. 中点钳位多电平逆变电路

为了减少输出电压的谐波, 使其更接近正弦波, 可以让逆变电路输出的电压具有更多电平, 称为多电平逆变电路。图 4 - 32 就是一种多电平逆变电路, 称为中点钳位多电平逆变电

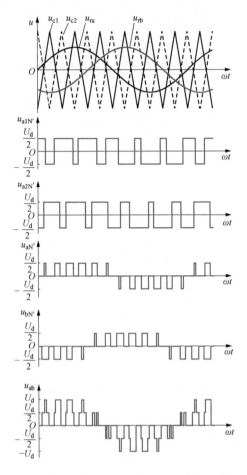

图 4 - 31　三相电压型半桥 PWM 并联二重逆变电路的工作波形

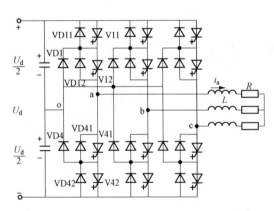

图 4 - 32　中点钳位三电平逆变电路

路。该电路的每个桥臂由两个全控型器件串联构成，两个器件都反并联了续流二极管。每个桥臂两个串联的全控型器件的中点通过钳位的二极管和直流侧电容的中点相连接。如图 4 - 33 所示，以 a 相为例，分为 3 种工作模式，分别输出三种电平。第 1 种模式，如图 4 - 33（a）所示，上桥臂导通，V11 和 V12（或 VD11 和 VD12）导通，相对于 o 点的输出电压为 $U_d/2$；第 2 种模式，如图 4 - 33（b）所示，下桥臂导通，V41 和 V42（或 VD41 和 VD42）导通，相对于 o 点的输出电压为 $-U_d/2$；第 3 种模式，如图 4 - 33（c）所示，V12 和 VD1 构成的组合导通（$i_a > 0$）或 V41 和 VD4 构成的组合导通（$i_a < 0$），相对于 o 点的输出电压为零。这 3 种模式的组合使得相对于 o 点的输出电压有三种电平，故称为三电平逆变电路。电路输出相电压和线电压的波形如图 4 - 34 所示。

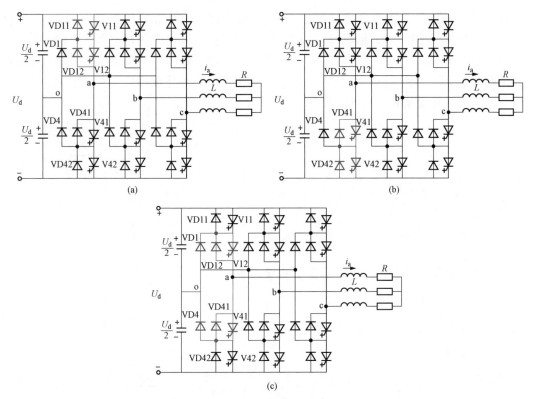

图 4-33　中点钳位三电平逆变电路 3 种工作模式
（a）上桥臂导通；（b）下桥臂导通；（c）中点电位输出

在两电平电路中，相对于直流侧中点的输出电压有 $\pm U_\mathrm{d}/2$ 两种电平，输出线电压共有 $\pm U_\mathrm{d}$ 和 0 三种电平；在三电平电路中，相对于直流侧中点的输出电压有 $\pm U_\mathrm{d}/2$ 和 0 三种电平，输出线电压共有 $\pm U_\mathrm{d}$、$\pm U_\mathrm{d}/2$ 和 0 五种电平。因此，三电平逆变电路输出电压谐波少于两电平逆变电路。三电平逆变电路每个主开关器件关断时所承受的电压仅为直流侧电压的一半，所以，这种电路更适合在高压或大容量的场合应用。除了中点钳位三电平逆变电路外，还有中点钳位五电平逆变电路、中点钳位七电平逆变电路等，其结构更为复杂，这里就不再详述。大于等于三电平的逆变电路称为多电平逆变电路。

2. H 桥串联多电平逆变电路

H 桥串联多电平逆变电路是另外一种多电平逆变电路，如图 4-35 所示，为 H 桥串联七电平逆变电路，H 桥即为单相电压型全桥方波逆变电路，通过 3 个 H 桥串联并将各桥输出电压之间相互错开一定相位之后叠加，总的输出电压波形谐波减少。在

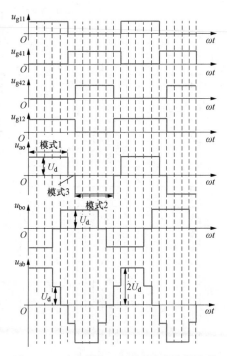

图 4-34　中点钳位三电平逆变电路的波形

各个 H 桥中直流侧是独立的电源，所以交流侧不需要隔离变压器。工作波形如图 4-36 所示，以 a 相为例，三个 H 桥输出电压移相一定角度后叠加可以得到相对于 o 点的七电平的输出相电压，即 $\pm 3U_d$、$\pm 2U_d$、$\pm U_d$ 和 0 七种电平，电平数增多使输出电压更接近于正弦波。如果每相串联更多的 H 桥电路，可得到更多电平的 H 桥串联多电平逆变电路，电平数增多，输出电压谐波含量会进一步减小。

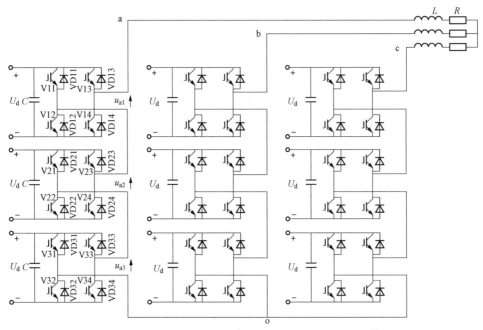

图 4-35 H 桥串联七电平逆变电路

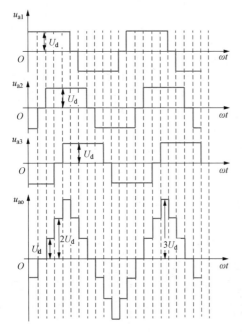

图 4-36 H 桥串联七电平逆变电路的波形

3. MMC 逆变电路

模块化多电平换流器（modular multilevel converter，MMC）是适用于高压场合的一种变换电路，通过多个模块化的换流器串联来输出多个电平来代替正弦波。可用于将直流电转化为交流电，即 MMC 逆变电路，能量由直流侧流入交流侧。就电路功能而言，MMC 电路也可将交流电转化为直流电，即 MMC 整流电路，MMC 整流电路与 MMC 逆变电路的区别是负载接到了直流侧，能量由交流侧流入直流侧，本节主要讲述 MMC 逆变电路，用相同的方法也可以分析 MMC 整流电路的工作原理。

MMC 逆变电路拓扑如图 4-37 所示。每相由上、下桥臂组成，每个桥臂由 N 个相同的子模块（SM_i）串联组成，子模块可以是半桥结构，由 IGBT（V1 和 V2）与反并联二极管（VD1 和 VD2）构成，也可以是全桥结构，由 IGBT（V1~

V4）与反并联二极管（VD1～VD4）构成。u_{Ci} 和 i_{Ci} 分别为第 i 个子模块的电容电压和直流侧电流，u_{SMi} 和 i_{SMi} 分别为第 i 个子模块的端口电压和电流，C_i 为第 i 个子模块的电容值。上、下桥臂分别串联抑制环流用的电感，电感量为 L。令 $k=$a，b，c，u_{pk} 和 i_{pk} 分别为 MMC 逆变电路各相上桥臂电压和电流，u_{nk} 和 i_{nk} 分别为 MMC 逆变电路各相下桥臂电压和电流；i_d 为 MMC 逆变电路直流侧电流，u_d 为 MMC 逆变电路直流侧电压。

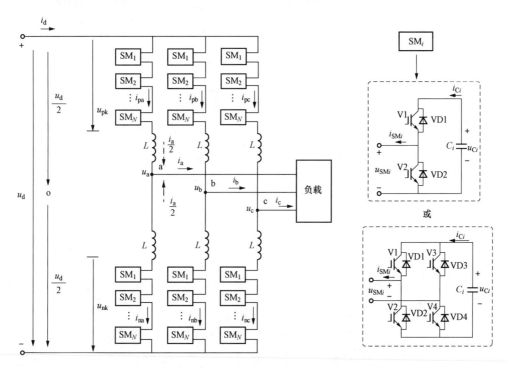

图 4-37　MMC 逆变电路及子模块拓扑

以半桥子模块为例，根据子模块中 IGBT 的导通与关断状态，每个子模块可有投入状态、切除状态和闭锁状态 3 种工作状态。各种状态下电流的流经路径如图 4-38 所示。在投入状态中，V1 被驱动，当 i_{SMi} 为正时 V1 导通，当 i_{SMi} 为负时 VD1 导通；在切除状态中，V2 被驱动，当 i_{SMi} 为正时 VD2 导通，当 i_{SMi} 为负时 V2 导通；在闭锁状态中，V1、V2 都关断，当 i_{SMi} 为正时 VD2 导通，当 i_{SMi} 为负时 VD1 导通。

图 4-39 给出了 MMC 逆变电路等效电路图，将上、下桥臂等效为电压源。

在忽略电容电压波动及上、下桥臂环流时，则上、下桥臂电压 u_{pk} 与 u_{nk} 的关系为

$$u_{pk}+u_{nk}=u_d \tag{4-4}$$

直流侧电压恒定时，每个时刻各相开通的子模块数量相同，且等于单个桥臂上总的子模块个数 N，也是该相单元中全部子模块数 $2N$ 的一半，即

$$N_{pk}+N_{nk}=N \tag{4-5}$$

其中，N_{pk} 为上桥臂开通的子模块数量，N_{nk} 为下桥臂开通的子模块数量。如果每个子模块电容电压相等且都等于 u_{Ci}，可得

$$u_{Ci}=\frac{u_d}{N_{pk}+N_{nk}}=\frac{u_d}{N} \tag{4-6}$$

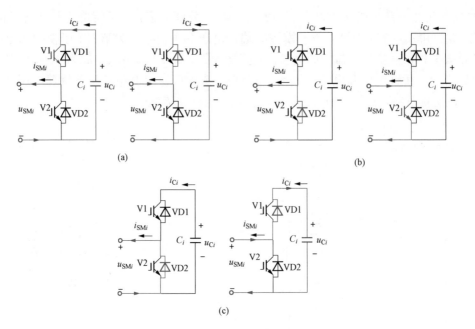

图 4 - 38　MMC 逆变电路子模块三种工作状态

（a）投入状态；（b）切除状态；（c）闭锁状态

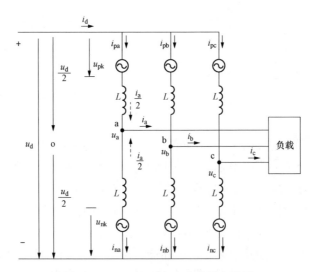

图 4 - 39　MMC 逆变电路等效电路图

MMC 逆变电路正常运行时通过对各相上、下桥臂中处于投入状态的子模块数的分配来调节上、下桥臂电压，从而实现逆变电路交流侧端口电压 u_a、u_b 和 u_c 为多电平波形。由于 MMC 逆变电路中三相之间及每相上、下桥臂之间都相互对称，因此直流侧电流 i_d 在三相间均分，每个相单元中直流电流为 $i_d/3$，各相的交流电流在上、下桥臂间也被均分。可以得到各相上、下桥臂电流为

$$\begin{cases} i_{pk} = \dfrac{1}{3} i_d + \dfrac{1}{2} i_k \\ i_{nk} = \dfrac{1}{3} i_d - \dfrac{1}{2} i_k \end{cases} \tag{4-7}$$

图中 k（k＝a,b,c）相交流电源侧电流 i_k 表示为

$$i_k = i_{pk} - i_{nk} \tag{4-8}$$

k 相上桥臂和下桥臂电压分别为

$$\begin{cases} \dfrac{u_d}{2} - u_{pk} = u_k + L \dfrac{di_{pk}}{dt} \\ \dfrac{u_d}{2} - u_{nk} = -u_k + L \dfrac{di_{nk}}{dt} \end{cases} \tag{4-9}$$

由式（4-8）和式（4-9）可得

$$u_k = \dfrac{u_{nk} - u_{pk}}{2} - \dfrac{L}{2} \dfrac{di_k}{dt} \tag{4-10}$$

由式（4-10）可知，控制上、下桥臂电压 u_{pk} 和 u_{nk} 可使得 i_k 和 u_k 反相位，将直流电能转变为交流电能。MMC 逆变电路的波形如图 4-40 所示，电压由多个台阶构成，台阶由每个子模块产生，多个台阶的电压谐波含量较小。例如 N＝20，在任一时刻都要满足上桥臂开通子模块个数和下桥臂开通子模块个数的和为 N，由式（4-10）可得上桥臂电压为 $u_d/2 - u_k$，下桥臂电压为 $u_d/2 + u_k$。

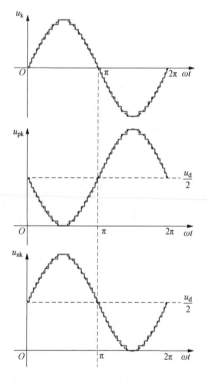

图 4-40　MMC 逆变电路的波形

4. 多电平逆变电路的 PWM 调制

在多电平逆变电路中也常用 PWM 调制的方式，常用的适合多电平 PWM 调制的方法有载波移相法和载波层叠法，如图 4-41 所示。

在图 4-41（a）中，载波移相 PWM 调制法采用 N 个幅值、频率相同而相位互差 $2\pi/N$ 的三角载波与同一个调制波比较，生成 PWM 脉冲，分别驱动 N 个子模块单元中电力电子器件的开通与关断，将子模块单元输出电压叠加，合成总的输出电压波形。通过载波移相能增大输出波形等效开关频率，达到消除输出电压谐波的目的。以 H 桥串联七电平逆变电路 a 相电压调整为例，当采用单极性调制时，三组载波和三组取反的载波分别与正弦波进行调制，生成三组脉冲，每一组脉冲用于驱动一个 H 桥电路，三个串联的 H 桥电路输出电压叠加就得到了 a 相电压 u_{aN}，其等效开关频率增大，谐波含量减少。在图 4-41（b）中，在载波层叠 PWM 调制方法中，六组载波构成分层的载波后与正弦波进行调制，生成三组脉冲，每一组脉冲用于驱动一个 H 桥电路，三个串联的 H 桥电路输出电压叠加就得到了 a 相电压 u_{aN}，其谐波含量减少。

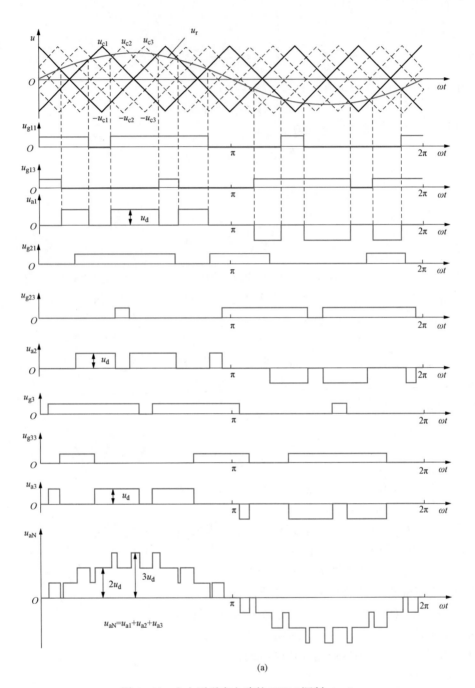

(a)

图 4-41 七电平逆变电路的 PWM 调制（一）

（a）载波移相法

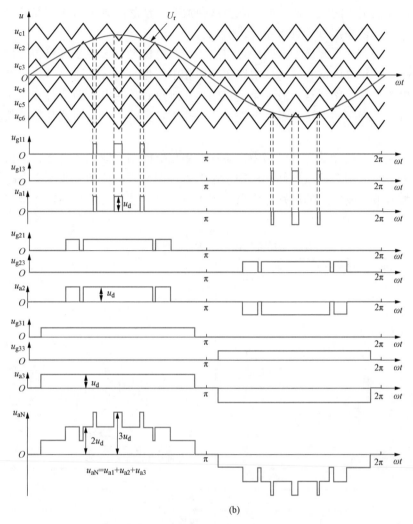

(b)

图 4 - 41　七电平逆变电路的 PWM 调制（二）

（b）载波层叠法

本章小结

　　本章讲述了有源逆变和无源逆变及其相关的一些问题，包括相控有源逆变电路、PWM 有源逆变电路、方波无源逆变电路和 PWM 调制的无源逆变电路，在此基础上讲述了大功率或高压逆变电路。

　　（1）相控有源逆变是在相控整流电路满足一定条件下实现的，将直流电能逆变成交流电能注入交流电网中，在电力系统中应用广泛；控制 PWM 有源逆变电路输出电压或者输出电流的基波幅值和相位，可以将直流电能逆变成交流电能注入交流电网中。

　　（2）换流方式包含器件换流、电网换流、强迫换流和负载换流，4 种换流方式的原理和特点是重点内容，器件换流是针对应用全控型器件的电路而言的，其他 3 种换流方式是针对应用半控型器件晶闸管的电路而言的。在负载换流时，使晶闸管关断的过程、负载换流条件及无功能量交换原理是本节的难点。

（3）在电压型方波无源逆变电路中，讲述了单相电压型方波逆变电路和三相电压型半桥方波逆变电路。单相电压型方波逆变电路包含单相电压型半桥方波逆变电路和单相电压型全桥方波逆变电路，其电路特点和波形是重点内容，难点是单相电压型全桥方波逆变电路的移相调压控制方法；在三相电压型半桥方波逆变电路中，负载电压波形及其傅里叶级数表达式是重点内容。

（4）在电流型方波无源逆变电路中，讲述了单相电流型方波逆变电路和三相电流型方波逆变电路，均分为应用全控型器件和应用半控型器件两类。电流型方波逆变电路的换流方式以及与电压型方波逆变电路的区别是本节学习重点。电压型逆变电路和电流型逆变电路特点对比见表 4 - 5。

表 4 - 5　　　　　　　　　　　电压型逆变电路与电流型逆变电路的对比

电压型逆变电路	电流型逆变电路
（电路图）	（电路图）
直流侧为电压源或大电容	直流侧为电流源或大电感
输出电压受控	输出电流受控
纵向换流	横向换流
整体负载呈感性	整体负载呈容性
直流侧电容与阻感负载交换无功能量	阻感负载与并联电容进行无功能量的交换后，呈容性的整体负载与直流侧电感交换无功能量
需要反并联二极管	不需要反并联二极管

（5）PWM 逆变电路基本原理与 PWM 整流电路相近，本章没有再详述，主要给出了 PWM 逆变电路的谐波分析和提高直流电压利用率的方法。

（6）常用的大功率或高电压逆变电路有多重逆变电路和多电平逆变电路。方波多重化逆变电路减小了输出电压的谐波含量，PWM 逆变电路多重化可提高逆变电路等效开关频率，多电平逆变电路增加输出电压的电平数，减小了谐波含量。

 习题及思考题

1. 相控整流电路工作在有源逆变状态的条件是什么？

2. 什么是相控有源逆变失败？相控有源逆变失败的原因有哪些？

3. 换流方式有哪几种？各自特点是什么？

4. 在换流方式中，不能改变逆变电路输出波形的基波频率（波形展开成傅里叶级数时 $n=1$）的换流方式是哪个，为什么？

5. 什么是电压型逆变电路？什么是电流型逆变电路？二者各有什么特点？

6. 电压型逆变电路同一相上、下两个桥臂中的器件的驱动信号设置死区时间（又称闭锁时间）的原因是什么？电流型逆变电路同一相上、下两个桥臂中的器件的驱动信号是否需要设置死区时间，为什么？

7. 电压型逆变电路带阻感负载时，全控型器件需反并联续流二极管（反馈二极管），而电流型逆变电路则不需要该反并联二极管，试说明原因。

8. 什么是逆变电路的多重化？采用多重化的目的是什么？

9. 多电平逆变电路的优点是什么？适用于什么场合？

10. 在电压型 SPWM 逆变电路的控制中，采用双极性异步调制方式，当载波比 N 为 50，调制波频率为 50 Hz 时，单相电压型全桥 PWM 逆变电路输出电压中含有哪些谐波？幅值最大、影响最大的是哪次谐波？三相电压型半桥 PWM 逆变电路输出线电压中含有哪些谐波？幅值较大的几次谐波的频率分别为多少？

11. 在三相电压型半桥方波逆变电路中，直流侧电压 $U_d=300\mathrm{V}$，带阻感负载，采用 180°导电方式，负载中点为 N，要求：

（1）画出 a、b 相的线电压 u_{ab}、a 相输出相电压 u_{aN} 和 a 相负载电流 i_a 的波形。

（2）求该电路输出相电压有效值 U_{aN}、相电压中 5 次谐波电压有效值和相电压中 7 次谐波电压有效值。

（3）求该电路输出线电压有效值 U_{ab}、线电压中 5 次谐波电压有效值和线电压中 7 次谐波电压有效值。

12. 试画出三相电压型半桥方波串联二重逆变电路及输出相电压的波形。

13. 试画出 H 桥串联七电平逆变电路及输出相电压的波形。

第 5 章 交流 - 交流变换电路

[思维导图]

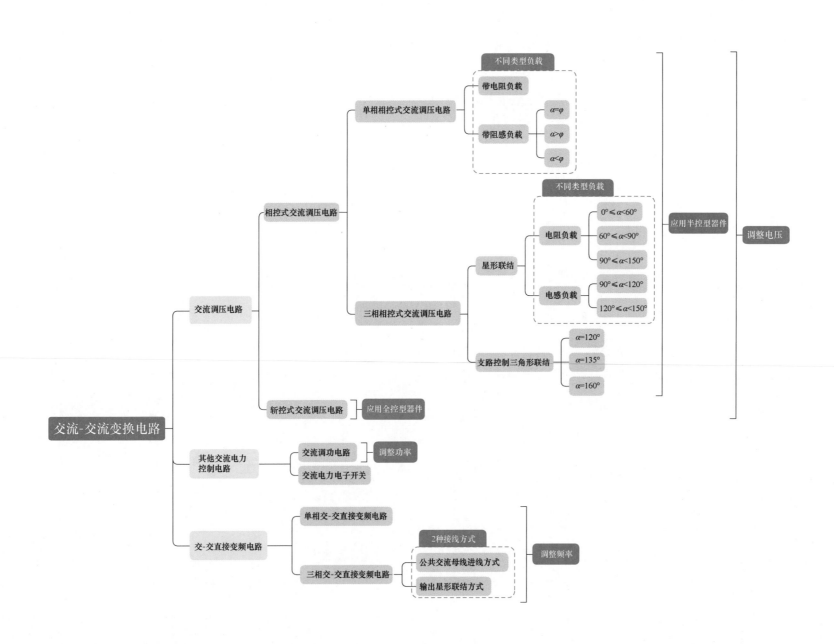

交流-交流变换电路（AC-AC converter）是把一种形式的交流电变换成另一种形式的交流电的电路，它可以是电压幅值、频率和相数的变换，本章介绍典型的交流-交流变换电路，包含调压电路、调功电路、交流电力电子开关和交-交变频电路。其中调压电路、调功电路和交流电力电子开关等，不改变频率的电路也称为交流电力控制电路。

5.1　交流调压电路

交流调压电路不改变输出交流电压的频率，仅改变输出交流电压的大小，广泛用于灯光控制、异步电机的软启动及调速、电力系统无功补偿等场合。按照开关器件的性质划分，交流调压电路可分为相控式交流调压电路和斩控式交流调压电路，按照相数划分，交流调压电路分为单相交流调压电路和三相交流调压电路。

5.1.1　相控式交流调压电路

1. 单相相控式交流调压电路

（1）带电阻负载。图 5-1 为单相相控式交流调压电路带电阻负载时的电路图，图中两个晶闸管反并联后串联在交流电路中，通过对晶闸管触发脉冲的相位的控制可以控制交流输出电压，故称为相控式交流调压电路。应用分时段线性电路的分析方法可以得出单相相控式交流调压电路带电阻负载时的工作过程，可分为 4 个区间，如图 5-2（a）、（b）和（c）所示，波

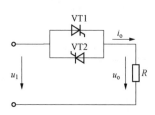

图 5-1　单相相控式交流
调压电路带电阻负载

形图如图 5-2（d）所示，表 5-1 为单相相控式交流调压电路带电阻负载时各区间的工作情况。通过输出电压波形可知输出电压基波幅值随着触发角的变化而变化，可以实现连续调压，但是由波形可知输出电压中含有低次谐波。

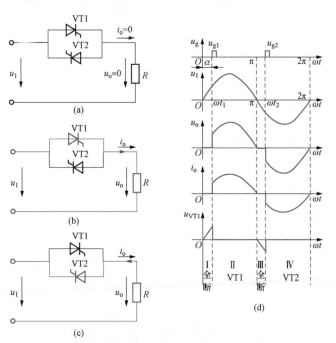

图 5-2　单相相控式交流调压电路带电阻负载时的电路及其波形
（a）区间Ⅰ、Ⅲ电路；（b）区间Ⅱ电路；（c）区间Ⅳ电路；（d）波形图

表 5 - 1　　　　　　　　　　单相相控式交流调压电路带电阻负载时的工作情况

区间	I	II	III	IV
ωt	$0 \sim \omega t_1$	$\omega t_1 \sim \pi$	$\pi \sim \omega t_2$	$\omega t_2 \sim 2\pi$
晶闸管导通情况	全关断	VT1 导通，VT2 关断	全关断	VT1 关断，VT2 导通
电路图	图 5 - 2（a）	图 5 - 2（b）	图 5 - 2（a）	图 5 - 2（c）
负载电压 u_o	0	u_1	0	u_1
负载电流 i_o	u_o/R			
晶闸管两端电压 u_{VT1}	u_1	0	u_1	0
输出电压有效值 U_o	$\sqrt{\dfrac{1}{\pi}\displaystyle\int_\alpha^\pi (\sqrt{2}U_1 \sin\omega t)^2 \mathrm{d}(\omega t)} = U_1 \sqrt{\dfrac{1}{2\pi}\sin 2\alpha + \dfrac{\pi-\alpha}{\pi}}$（$U_1$ 为交流电源电压有效值）			
流过晶闸管的电流有效值 I_{VT}	$\sqrt{\dfrac{1}{2\pi}\displaystyle\int_\alpha^\pi \left(\dfrac{\sqrt{2}U_1 \sin\omega t}{R}\right)^2 \mathrm{d}(\omega t)} = \dfrac{U_1}{R}\sqrt{\dfrac{1}{2}\left(1-\dfrac{\alpha}{\pi}+\dfrac{\sin 2\alpha}{2\pi}\right)}$			
功率因数 λ	$\lambda = \dfrac{P}{S} = \dfrac{U_\mathrm{o} I_\mathrm{o}}{U_1 I_\mathrm{o}} = \sqrt{\dfrac{\sin 2\alpha}{2\pi} + \dfrac{\pi-\alpha}{\pi}}$			

交流调压电路可以实现输出电压的连续调节，但输出电压中含有低次谐波，对负载电压 u_o 展开成傅里叶级数

$$u_\mathrm{o}(\omega t) = \sum_{n=1,3,5,\cdots}^{\infty}(a_n \cos n\omega t + b_n \sin n\omega t) \tag{5-1}$$

式中，$a_1 = \dfrac{\sqrt{2}U_1}{2\pi}(\cos 2\alpha - 1)$，$b_1 = \dfrac{\sqrt{2}U_1}{2\pi}[\sin 2\alpha + 2(\pi - \alpha)]$，

$$a_n = \frac{\sqrt{2}U_1}{\pi}\left\{\frac{1}{n+1}[\cos(n+1)\alpha - 1] - \frac{1}{n-1}[\cos(n-1)\alpha - 1]\right\} \quad (n=3,\ 5,\ 7,\ \cdots)$$

$$b_n = \frac{\sqrt{2}U_1}{\pi}\left[\frac{1}{n+1}\sin(n+1)\alpha - \frac{1}{n-1}\sin(n-1)\alpha\right] \quad (n=3,\ 5,\ 7,\ \cdots)$$

由式（5-1）可知，输出电压 u_o 中含奇次谐波，随着谐波次数的增加，谐波幅值减小。

（2）带阻感负载。图 5 - 3 为单相相控式交流调压电路带阻感负载时的电路图。设负载的阻抗角为 $\varphi = \arctan(\omega L/R)$。在 $\omega t = \alpha$ 的时刻开通晶闸管 VT1，负载电流 i_o 应该满足式（5-2）所示微分方程和初始条件

$$L\frac{\mathrm{d}i_\mathrm{o}}{\mathrm{d}t} + Ri_\mathrm{o} = \sqrt{2}U_1 \sin\omega t \qquad i_\mathrm{o}\big|_{\omega t=\alpha} = 0 \tag{5-2}$$

解该方程可得

$$i_\mathrm{o} = \frac{\sqrt{2}U_1}{\sqrt{(\omega L)^2 + R^2}}\left[\sin(\omega t - \varphi) - \sin(\alpha - \varphi)\mathrm{e}^{\frac{\alpha-\omega t}{\tan\varphi}}\right] \qquad \alpha \leqslant \omega t \leqslant \alpha + \theta \tag{5-3}$$

其中 $\dfrac{\sqrt{2}U_1}{\sqrt{(\omega L)^2 + R^2}}\sin(\omega t - \varphi)$ 为稳态分量，$\dfrac{\sqrt{2}U_1}{\sqrt{(\omega L)^2 + R^2}}\sin(\alpha - \varphi)\mathrm{e}^{\frac{\alpha-\omega t}{\tan\varphi}}$ 为暂态分量，设晶闸管导通角度为 θ。

利用边界条件：$\omega t = \alpha + \theta$ 时，$i_o = 0$，可得

$$\sin(\alpha + \theta - \varphi) = \sin(\alpha - \varphi) e^{\frac{-\theta}{\tan\varphi}} \qquad (5-4)$$

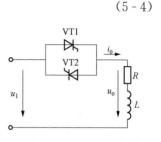

在该电路工作过程中，输出电压给电感充放电，由上式可知，当 $\alpha = \varphi$ 时导通角 $\theta = \pi$，当 $\alpha > \varphi$ 时导通角 $\theta < \pi$，当 $\alpha < \varphi$ 时导通角 $\theta > \pi$。

当 $\alpha = \varphi$ 时，相当于将晶闸管换成二极管，输出电压和负载电流均为正弦波，且电流滞后于电压 φ 角度。

当 $\alpha > \varphi$ 时，应用分时段线性电路的分析方法可以得出单相相控式交流调压电路带阻感负载时的工作过程，也可分为 4 个区间，如图 5-4（a）、（b）和图 5-4（c）所示，波形图如图 5-4（d）所示，表 5-2 为单相相控式交流调压电路带阻感负载时的各区间的工作情况。

图 5-3 单相相控式交流调压电路带阻感负载

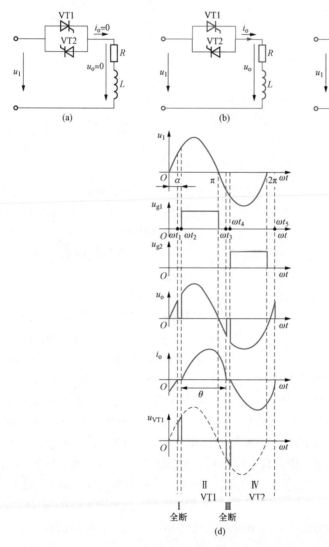

图 5-4 单相相控式交流调压电路带阻感负载时的电路及其波形（$\alpha > \varphi$）
(a) 区间Ⅰ、Ⅲ电路；(b) 区间Ⅱ电路；(c) 区间Ⅳ电路；(d) 波形图

表 5 - 2 单相相控式交流调压电路带阻感负载时的工作情况 （$\alpha > \varphi$）

区间	I	II	III	IV
ωt	$\omega t_1 \sim \omega t_2$	$\omega t_2 \sim \omega t_3$	$\omega t_3 \sim \omega t_4$	$\omega t_4 \sim \omega t_5$
晶闸管导通情况	全关断	VT1 导通，VT2 关断	全关断	VT1 关断，VT2 导通
电路图	图 5 - 4 (a)	图 5 - 4 (b)	图 5 - 4 (a)	图 5 - 4 (c)
负载电压 u_o	0	u_1	0	u_1
晶闸管两端电压 u_{VT1}	u_1	0	u_1	0
输出电压有效值 U_o	$U_o = \sqrt{\dfrac{1}{\pi}\displaystyle\int_{\alpha}^{\alpha+\theta}(\sqrt{2}U_1\sin\omega t)^2 d(\omega t)} = U_1\sqrt{\dfrac{\theta}{\pi}+\dfrac{1}{2\pi}[\sin 2\alpha - \sin(2\alpha + 2\theta)]}$			
流过晶闸管的电流有效值 I_{VT}	$I_{VT} = \sqrt{\dfrac{1}{2\pi}\displaystyle\int_{\alpha}^{\alpha+\theta}\left\{\dfrac{\sqrt{2}U_1}{\sqrt{(\omega L)^2 + R^2}}\left[\sin(\omega t - \varphi) - \sin(\alpha - \varphi)e^{\frac{\alpha - \omega t}{\tan\varphi}}\right]\right\}^2 d(\omega t)}$ $= \dfrac{U_1}{\sqrt{2\pi}\,\sqrt{(\omega L)^2 + R^2}}\sqrt{\theta - \dfrac{\sin\theta\cos(2\alpha + \varphi + \theta)}{\cos\varphi}}$			
负载电流有效值 I_o	$I_o = \sqrt{2}I_{VT}$			

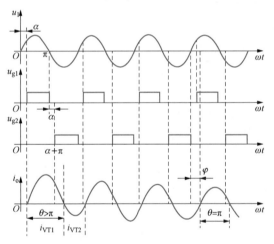

图 5 - 5 单相相控式交流调压电路
带阻感负载时的波形（$\alpha < \varphi$）

当 $\alpha < \varphi$ 时，如图 5 - 5 所示，在 $\omega t = \alpha$ 的时刻 VT1 导通，VT1 的导通角 $\theta > \pi$，导致当 $\omega t = \pi + \alpha$ 的时刻触发 VT2 时，VT1 仍然流过负载电流 i_o，且 i_o 尚未过零，VT1 继续导通，直到 i_o 过零后 VT1 关断，VT2 的宽脉冲仍然存在，使得 VT2 导通，也就是 VT1 提前开通使得负载电感过充电，使得放电时间也增大，最终 VT1 的导通角 $\theta > \pi$，VT1 结束导电时刻大于 $\pi + \varphi$，占据了 VT2 导通的时间，相当于 VT2 触发脉冲后移了，VT2 的充电时间和放电时间均变小，VT2 的导通角小于 π。这种情况下，式（5 -3）仍然适用，只是 $\alpha \leqslant \omega t \leqslant \alpha + \theta$ 变为 $\alpha \leqslant \omega t \leqslant \infty$，负载电流无断流区间，该电路从 $\omega t = \alpha(\alpha < \varphi)$ 时刻导通后，输出电流由正弦稳态分量和按指数衰减的分量构成，由式（5 -3）可知，两个器件 VT1 和 VT2 导通角度之和大于 2π。随着时间推移，按指数衰减的分量逐渐变为零，最后输出电流中只含正弦分量，电路运行结果与 $\alpha = \varphi$ 情况相同。该过程已经无法通过触发角来控制电路的输出电压值，所以在应用时防止 $\alpha < \varphi$ 的情况出现。

单相相控式交流调压电路带阻感负载时，输出电压 u_o 可以应用带电阻时的分析方法求解，只是公式复杂一些，但谐波次数与带电阻负载时相同，也含有奇次谐波，随着谐波次数的增加，谐波幅值减小。

2. 三相相控式交流调压电路

根据三相联结形式的不同，三相相控式交流调压电路具有多种电路形式，常用的两种形式为星形联结和支路控制三角形联结，如图 5 - 6 所示。以下分别介绍这两种电路的基本工作原理。

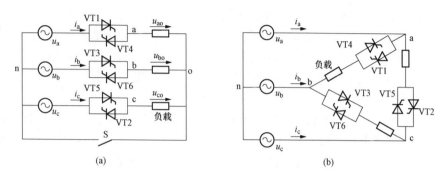

图 5 - 6　三相相控式交流调压电路
(a) 星形联结；(b) 支路控制三角形联结

(1) 星形联结。如图 5 - 6 所示，星形联结电路可分为三相三线和三相四线两种情况。在三相四线时，图 5 - 6 (a) 中开关 S 闭合，相当于三个独立的单相相控式交流调压电路的组合，a、b、c 三相互相错开 120°工作，单相相控式交流调压电路的工作原理均适用于这个电路。在三相三线时，开关 S 关断，三个单相相控式交流调压电路之间不独立，任一相在导通时必须和另一相构成回路，回路中有两个晶闸管导通，因为可能出现电流断续的情况，所以需要采用双脉冲或宽脉冲触发，a、b、c 三相的触发脉冲依次相差 120°，同一相的两个反并联晶闸管触发脉冲互补，因此，与相控型三相桥式全控整流电路一样，VT1～VT6 依次被触发，触发脉冲依次相差 60°。以下介绍三相三线星形联结的三相相控式交流调压电路的工作原理。

当负载为电阻时，如果用二极管代替晶闸管，可以看出，两个反并联二极管在正负电压时都可以导通，可以认为反并联二极管被短路，a、b、c 三相电源和负载都对称，所以相电压过零时二极管开始导通，因此把相电压过零点定为触发角 α 的起始点。三相三线电路中，两相之间是靠线电压导通的，而线电压超前于相电压 30°，在线电压过零（180°−30°＝150°）后触发脉冲就失去了作用，因此触发角 α 的移相范围为 0°～150°。

触发角不同，在任一时刻可能出现各相各有一个晶闸管导通的情况，也可能出现其中两相的晶闸管导通、另一相不导通的情况。根据任一时刻导通晶闸管的个数，可将 0°～150°的移相范围分为三段，以下分别介绍三段范围内的工作过程及其波形图。

当 0°≤α<60°时，ωt＝α 的时刻触发晶闸管，触发脉冲持续到 180°前，每个晶闸管导通角度为 180°−α，此时电路处于三个晶闸管导通与两个晶闸管导通交替的状态（但 α＝0°时一直是三个晶闸管导通）。以 α＝30°为例，三相三线星形联结的三相相控式交流调压电路带电阻负载时的工作过程如下。

1) 根据晶闸管 VT1～VT6 导通和关断的时序，将电路工作过程分为 12 个线性电路工作区间，分别是区间 I 至区间 XII。

2) 区间 I：u_a＞u_c＞u_b，VT1、VT5 和 VT6 被触发而导通，其他晶闸管关断，电路如

图 5-7（a）所示，三相电压对称，故 o 点与 n 点等电位，u_{on} 为零，a 相负载电压 $u_{ao}=u_a$，晶闸管 VT1 两端电压 u_{VT1} 为零。电压波形如图 5-7（m）中区间 Ⅰ 内所示。

区间 Ⅱ：$u_a>u_c>u_b$，VT1 和 VT6 被触发而导通，其他晶闸管关断，上一区间结束时刻 o 点与 n 点等电位，$u_{co}=u_c$，$i_c=u_{co}/R=0$，所以 VT5 关断，当 VT1 和 VT6 导通后，o 点与 n 点之间电压 $u_{on}=(u_a+u_b)/2$，在该区间内 $u_{VT5}=u_c-u_{on}=u_c-(u_a+u_b)/2<0$，VT5 的触发脉冲失去作用，所以 VT5 的触发脉冲持续到 $u_c=0$ 时刻前即可（即触发脉冲持续到 180°前），电路如图 5-7（b）所示，a 相负载电压 $u_{ao}=u_{ab}/2$，负载中点 o 与电源中点 n 之间的电压 $u_{on}=(u_a+u_b)/2$，晶闸管 VT1 两端电压 u_{VT1} 为零。电压波形如图 5-7（m）中区间 Ⅱ 内所示。

区间 Ⅲ：$u_a>u_b>u_c$，VT1、VT2 和 VT6 被触发而导通，其他晶闸管关断，电路如图 5-7（c）所示，三相电压对称，故 o 点与 n 点等电位，u_{on} 为零，a 相负载电压 $u_{ao}=u_a$，晶闸管 VT1 两端电压 u_{VT1} 为零。电压波形如图 5-7（m）中区间 Ⅲ 内所示。

区间 Ⅳ：$u_a>u_b>u_c$，VT1 和 VT2 被触发而导通，其他晶闸管关断，上一区间结束时刻 o 点与 n 点等电位，$u_{bo}=u_b$，$i_b=u_{bo}/R=0$，所以 VT6 关断，当 VT1 和 VT2 导通后，o 点与 n 点之间电压 $u_{on}=(u_a+u_c)/2$，在该区间内 $u_{VT6}=u_{on}-u_b=(u_a+u_c)/2-u_b<0$，VT6 的触发脉冲失去作用，所以 VT6 的触发脉冲持续到 $u_b=0$ 时刻前即可（即触发脉冲持续到 180°前），电路如图 5-7（d）所示，a 相负载电压 $u_{ao}=u_{ac}/2$，负载中点 o 与电源中点 n 之间的电压 $u_{on}=(u_a+u_c)/2$，晶闸管 VT1 两端电压 u_{VT1} 为零。电压波形如图 5-7（m）中区间 Ⅳ 内所示。

区间 Ⅴ：$u_b>u_a>u_c$，VT1、VT2 和 VT3 被触发而导通，其他晶闸管关断，电路如图 5-7（e）所示，三相电压对称，故 o 点与 n 点等电位，u_{on} 为零，a 相负载电压 $u_{ao}=u_a$，晶闸管 VT1 两端电压 u_{VT1} 为零。电压波形如图 5-7（m）中区间 Ⅴ 内所示。

区间 Ⅵ：$u_b>u_a>u_c$，VT2 和 VT3 被触发而导通，其他晶闸管关断，上一区间结束时刻 o 点与 n 点等电位，$u_{ao}=u_a$，$i_a=u_{ao}/R=0$，所以 VT1 关断，当 VT2 和 VT3 导通后，o 点与 n 点之间电压 $u_{on}=(u_b+u_c)/2$，在该区间内 $u_{VT1}=u_a-u_{on}=u_a-(u_b+u_c)/2<0$，VT1 的触发脉冲失去作用，所以 VT1 的触发脉冲持续到 $u_a=0$ 时刻前即可（即触发脉冲持续到 180°前），电路如图 5-7（f）所示，a 相负载电压 u_{ao} 为零，负载中点 o 与电源中点 n 之间的电压 $u_{on}=(u_b+u_c)/2$，所以晶闸管 VT1 两端电压 $u_{VT1}=u_a-u_{on}=u_a-(u_b+u_c)/2$。电压波形如图 5-7（m）中区间 Ⅵ 内所示。

区间 Ⅶ：$u_b>u_c>u_a$，VT2、VT3 和 VT4 被触发而导通，其他晶闸管关断，电路如图 5-7（g）所示，三相电压对称，故 o 点与 n 点等电位，u_{on} 为零，a 相负载电压 $u_{ao}=u_a$，晶闸管 VT1 两端电压 u_{VT1} 为零。电压波形如图 5-7（m）中区间 Ⅶ 内所示。

区间 Ⅷ：$u_b>u_c>u_a$，VT3 和 VT4 被触发而导通，其他晶闸管关断，上一区间结束时刻 o 点与 n 点等电位，$u_{co}=u_c$，$i_c=u_{co}/R=0$，所以 VT2 关断，当 VT3 和 VT4 导通后，o 点与 n 点之间电压 $u_{on}=(u_a+u_b)/2$，在该区间内 $u_{VT2}=u_{on}-u_c=(u_a+u_b)/2-u_c<0$，VT2 的触发脉冲失去作用，所以 VT2 的触发脉冲持续到 $u_c=0$ 时刻前即可（即触发脉冲持续到 180°前），电路如图 5-7（h）所示，a 相负载电压 $u_{ao}=u_{ab}/2$，负载中点 o 与电源中点 n 之间的电压 $u_{on}=(u_a+u_b)/2$，晶闸管 VT1 两端电压 u_{VT1} 为零。电压波形如图 5-7（m）中区间 Ⅷ 内所示。

区间Ⅸ：$u_c > u_b > u_a$，VT3、VT4 和 VT5 被触发而导通，其他晶闸管关断，电路如图 5 - 7 (i) 所示，三相电压对称，故 o 点与 n 点等电位，u_{on} 为零，a 相负载电压 $u_{ao} = u_a$，晶闸管 VT1 两端电压 u_{VT1} 为零。电压波形如图 5 - 7（m）中区间Ⅸ内所示。

区间Ⅹ：$u_c > u_b > u_a$，VT4 和 VT5 被触发而导通，其他晶闸管关断，上一区间结束时刻 o 点与 n 点等电位，$u_{bo} = u_b$，$i_b = u_{bo}/R = 0$，所以 VT3 关断，当 VT4 和 VT5 导通后，o 点与 n 点之间电压 $u_{on} = (u_a + u_c)/2$，在该区间内 $u_{VT3} = u_b - u_{on} = u_b - (u_a + u_c)/2 < 0$，VT3 的触发脉冲失去作用，所以 VT3 的触发脉冲持续到 $u_b = 0$ 时刻前即可（即触发脉冲持续到 180°前），电路如图 5 - 7 (j) 所示，a 相负载电压 $u_{ao} = u_{ac}/2$，负载中点 o 与电源中点 n 之间的电压 $u_{on} = (u_a + u_c)/2$，晶闸管 VT1 两端电压 u_{VT1} 为零。电压波形如图 5 - 7（m）中区间Ⅹ内所示。

区间Ⅺ：$u_c > u_a > u_b$，VT4、VT5 和 VT6 被触发而导通，其他晶闸管关断，电路如图 5 - 7 (k) 所示，三相电压对称，故 o 点与 n 点等电位，u_{on} 为零，a 相负载电压 $u_{ao} = u_a$，晶闸管 VT1 两端电压 u_{VT1} 为零。电压波形如图 5 - 7（m）中区间Ⅺ内所示。

区间Ⅻ：$u_c > u_a > u_b$，VT5 和 VT6 被触发而导通，其他晶闸管关断，上一区间结束时刻 o 点与 n 点等电位，$u_{ao} = u_a$，$i_a = u_{ao}/R = 0$，所以 VT4 关断，当 VT5 和 VT6 导通后，o 点与 n 点之间电压 $u_{on} = (u_b + u_c)/2$，在该区间内 $u_{VT4} = u_{on} - u_a = (u_b + u_c)/2 - u_a < 0$，VT4 的触发脉冲失去作用，所以 VT4 的触发脉冲持续到 $u_a = 0$ 时刻前即可（即触发脉冲持续到 180°前），电路如图 5 - 7 (l) 所示，a 相负载电压 u_{ao} 为零，负载中点 o 与电源中点 n 之间的电压 $u_{on} = (u_b + u_c)/2$，所以晶闸管 VT1 两端电压 $u_{VT1} = u_a - u_{on} = u_a - (u_b + u_c)/2$。电压波形如图 5 - 7（m）中区间Ⅻ内所示。

$\alpha = 30°$ 时，三相三线星形联结的三相相控式交流调压电路带电阻负载时的一个工频周期波形如图 5 - 7（m）所示，后面工频周期如此循环地工作下去。表 5 - 3 为三相三线星形联结的三相相控式交流调压电路带电阻负载时的各区间的工作情况（$\alpha = 30°$）。

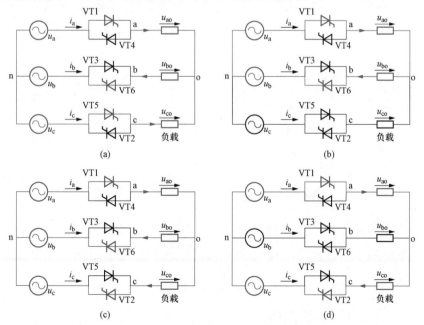

图 5 - 7　三相三线星形联结的三相相控式交流调压电路带电阻负载时的电路及其波形（$\alpha = 30°$）（一）

(a) 区间Ⅰ电路；(b) 区间Ⅱ电路；(c) 区间Ⅲ电路；(d) 区间Ⅳ电路

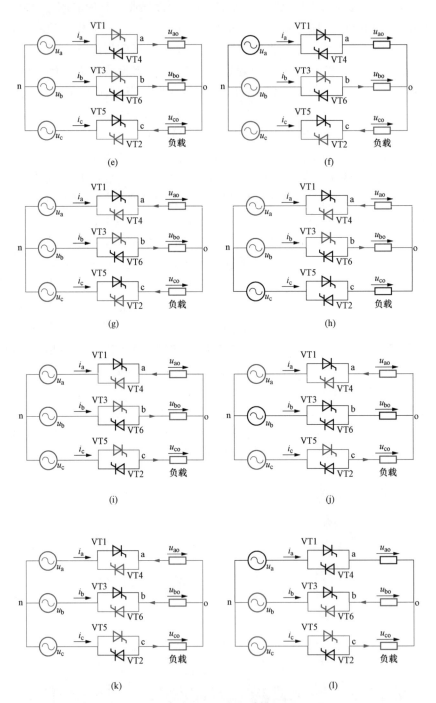

图 5 - 7 三相三线星形联结的三相相控式交流调压电路带电阻负载时的电路及其波形（$\alpha=30°$）（二）
(e) 区间Ⅴ电路；(f) 区间Ⅵ电路；(g) 区间Ⅶ电路；(h) 区间Ⅷ电路；(i) 区间Ⅸ电路；(j) 区间Ⅹ电路；
(k) 区间Ⅺ电路；(l) 区间Ⅻ电路

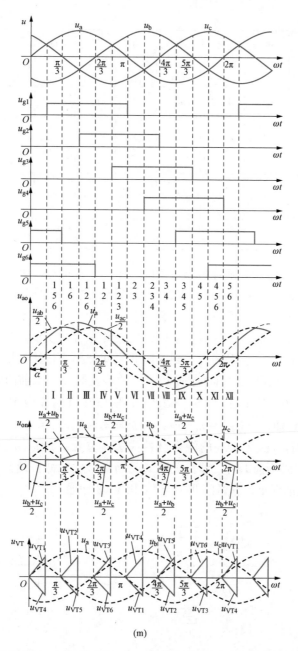

图 5 - 7　三相三线星形联结的三相相控式交流调压电路带电阻负载时的电路及其波形（α＝30°）（三）

(m) 波形图

表 5 - 3　三相三线星形联结的三相相控式交流调压电路带电阻负载时的工作情况（α＝30°）

区间	I	II	III	IV	V	VI	VII	VIII	IX	X	XI	XII
晶闸管导通情况	VT1、VT5 和 VT6 导通	VT1 和 VT6 导通	VT1、VT2 和 VT6 导通	VT1 和 VT2 导通	VT1、VT2 和 VT3 导通	VT2 和 VT3 导通	VT2、VT3 和 VT4 导通	VT3 和 VT4 导通	VT3、VT4 和 VT5 导通	VT4 和 VT5 导通	VT4、VT5 和 VT6 导通	VT5 和 VT6 导通

续表

区间	I	II	III	IV	V	VI	VII	VIII	IX	X	XI	XII
电路图	图5-7(a)	图5-7(b)	图5-7(c)	图5-7(d)	图5-7(e)	图5-7(f)	图5-7(g)	图5-7(h)	图5-7(i)	图5-7(j)	图5-7(k)	图5-7(l)
a相输出电压 u_{ao}	u_a	$u_{ab}/2$	u_a	$u_{ac}/2$	u_a	0	u_a	$u_{ab}/2$	u_a	$u_{ac}/2$	u_a	0
o点与n点之间的电压 u_{on}	0	$(u_a+u_b)/2$	0	$(u_a+u_c)/2$	0	$(u_b+u_c)/2$	0	$(u_a+u_b)/2$	0	$(u_a+u_c)/2$	0	$(u_b+u_c)/2$
晶闸管两端电压 u_{VT1}	0	0	0	0	0	$u_a-(u_b+u_c)/2$	0	0	0	0	0	$u_a-(u_b+u_c)/2$
a相电流 i_a	u_{ao}/R											

当 $60°\leqslant\alpha<90°$ 时，每个晶闸管的导通角度为 $120°$，此时任一时刻都是两个晶闸管导通构成回路。以 $\alpha=60°$ 为例，三相三线星形联结的三相相控式交流调压电路带电阻负载时的一个工频周期波形如图 5-8（g）所示，将电路工作过程分为 6 个线性电路工作区间，分别是区间 I 至区间 VI。表 5-4 为三相三线星形联结的三相相控式交流调压电路带电阻负载时的各区间的工作情况（$\alpha=60°$）。以区间 I 到区间 II 之间转换为例来说明欲关断的晶闸管的关断过程，在区间 I 中，VT1 和 VT6 导通，VT2 的触发脉冲到来前的区间 I 中 $u_{VT2}=u_{on}-u_c=(u_a+u_b)/2-u_c>0$，其中 $u_{on}=(u_a+u_b)/2$，所以在区间 II 中 VT2 的触发脉冲到来时 VT2 导通；在 VT2 导通后，$u_{VT6}=u_{on}-u_b=(u_a+u_c)/2-u_b<0$，其中 $u_{on}=(u_a+u_c)/2$，VT6 承受反压而关断，此后 VT6 的触发脉冲失去了作用，所以 VT6 的触发脉冲持续到 VT2 的触发脉冲到来时刻前即可，即欲关断的晶闸管触发脉冲持续到下一个欲开通的晶闸管触发脉冲到来时刻前即可，在区间 II 中 VT1 和 VT2 导通。

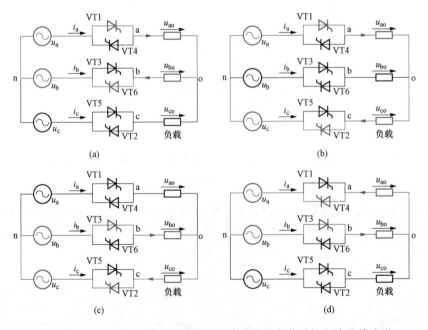

图 5-8 三相三线星形联结的三相相控式交流调压电路带电阻负载时的电路及其波形（$\alpha=60°$）（一）

(a) 区间 I 电路；(b) 区间 II 电路；(c) 区间 III 电路；(d) 区间 IV 电路

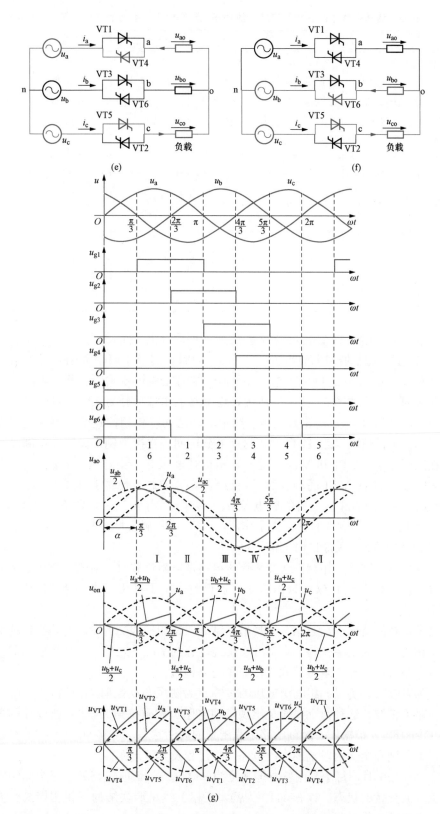

图 5 - 8　三相三线星形联结的三相相控式交流调压电路带电阻负载时的电路及其波形（α＝60°）（二）

（e）区间Ⅴ电路；（f）区间Ⅵ电路；（g）波形图

表 5 - 4　三相三线星形联结的三相相控式交流调压电路带电阻负载时的工作情况（$\alpha=60°$）

区间	I	II	III	IV	V	VI
晶闸管导通情况	VT1 和 VT6 导通	VT1 和 VT2 导通	VT2 和 VT3 导通	VT3 和 VT4 导通	VT4 和 VT5 导通	VT5 和 VT6 导通
电路图	图 5 - 8 (a)	图 5 - 8 (b)	图 5 - 8 (c)	图 5 - 8 (d)	图 5 - 8 (e)	图 5 - 8 (f)
a 相输出电压 u_{ao}	$u_{ab}/2$	$u_{ac}/2$	0	$u_{ab}/2$	$u_{ac}/2$	0
o 点与 n 点之间的电压 u_{on}	$(u_a+u_b)/2$	$(u_a+u_c)/2$	$(u_b+u_c)/2$	$(u_a+u_b)/2$	$(u_a+u_c)/2$	$(u_b+u_c)/2$
晶闸管两端电压 u_{VT1}	0	0	$u_a-(u_b+u_c)/2$	0	0	$u_a-(u_b+u_c)/2$
a 相电流 i_a	u_{ao}/R					

　　当 $90°\leqslant\alpha<150°$ 时，每个晶闸管导通角度由两段不连续的部分构成，两段中各导通 $150°-\alpha$，每个晶闸管总的导通角度为 $300°-2\alpha$，此时电路处于两个晶闸管导通与晶闸管全断交替的状态。以 $\alpha=120°$ 为例，三相三线星形联结的三相相控式交流调压电路带电阻负载时的一个工频周期波形如图 5 - 9 (h) 所示，将电路工作过程分为 12 个线性电路工作区间，分别是区间 I 至区间 XII。表 5 - 5 为三相三线星形联结的三相相控式交流调压电路带电阻负载时的各区间的工作情况（$\alpha=120°$）。以区间 II 到区间 III 转换为例来说明欲关断晶闸管的关断过程，在区间 II 中，VT1 和 VT6 导通，a 相负载电压 $u_{ao}=u_{ab}/2$，当 $u_b>u_a$，即 $u_{ab}<0$ 时，VT1 和 VT6 关断；VT1 的触发脉冲持续到 VT2 的触发脉冲到来之后，$u_{ac}>0$，VT1 和 VT2 导通，在区间 III 中，a 相负载电压 $u_{ao}=u_{ac}/2$，当 $u_c>u_a$，即 $u_{ac}<0$ 时，VT1 和 VT2 关断，此后 VT1 的触发脉冲失去了作用，所以 VT1 触发脉冲持续到 VT2 的脉冲到来之后，到 VT1 和 VT2 全关断的时刻前即可。

　　三相三线星形联结的三相相控式交流调压电路带电阻负载时，对输出电压波形展开成傅里叶级数可知，含有 $6k\pm1$（$k=1,2,3,\cdots$）次谐波，由于三相三线联结，所以电路中无 3 的整数倍次谐波。

　　在带阻感负载的情况下，三相三线星形联结的三相相控式交流调压电路工作情况与带电阻负载情况相比，更为复杂一些。本节分析带纯电感的情况下三相三线星形联结的三相相控式交流调压电路工作原理，阻感负载工作原理与之相似。

　　当负载为电感时，仍以 a 相电源电压的过零点为触发角初始时刻。当 $\alpha\leqslant\varphi$ 时，负载电流在稳态时是正弦波，这种情况要避免出现，纯电感负载阻抗角为 $90°$，所以控制角 α 的移相范围为 $90°\sim150°$。根据任一时刻电路中晶闸管的通断状态，可将 $90°\sim150°$ 的移相范围分为两段，以下分别介绍这两段范围内的电路工作过程及其波形图。

　　当 $90°\leqslant\alpha<120°$ 时，每个晶闸管导通角度为 $360°-2\alpha$，此时电路处于三个晶闸管导通与两个晶闸管导通交替的状态。以 $\alpha=110°$ 为例，三相三线星形联结的三相相控式交流调压电路带纯电感负载的工作过程如下。

1) 根据晶闸管 VT1～VT6 导通和关断的时序，将电路工作过程分为 12 个线性电路工作区间，分别是区间Ⅰ至区间Ⅻ。以 VT1 触发脉冲为例来说明触发脉冲结束的时刻，当 VT1 触发脉冲到来后，由于 a 相电压最高，VT1 导通，a 相电流从零开始增大，a 相负载电感充电，由于纯电感负载电路中电感充、放电的电流具有左右对称性，以保证充电能量等于放电能量，故在电感负载放电结束使得 a 相电流为零的时刻，恰好是与触发脉冲开始时刻的 a 相电压斜率相反的时刻，之后 VT1 触发脉冲失去作用，故 VT1 触发脉冲波形如图 5 - 10 (m) 所示，晶闸管 VT1 至 VT6 的触发脉冲依次相差 60°。

2) 区间Ⅰ：VT5 和 VT6 导通，其他晶闸管关断，电路如图 5 - 10 (a) 所示，a 相负载电压 u_{ao} 为零，a 相电源电流 i_a 为零，晶闸管 VT1 两端电压 $u_{VT1} = u_a - (u_b + u_c)/2$。各电压和电流波形如图 5 - 10 (m) 中区间Ⅰ内所示。

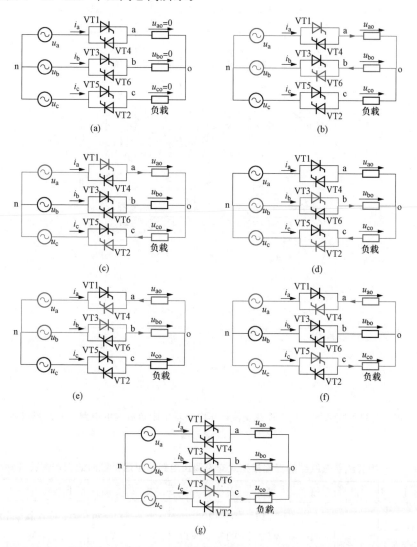

图 5 - 9　三相三线星形联结的三相相控式交流调压电路带电阻负载时的电路及其波形（$\alpha = 120°$）（一）

(a) 区间Ⅰ、Ⅲ、Ⅴ、Ⅶ、Ⅸ、Ⅺ电路；(b) 区间Ⅱ电路；(c) 区间Ⅳ电路；(d) 区间Ⅵ电路；

(e) 区间Ⅷ电路；(f) 区间Ⅹ电路；(g) 区间Ⅻ电路

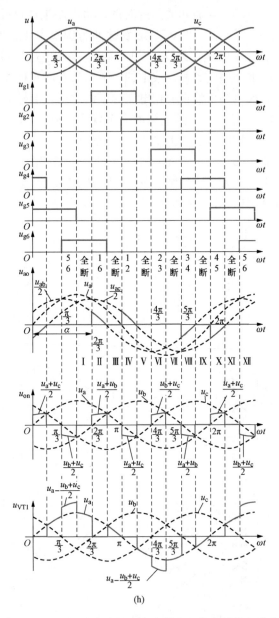

(h)

图 5-9　三相三线星形联结的三相相控式交流调压电路带电阻负载时的电路及其波形（α＝120°）（二）

(h) 波形图

表 5-5　　三相三线星形联结的三相相控式交流调压电路带电阻负载时的工作情况（α＝120°）

区间	I	II	III	IV	V	VI	VII	VIII	IX	X	XI	XII
晶闸管导通情况	VT1～VT6 全关断	VT1 和 VT6 导通	VT1～ VT6 全关断	VT1 和 VT2 导通	VT1～ VT6 全关断	VT2 和 VT3 导通	VT1～ VT6 全关断	VT3 和 VT4 导通	VT1～ VT6 全关断	VT4 和 VT5 导通	VT1～ VT6 全关断	VT5 和 VT6 导通

续表

区间	I	II	III	IV	V	VI	VII	VIII	IX	X	XI	XII
电路图	图 5 - 9 (a)	图 5 - 9 (b)	图 5 - 9 (a)	图 5 - 9 (c)	图 5 - 9 (a)	图 5 - 9 (d)	图 5 - 9 (a)	图 5 - 9 (e)	图 5 - 9 (a)	图 5 - 9 (f)	图 5 - 9 (a)	图 5 - 9 (g)
a 相输出电压 u_{ao}	0	$u_{ab}/2$	0	$u_{ac}/2$	0	0	0	$u_{ab}/2$	0	$u_{ac}/2$	0	0
o 点与 n 点之间的电压 u_{on}	0	$(u_a+u_b)/2$	0	$(u_a+u_c)/2$	0	$(u_b+u_c)/2$	0	$(u_a+u_b)/2$	0	$(u_a+u_c)/2$	0	$(u_b+u_c)/2$
晶闸管两端电压 u_{VT1}	u_a	0	u_a	0	u_a	$u_a-(u_b+u_c)/2$	u_a	0	u_a	0	u_a	$u_a-(u_b+u_c)/2$
a 相电流 i_a	u_{ao}/R											

区间 II：VT1、VT5 和 VT6 导通，其他晶闸管关断，电路如图 5 - 10（b）所示，a 相负载电压 $u_{ao}=u_a$，晶闸管 VT1 两端电压 u_{VT1} 为零。各电压和电流波形如图 5 - 10（m）中区间 II 内所示。

区间 III：VT1 和 VT6 导通，其他晶闸管关断，电路如图 5 - 10（c）所示，a 相负载电压 $u_{ao}=u_{ab}/2$，晶闸管 VT1 两端电压 u_{VT1} 为零。各电压和电流波形如图 5 - 10（m）中区间 III 内所示。

区间 IV：VT1、VT2 和 VT6 导通，其他晶闸管关断，电路如图 5 - 10（d）所示，a 相负载电压 $u_{ao}=u_a$，晶闸管 VT1 两端电压 u_{VT1} 为零。各电压和电流波形如图 5 - 10（m）中区间 IV 内所示。

区间 V：VT1 和 VT2 导通，其他晶闸管关断，电路如图 5 - 10（e）所示，a 相负载电压 $u_{ao}=u_{ac}/2$，晶闸管 VT1 两端电压 u_{VT1} 为零。各电压和电流波形如图 5 - 10（m）中区间 V 内所示。

区间 VI：VT1、VT2 和 VT3 导通，其他晶闸管关断，电路如图 5 - 10（f）所示，a 相负载电压 $u_{ao}=u_a$，晶闸管 VT1 两端电压 u_{VT1} 为零。各电压和电流波形如图 5 - 10（m）中区间 VI 内所示。

区间 VII：VT2 和 VT3 导通，其他晶闸管关断，电路如图 5 - 10（g）所示，a 相负载电压 u_{ao} 为零，a 相电源电流 i_a 为零，晶闸管 VT1 两端电压 $u_{VT1}=u_a-(u_b+u_c)/2$。各电压和电流波形如图 5 - 10（m）中区间 VII 内所示。

区间 VIII：VT2、VT3 和 VT4 导通，其他晶闸管关断，电路如图 5 - 10（h）所示，a 相负载电压 $u_{ao}=u_a$，晶闸管 VT1 两端电压 u_{VT1} 为零。各电压和电流波形如图 5 - 10（m）中区间 VIII 内所示。

区间 IX：VT3 和 VT4 导通，其他晶闸管关断，电路如图 5 - 10（i）所示，a 相负载电压 $u_{ao}=u_{ab}/2$，晶闸管 VT1 两端电压 u_{VT1} 为零。各电压和电流波形如图 5 - 10（m）中区间 IX 内所示。

　　区间Ⅹ：VT3、VT4 和 VT5 导通，其他晶闸管关断，电路如图 5 - 10 (j) 所示，a 相负载电压 $u_{ao}=u_a$，晶闸管 VT1 两端电压 u_{VT1} 为零。各电压和电流波形如图 5 - 10 (m) 中区间Ⅹ内所示。

　　区间Ⅺ：VT4 和 VT5 导通，其他晶闸管关断，电路如图 5 - 10 (k) 所示，a 相负载电压 $u_{ao}=u_{ac}/2$，晶闸管 VT1 两端电压 u_{VT1} 为零。各电压和电流波形如图 5 - 10 (m) 中区间Ⅺ内所示。

　　区间Ⅻ：VT4、VT5 和 VT6 导通，其他晶闸管关断，电路如图 5 - 10 (l) 所示，a 相负载电压 $u_{ao}=u_a$，晶闸管 VT1 两端电压 u_{VT1} 为零。各电压和电流波形如图 5 - 10 (m) 中区间Ⅻ内所示。

　　$\alpha=110°$ 时，三相三线星形联结的三相相控式交流调压电路带纯电感负载时的一个工频周期波形如图 5 - 10 (m) 所示，后面工频周期如此循环地工作下去。表 5 - 6 为三相三线星形联结的三相相控式交流调压电路带纯电感负载时的各区间的工作情况（$\alpha=110°$）。

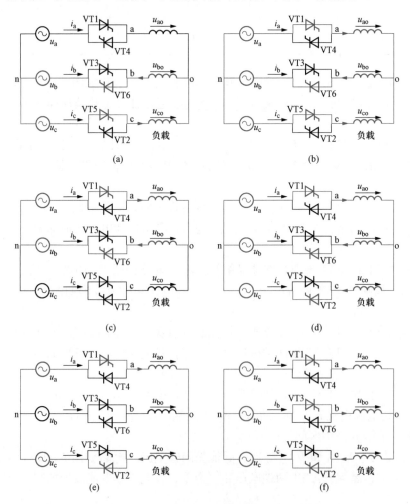

图 5 - 10　三相三线星形联结的三相相控式交流调压电路带纯电感负载时的电路及其波形（$\alpha=110°$）（一）
(a) 区间Ⅰ电路；(b) 区间Ⅱ电路；(c) 区间Ⅲ电路；(d) 区间Ⅳ电路；(e) 区间Ⅴ电路；(f) 区间Ⅵ电路

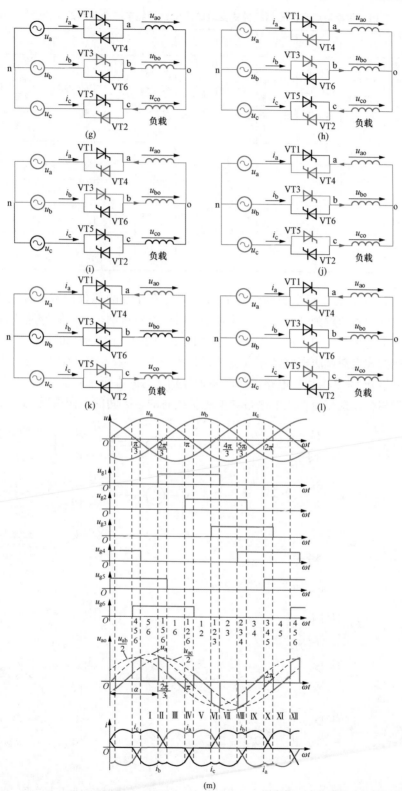

图 5 - 10　三相三线星形联结的三相相控式交流调压电路带纯电感负载时的电路及其波形（α＝110°）（二）

（g）区间Ⅶ电路；（h）区间Ⅷ电路；（i）区间Ⅸ电路；（j）区间Ⅹ电路；（k）区间Ⅺ电路；

（l）区间Ⅻ电路；（m）波形图

表5-6　三相三线星形联结的三相相控式交流调压电路带纯电感负载时的工作情况（$\alpha=110°$）

区间	I	II	III	IV	V	VI	VII	VIII	IX	X	XI	XII
晶闸管导通情况	VT5 和 VT6 导通	VT1、VT5 和 VT6 导通	VT1 和 VT6 导通	VT1、VT2 和 VT6 导通	VT1 和 VT2 导通	VT1、VT2 和 VT3 导通	VT2 和 VT3 导通	VT2、VT3 和 VT4 导通	VT3 和 VT4 导通	VT3、VT4 和 VT5 导通	VT4 和 VT5 导通	VT4、VT5 和 VT6 导通
电路图	图 5-10 (a)	图 5-10 (b)	图 5-10 (c)	图 5-10 (d)	图 5-10 (e)	图 5-10 (f)	图 5-10 (g)	图 5-10 (h)	图 5-10 (i)	图 5-10 (j)	图 5-10 (k)	图 5-10 (l)
a 相输出电压 u_{ao}	0	u_a	$u_{ab}/2$	u_a	$u_{ac}/2$	u_a	0	u_a	$u_{ab}/2$	u_a	$u_{ac}/2$	u_a
晶闸管两端电压 u_{VT1}	$u_a-(u_b+u_c)/2$	0	0	0	0	0	$u_a-(u_b+u_c)/2$	0	0	0	0	0
a 相电流 i_a	$i_a=0$	$i_a>0$					$i_a=0$	$i_a<0$				

　　当$120°\leqslant\alpha<150°$时，每个晶闸管导通角由两段不连续的部分构成，分别占$300°-2\alpha$，每个晶闸管总的导通角度为$600°-4\alpha$，此时任一时刻电路有两个晶闸管导通或者所有晶闸管都关断，在一个电源周期内电流由4段不连续的波头构成。以$\alpha=130°$为例，三相三线星形联结的三相相控式交流调压电路带纯电感负载时的一个工频周期波形如图5-11（h）所示，将电路工作过程分为12个线性电路工作区间，分别是区间 I 至区间 XII。表5-7为三相三线星形联结的三相相控式交流调压电路带纯电感负载时的各区间的工作情况（$\alpha=130°$）。

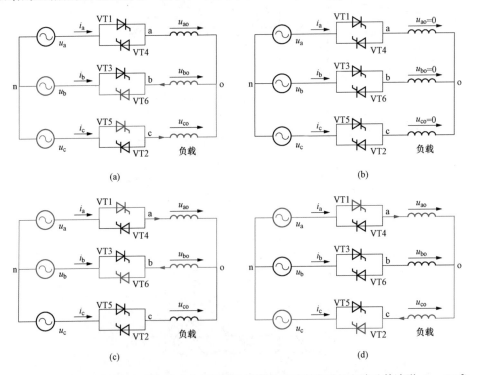

图 5-11　三相三线星形联结的三相相控式交流调压电路带纯电感负载时的电路及其波形（$\alpha=130°$）（一）
（a）区间 I 电路；（b）区间 II、IV、VI、VIII、X、XII 电路；（c）区间 III 电路；（d）区间 V 电路

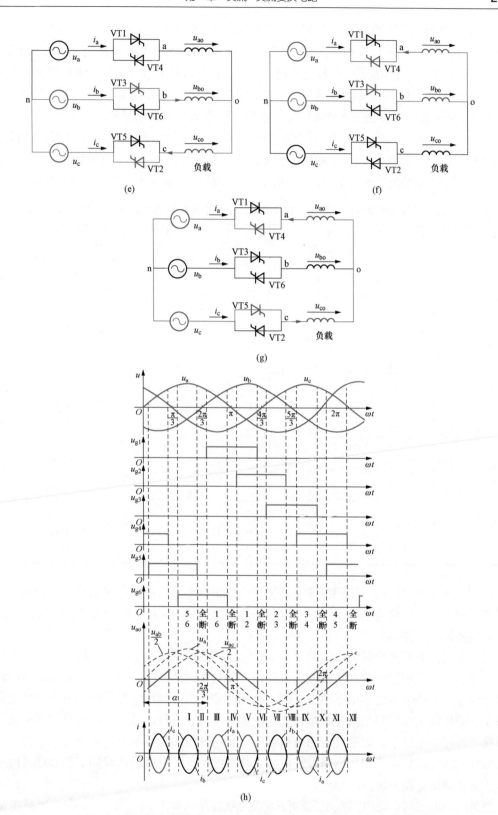

图 5 - 11　三相三线星形联结的三相相控式交流调压电路带纯电感负载时的电路及其波形（$\alpha = 130°$）（二）

(e) 区间Ⅶ电路；(f) 区间Ⅸ电路；(g) 区间Ⅺ电路；(h) 波形图

　　以 VT1 为例来说明触发脉冲的波形。VT1 触发脉冲到来后，VT1 和 VT6 导通，$u_{ab}>0$，a 相电感充电，当 $u_{ab}<0$ 时，a 相电感开始放电，由于纯电感负载电路中电感充、放电的电流具有左右对称性，以保证充电能量等于放电能量，故开始充电的时刻与结束放电的时刻的 u_{ab} 的值相反，当电感放电结束时，a 相电流为零，VT1 和 VT6 关断；在 VT2 触发脉冲到来时刻，需要 VT1 导通形成回路，VT1 的触发脉冲需要持续到 VT2 触发脉冲到来时刻，VT1 和 VT2 导通后，$u_{ac}>0$，a 相电感充电，当 $u_{ac}<0$ 时，a 相电感开始放电，在开始充电的时刻与结束放电的时刻的 u_{ac} 的值相反时，电感放电结束，a 相电流为零，VT1 和 VT2 关断，VT1 的触发脉冲失去作用，所以 VT1 的触发脉冲波形如图 5-11 （h）所示，晶闸管 VT1 至 VT6 的触发脉冲依次相差 60°。

表 5-7　三相三线星形联结的三相相控式交流调压电路带纯电感负载时的工作情况 （$\alpha=130°$）

区间	I	II	III	IV	V	VI	VII	VIII	IX	X	XI	XII
晶闸管导通情况	VT5 和 VT6 导通	VT1~VT6 全关断	VT1 和 VT6 导通	VT1~VT6 全关断	VT1 和 VT2 导通	VT1~VT6 全关断	VT2 和 VT3 导通	VT1~VT6 全关断	VT3 和 VT4 导通	VT1~VT6 全关断	VT4 和 VT5 导通	VT1~VT6 全关断
电路图	图 5-11 （a）	图 5-11 （b）	图 5-11 （c）	图 5-11 （b）	图 5-11 （d）	图 5-11 （b）	图 5-11 （e）	图 5-11 （b）	图 5-11 （f）	图 5-11 （b）	图 5-11 （g）	图 5-11 （b）
a 相输出电压 u_{ao}	0	0	$u_{ab}/2$	0	$u_{ac}/2$	0	0	0	$u_{ab}/2$	0	$u_{ac}/2$	0
晶闸管两端电压 u_{VT1}	$u_a-(u_b+u_c)/2$	u_a	0	u_a	0	u_a	$u_a-(u_b+u_c)/2$	u_a	0	u_a	0	u_a
a 相电流 i_a	$i_a=0$	$i_a=0$	$i_a>0$	$i_a=0$	$i_a>0$	$i_a=0$	$i_a=0$	$i_a=0$	$i_a<0$	$i_a=0$	$i_a<0$	$i_a=0$

　　三相三线星形联结的三相相控式交流调压电路带纯电感负载时，对输出电压波形展开成傅里叶级数可知，也含有 $6k\pm1$ （$k=1,2,3,\cdots$）次谐波，因为三相三线联结，所以电路中无 3 的整数倍次谐波。

　　（2）支路控制三角形联结。如图 5-12 所示，在支路控制三角形联结的三相相控式交流调压电路中，三个单相相控式交流调压电路组成三角形联结电路，三个单相相控式交流调压电路分别在三个线电压的作用下单独工作，单相相控式交流调压电路的分析方法和结论完全适用于支路控制三角形联结的三相相控式交流调压电路。这种联结方式的电路的典型应用实例是晶闸管控制电抗器，即带纯电感负载后进行无功补偿，所以本节着重介绍支路控制三角形联结的三相相控式交流调压电路带纯电感负载时的情况，带电阻负载的工作原理可用单相相控式交流调压电路分析方法得到。

　　当负载为电感时，以电源线电压的过零点为触发角初始时刻，当 $\alpha\leqslant\varphi$ 时，负载电流在稳态时是正弦波，这种情况要避免，纯电感负载阻抗角为 90°，所以触发角 α 的移相范围为

90°~180°。以下分别介绍 α 为 120°、135°和 160°时的工作过程及其波形图，其他角度下的工作可以用类似的方法进行分析。

当 α＝120°时，支路控制三角形联结的三相相控式交流调压电路带纯电感负载时的工作过程如下。

1) 根据晶闸管 VT1~VT6 导通和关断的时序，将电路工作过程分为 6 个线性电路工作区间，分别是区间 I 至区间 VI。以 VT1 触发脉冲为例来说明触发脉冲的波形，VT1 触发脉冲到来后，VT1 导通，$u_{ab}>0$，电感充电，当 $u_{ab}<0$ 时，电感开始放电，在开始充电的时刻的 a、b 之间线电压值与结束放电的时刻的 a、b 之间线电压值相反时，电感放电结束，电流 i_{ab} 为零，VT1 关断，VT1 的触发脉冲失去作用，所以 VT1 的触发脉冲波形如图 5 - 12 (g) 所示，晶闸管 VT1 至 VT6 的触发脉冲依次相差 60°。

2) 区间 I：VT1 和 VT6 导通，其他晶闸管关断，电路如图 5 - 12 (a) 所示，a 相负载电压 $u_{aL}=u_{ab}$，三相电源电流 $i_a>0$，$i_b<0$，$i_c>0$，a 相电源电流 $i_a=i_{ab}$，晶闸管 VT1 两端电压 u_{VT1} 为零。各电压和电流波形如图 5 - 12 (g) 中区间 I 内所示。

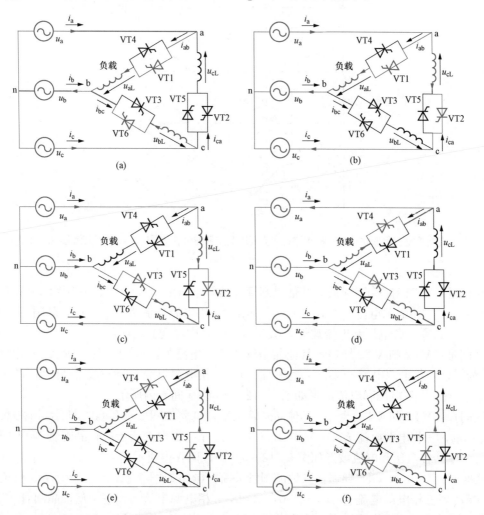

图 5 - 12　支路控制三角形联结的三相相控式交流调压电路带纯电感负载时的电路及其波形（α＝120°）（一）
(a) 区间 I 电路；(b) 区间 II 电路；(c) 区间 III 电路；(d) 区间 IV 电路；(e) 区间 V 电路；(f) 区间 VI 电路

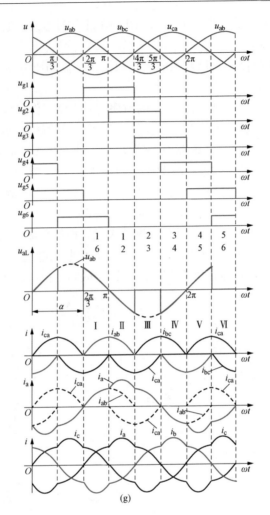

图 5-12　支路控制三角形联结的三相相控式交流调压电路带纯电感负载时的电路及其波形（α＝120°）（二）

(g) 波形图

区间Ⅱ：VT1 和 VT2 导通，其他晶闸管关断，电路如图 5-12（b）所示，a 相负载电压 $u_{aL}＝u_{ab}$，三相电源电流 $i_a＞0$，$i_b＜0$，$i_c＜0$，a 相电源电流 $i_a＝i_{ab}－i_{ca}$，晶闸管 VT1 两端电压 u_{VT1} 为零。各电压和电流波形如图 5-12（g）中区间Ⅱ内所示。

区间Ⅲ：VT2 和 VT3 导通，其他晶闸管关断，电路如图 5-12（c）所示，a 相负载电压 u_{aL} 为零，三相电源电流 $i_a＞0$，$i_b＞0$，$i_c＜0$，a 相电源电流 $i_a＝－i_{ca}$，晶闸管 VT1 两端电压 $u_{VT1}＝u_{ab}$。各电压和电流波形如图 5-12（g）中区间Ⅲ内所示。

区间Ⅳ：VT3 和 VT4 导通，其他晶闸管关断，电路如图 5-12（d）所示，a 相负载电压 $u_{aL}＝u_{ab}$，三相电源电流 $i_a＜0$，$i_b＞0$，$i_c＜0$，a 相电源电流 $i_a＝i_{ab}$，晶闸管 VT1 两端电压 u_{VT1} 为零。各电压和电流波形如图 5-12（g）中区间Ⅳ内所示。

区间Ⅴ：VT4 和 VT5 导通，其他晶闸管关断，电路如图 5-12（e）所示，a 相负载电压 $u_{aL}＝u_{ab}$，三相电源电流 $i_a＜0$，$i_b＞0$，$i_c＞0$，a 相电源电流 $i_a＝i_{ab}－i_{ca}$，晶闸管 VT1 两端电压 u_{VT1} 为零。各电压和电流波形如图 5-12（g）中区间Ⅴ内所示。

区间Ⅵ：VT5 和 VT6 导通，其他晶闸管关断，电路如图 5-12（f）所示，a 相负载电

压 u_{aL} 为零，三相电源电流 $i_a<0$，$i_b<0$，$i_c>0$，a 相电源电流 $i_a=-i_{ca}$，晶闸管 VT1 两端电压 $u_{VT1}=u_{ab}$。各电压和电流波形如图 5 - 12（g）中区间Ⅵ内所示。

当 $\alpha=120°$ 时，支路控制三角形联结的三相相控式交流调压电路带纯电感负载时的一个工频周期波形如图 5 - 12（g）所示，后面工频周期如此循环地工作下去。表 5 - 8 为支路控制三角形联结的三相相控式交流调压电路带纯电感负载时的各区间的工作情况（$\alpha=120°$）。

表 5 - 8　支路控制三角形联结的三相相控式交流调压电路带纯电感负载时的工作情况（$\alpha=120°$）

区间	Ⅰ	Ⅱ	Ⅲ	Ⅳ	Ⅴ	Ⅵ
晶闸管导通情况	VT1 和 VT6 导通	VT1 和 VT2 导通	VT2 和 VT3 导通	VT3 和 VT4 导通	VT4 和 VT5 导通	VT5 和 VT6 导通
电路图	图 5 - 12（a）	图 5 - 12（b）	图 5 - 12（c）	图 5 - 12（d）	图 5 - 12（e）	图 5 - 12（f）
a 相输出电压 u_{aL}	u_{ab}	u_{ab}	0	u_{ab}	u_{ab}	0
三相电源电流	$i_a>0$，$i_b<0$，$i_c>0$	$i_a>0$，$i_b<0$，$i_c<0$	$i_a>0$，$i_b>0$，$i_c<0$	$i_a<0$，$i_b>0$，$i_c<0$	$i_a<0$，$i_b>0$，$i_c>0$	$i_a<0$，$i_b<0$，$i_c>0$
a 相电流 i_a	i_{ab}	$i_{ab}-i_{ca}$	$-i_{ca}$	i_{ab}	$i_{ab}-i_{ca}$	$-i_{ca}$
晶闸管两端电压 u_{VT1}	0	0	u_{ab}	0	0	u_{ab}

当 $\alpha=135°$ 时，支路控制三角形联结的三相相控式交流调压电路带纯电感负载时的一个工频周期波形如图 5 - 13（m）所示，后面工频周期如此循环地工作下去。表 5 - 9 为支路控制三角形联结的三相相控式交流调压电路带纯电感负载时的各区间的工作情况（$\alpha=135°$）。将电路工作过程分为 12 个线性电路工作区间，分别是区间Ⅰ至区间Ⅻ。

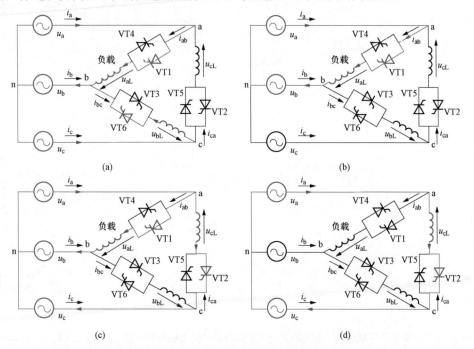

图 5 - 13　支路控制三角形联结的三相相控式交流调压电路带纯电感负载时的电路及其波形（$\alpha=135°$）（一）

（a）区间Ⅰ电路；（b）区间Ⅱ电路；（c）区间Ⅲ电路；（d）区间Ⅳ电路

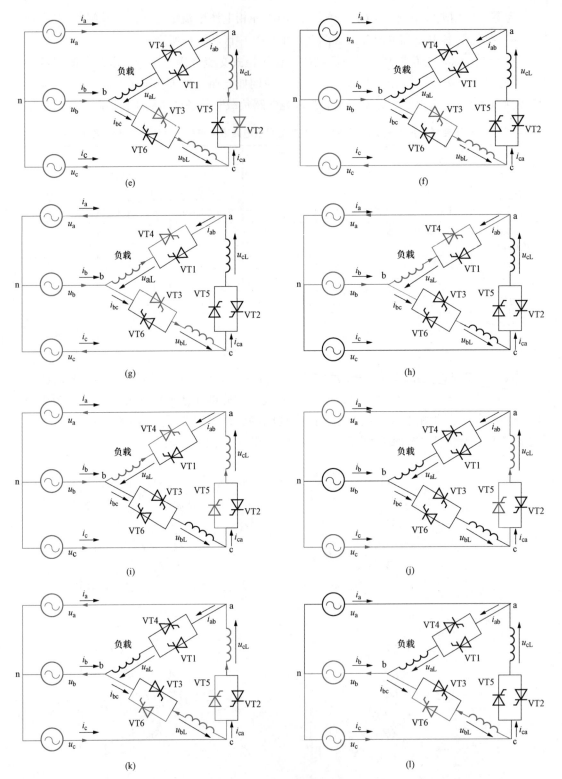

图 5-13 支路控制三角形联结的三相相控式交流调压电路带纯电感负载时的电路及其波形（α=135°）（二）

(e) 区间Ⅴ电路；(f) 区间Ⅵ电路；(g) 区间Ⅶ电路；(h) 区间Ⅷ电路；(i) 区间Ⅸ电路；(j) 区间Ⅹ电路；

(k) 区间Ⅺ电路；(l) 区间Ⅻ电路

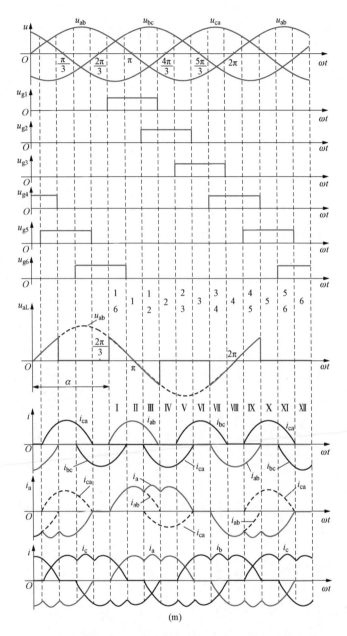

图 5 - 13　支路控制三角形联结的三相相控式交流调压电路带纯电感负载时的电路及其波形（$\alpha=135°$）（三）

（m）波形图

表 5 - 9　支路控制三角形联结的三相相控式交流调压电路带纯电感负载时的工作情况（$\alpha=135°$）

区间	I	II	III	IV	V	VI	VII	VIII	IX	X	XI	XII
晶闸管导通情况	VT1 和 VT6 导通	VT1 导通	VT1 和 VT2 导通	VT2 导通	VT2 和 VT3 导通	VT3 导通	VT3 和 VT4 导通	VT4 导通	VT4 和 VT5 导通	VT5 导通	VT5 和 VT6 导通	VT6 导通
电路图	图 5 - 13（a）	图 5 - 13（b）	图 5 - 13（c）	图 5 - 13（d）	图 5 - 13（e）	图 5 - 13（f）	图 5 - 13（g）	图 5 - 13（h）	图 5 - 13（i）	图 5 - 13（j）	图 5 - 13（k）	图 5 - 13（l）

续表

区间	I	II	III	IV	V	VI	VII	VIII	IX	X	XI	XII
a 相输出电压 u_{aL}	u_{ab}	u_{ab}	u_{ab}	0	0	0	u_{ab}	u_{ab}	u_{ab}	0	0	0
三相电源电流	$i_a>0$, $i_b<0$, $i_c>0$	$i_a>0$, $i_b<0$, $i_c=0$	$i_a>0$, $i_b<0$, $i_c<0$	$i_a>0$, $i_b=0$, $i_c<0$	$i_a>0$, $i_b>0$, $i_c<0$	$i_a=0$, $i_b>0$, $i_c<0$	$i_a<0$, $i_b>0$, $i_c<0$	$i_a<0$, $i_b>0$, $i_c=0$	$i_a<0$, $i_b>0$, $i_c>0$	$i_a<0$, $i_b=0$, $i_c>0$	$i_a<0$, $i_b<0$, $i_c>0$	$i_a=0$, $i_b<0$, $i_c>0$
a 相电流 i_a	i_{ab}	i_{ab}	$i_{ab}-i_{ca}$	$-i_{ca}$	$-i_{ca}$	0	i_{ab}	i_{ab}	$i_{ab}-i_{ca}$	$-i_{ca}$	$-i_{ca}$	0
晶闸管两端电压 u_{VT1}	0	0	0	u_{ab}	u_{ab}	u_{ab}	0	0	0	u_{ab}	u_{ab}	u_{ab}

当 $\alpha=160°$ 时，支路控制三角形联结的三相相控式交流调压电路带纯电感负载时的一个工频周期波形如图 5-14（h）所示，后面工频周期如此循环地工作下去。表 5-10 为支路控制三角形联结的三相相控式交流调压电路带纯电感负载时的各区间的工作情况（$\alpha=160°$）。将电路工作过程分为 12 个线性电路工作区间，分别是区间 I 至区间 XII。

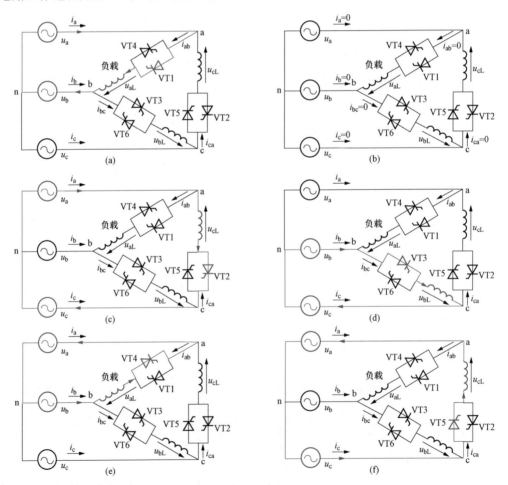

图 5-14　支路控制三角形联结的三相相控式交流调压电路带纯电感负载时的电路及其波形（$\alpha=160°$）（一）
(a) 区间 I 电路；(b) 区间 II、IV、VI、VIII、X、XII 电路；(c) 区间 III 电路；(d) 区间 V 电路；(e) 区间 VII 电路；(f) 区间 IX 电路

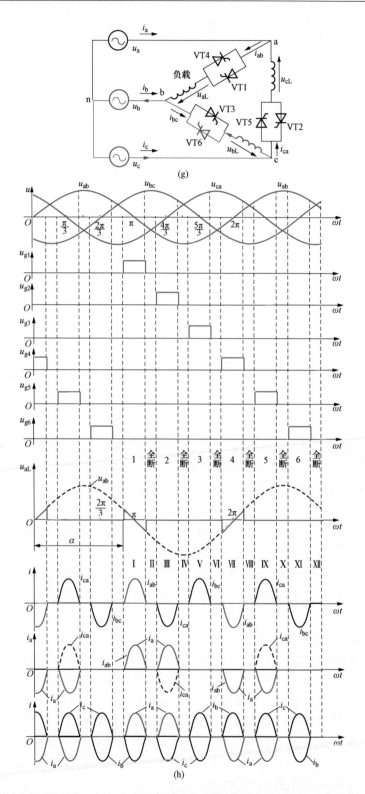

图 5 - 14　支路控制三角形联结的三相相控式交流调压电路带纯电感负载时的电路及其波形（$\alpha=160°$）（二）

(g) 区间 XI 电路；(h) 波形图

表 5 - 10　支路控制三角形联结的三相相控式交流调压电路带纯电感负载时的工作情况 （$\alpha=160°$）

区间	I	II	III	IV	V	VI	VII	VIII	IX	X	XI	XII
晶闸管导通情况	VT1导通	VT1~VT6全断	VT2导通	VT1~VT6全断	VT3导通	VT1~VT6全断	VT4导通	VT1~VT6全断	VT5导通	VT1~VT6全断	VT6导通	VT1~VT6全断
电路图	图5-14(a)	图5-14(b)	图5-14(c)	图5-14(b)	图5-14(d)	图5-14(b)	图5-14(e)	图5-14(b)	图5-14(f)	图5-14(b)	图5-14(g)	图5-14(b)
a相输出电压 u_{aL}	u_{ab}	0	0	0	0	0	u_{ab}	0	0	0	0	0
三相电源电流	$i_a>0,$ $i_b<0,$ $i_c=0$	$i_a=0,$ $i_b=0,$ $i_c=0$	$i_a>0,$ $i_b=0,$ $i_c<0$	$i_a=0,$ $i_b=0,$ $i_c=0$	$i_a=0,$ $i_b>0,$ $i_c<0$	$i_a=0,$ $i_b=0,$ $i_c=0$	$i_a<0,$ $i_b>0,$ $i_c=0$	$i_a=0,$ $i_b=0,$ $i_c=0$	$i_a<0,$ $i_b=0,$ $i_c>0$	$i_a=0,$ $i_b=0,$ $i_c=0$	$i_a=0,$ $i_b<0,$ $i_c>0$	$i_a=0,$ $i_b=0,$ $i_c=0$
a相电流 i_a	i_{ab}	0	$-i_{ca}$	0	0	0	i_{ab}	0	$-i_{ca}$	0	0	0
晶闸管两端电压 u_{VT1}	0	u_{ab}	u_{ab}	u_{ab}	u_{ab}	u_{ab}	0	u_{ab}	u_{ab}	u_{ab}	u_{ab}	u_{ab}

　　支路控制三角形联结的三相相控式交流调压电路带纯电感负载时，相电流中 3 的整数倍次谐波的相位和大小都相等，所以它们只在三角形回路内流动，线电流中不包含 3 的整数倍次谐波，对线电流波形展开成傅里叶级数可知，含有 $6k\pm1$ （$k=1,2,3,\cdots$）次谐波。

　　在相同电感情况下，支路控制三角形联结的三相相控式交流调压电路的最大基波线电流大于三相三线星形联结的三相相控式交流调压电路的最大基波线电流，即用二极管代替晶闸管时，支路控制三角形联结的三相相控式交流调压电路具有更大的基波线电流，这也是在无功补偿中常用支路控制三角形联结的三相相控式交流调压电路带电感的原因，相同电感下其无功补偿容量更大。

5.1.2　斩控式交流调压电路

　　斩控式交流调压电路如图 5 - 15 （a） 所示，开关器件一般采用全控型器件。其基本原理与直流斩波电路有类似之处，区别是直流斩波电路的输入是直流电，斩控式交流调压电路的输入是交流电。常用的交流开关电路如图 5 - 15 （b）～图 5 - 15 （d） 所示，在图 5 - 15 （b） 中，只包含一个全控型器件，由二极管进行换相，该电路结构简单；在图 5 - 15 （c） 和图 5 - 15 （d） 中，两个全控型器件分别串联二极管，实现电流在两个方向上导通，串联二极管的目的是解决一些全控型器件反向阻断能力较低的问题，提供反向阻断能力，图 5 - 15 （c） 和图 5 - 15 （d） 中所示的开关不同之处是，在图 5 - 15 （d） 中两个全控型器件栅极信号可以共地，而且 IGBT 与反并联二极管在一起的模块较为常见，使得接线简单。

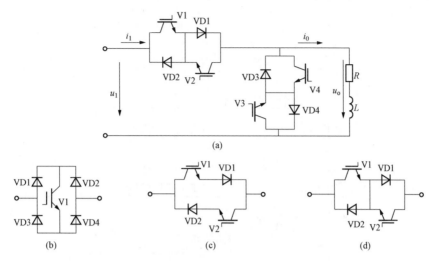

图 5 - 15　斩控式交流调压电路及其常用的交流开关电路
（a）斩控式交流调压电路；（b）交流开关 1；（c）交流开关 2；（d）交流开关 3

图 5 - 16 给出了斩控式交流调压电路工作模式及其波形，以阻感负载为例来介绍其工作原理，电阻负载可作为阻感负载的一种特例。根据电流的正负，将工作区间分为Ⅰ、Ⅱ、Ⅲ和Ⅳ，在区间Ⅱ、Ⅲ中，输出电流 $i_o > 0$，V1 和 V3 的驱动信号 u_{g1} 和 u_{g3} 互补，u_{g2} 和 u_{g4} 为低电平，V1 和 V3 交替导通，工作在图 5 - 16（a）和图 5 - 16（b）所示的模式 1 和模式 2，输出电压和负载电流如图 5 - 16（e）所示；在区间Ⅰ、Ⅳ中，输出电流 $i_o < 0$，V2 和 V4 的驱动信号 u_{g2} 和 u_{g4} 互补，u_{g1} 和 u_{g3} 为低电平，V2 和 V4 交替导通，工作在图 5 - 16（c）和图 5 - 16（d）所示的模式 3 和模式 4，输出电压和负载电流如图 5 - 16（e）所示。设 V1 或者 V2 导通时间为 t_{on}，开关周期为 T，则可通过控制占空比 $d = t_{on}/T$ 的大小来调节输出电压。电源电流 i_1 与负载电流 i_o 成比例，通过傅里叶分析可知，其不含有低次谐波，只含有高次谐波。

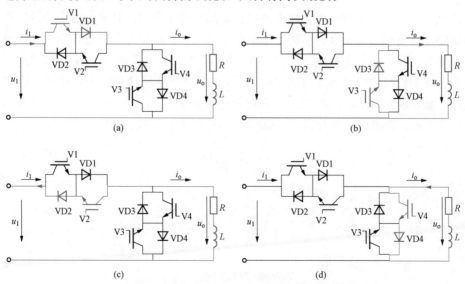

图 5 - 16　斩控式交流调压电路工作模式及其波形（一）
（a）模式 1；（b）模式 2；（c）模式 3；（d）模式 4

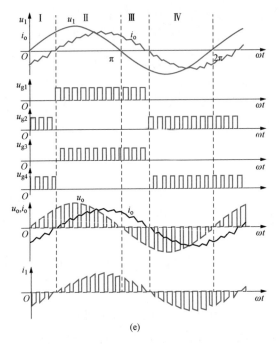

图 5 - 16　斩控式交流调压电路工作模式及其波形（二）

（e）波形图

5.2　其他交流电力控制电路

5.2.1　交流调功电路

交流调功电路和相控式交流调压电路的电路形式完全相同，只是控制方式不同。相控式交流调压电路是在每个交流电源周期内通过控制晶闸管触发角 α 对输出电压进行控制，而交流调功电路是将负载与交流电源接通几个整电源周期，再断开几个整电源周期，以调节负载所消耗的平均功率，例如在控制周期内有 M 倍个电源周期，接通 N 倍个电源周期，通过改变接通电源周期数与总电源周期数的比值 N/M 来调节负载所消耗的平均功率，故称为交流调功电路。触发晶闸管的时刻都是在电源电压过零的时刻。当 $M=6$，$N=4$ 时的工作波形如图 5 - 17 所示。输出电压有效值 U_o 与输入电压有效值 U_1 满足下式

$$U_o = \sqrt{\frac{N}{M}} U_1 \qquad\qquad (5-5)$$

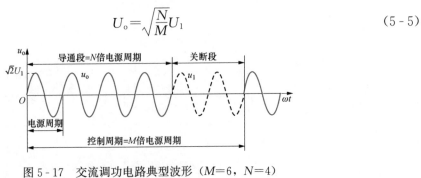

图 5 - 17　交流调功电路典型波形（$M=6$，$N=4$）

交流调功电路可以用图 5 - 18 所示的闭环控制系统来实现功率调节，给定功率指令，将实际功率作为反馈，与功率指令的误差经过 PID 调节器后生成控制信号 N，通过触发电路控制晶闸管来控制负载功率。

5.2.2　交流电力电子开关

把两个晶闸管反并联串入交流电路中，可以控制交流电路的开通和关断，这种开关叫交流电力电子开关，功能与电路中的机械开关类似。与机械开关相比，交流电力电子开关的优点是响应速度快，没有触点，可以频繁动作，寿命长，其缺点是在导通后晶闸管会有通态损耗。

与交流调功电路相比，交流电力电子开关只完成电路的接通和断开，起到了开关的作用，不像交流调功电路那样控制输出的平均功率，也没有像交流调功电路那样有明确的控制周期。交流电力电子开关的动作频度通常比交流调功电路低得多。图 5 - 19 是交流电力电子开关的典型应用，即晶闸管投切电容器，常用于电网的无功补偿，将在第 6 章做详细讲解。

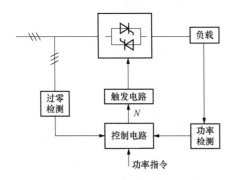

图 5 - 18　交流调功电路闭环控制

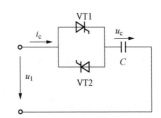

图 5 - 19　交流电力电子开关的应用

5.3　交 - 交直接变频电路

交 - 交直接变频电路是把某一电网频率的交流电直接变成频率可调的交流电的电路，这种电路也叫周波变换电路（cycloconverter），中间没有直流环节，广泛应用于大功率交流电动机调速传动系统。本节将介绍单相交 - 交直接变频电路和三相交 - 交直接变频电路的电路构成和工作原理。

5.3.1　单相交 - 交直接变频电路

单相交 - 交直接变频电路如图 5 - 20 所示，电路由 P 组和 N 组两个反并联的相控式整流电路构成。当负载电流 i_o 为正时，P 组工作，当负载电流 i_o 为负时，N 组工作。让 P 和 N 两组变换电路按照一定的频率 ω_o 交替工作，负载就得到了该频率（ω_o）的交流电，如果按照正弦规律对触发角 α 进行控制，可以得到正弦的输出电压 u_o。为了避免两组变换电路之间产生不经过负载而在两组变换电路之间流动的环流，在其中一组变换电路工作时，封锁另一组变换电路的触发脉冲，这种方式称为无环流工作方

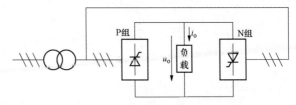

图 5 - 20　单相交 - 交直接变频电路

式。例如在图 5 - 21 所示的单相交 - 交直接变频电路的输出电压和负载电流波形中，在负载

电流 i_o 为正的半个周期内让 P 组相控式整流电路的触发角 α_P 从 30°（A 点）逐渐减小到 0°（B 点），然后再逐渐增大到 120°（C 点），在该过程中 N 组相控式整流电路的触发脉冲被封锁，这样根据相控式整流电路的输出电压平均值公式可知，各控制间隔内的平均输出电压按照正弦规律从 $\alpha_P=30°$ 时的平均值逐渐增至最高 $\alpha_P=0°$ 时的平均值，然后再逐渐降低到 $\alpha_P=120°$ 时的平均值，经过滤波后得到图中所示的正弦波电压 u_o。另外半个周期即负载电流 i_o 为负的半个周期内，可由 N 组相控式整流电路进行同样的控制来得到。在无环流工作方式下负载电流过零正反组切换时会存在死区，如图 5 - 21 中区间 Ⅴ（A 点附近）和区间 Ⅵ（C 点附近）所示。

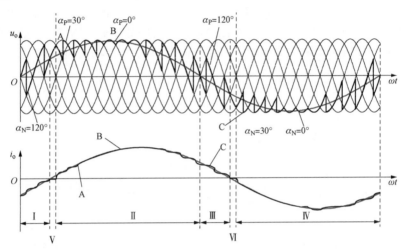

图 5 - 21　单相交 - 交直接变频电路的输出电压及负载电流波形

如果把交 - 交直接变频电路理想化，可以把电路等效成如图 5 - 22（a）所示的正弦波交流电源和二极管串联的电路，其中正弦交流电源表示变频电路的正弦输出电压，二极管体现了 P 组或 N 组的整流电路的电流的单方向性，负载为电阻、电感和交流电动机，负载电压为 u_o，负载电流为 i_o。P 组和 N 组工作的区间如图 5 - 22（b）所示，在区间 Ⅰ 中，$u_o>0$ 和 $i_o<0$，N 组工作在逆变状态，输出功率为负，负载功率反馈给 N 组电源；在区间 Ⅱ 中，$u_o>0$ 和 $i_o>0$，P 组工作在整流状态，输出功率为正，P 组电源给负载提供功率；在区间 Ⅲ 中，$u_o<0$ 和 $i_o>0$，P 组工作在逆变状态，输出功率为负，负载功率反馈给 P 组电源；在区间 Ⅳ 中，$u_o<0$ 和 $i_o<0$，N 组工作在整流状态，输出功率为正，N 组电源给负载提供功率。

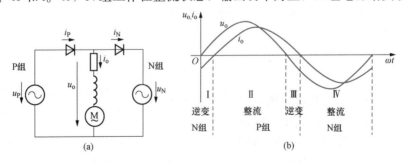

图 5 - 22　交 - 交直接变频电路的等效电路及其波形
（a）理想化的交 - 交直接变频电路的等效电路；（b）输出电压 u_o 和负载电流 i_o 波形

使交 - 交直接变频电路输出正弦电压的调制方法有多种，广泛应用的是余弦交点法。以下将介绍余弦交点法的工作原理。

触发角为 α 时，交 - 交直接变频电路输出电压为

$$\bar{u}_o = U_{do}\cos\alpha \tag{5-6}$$

其中 U_{do} 为 $\alpha = 0°$ 时相控式整流电路的理想空载电压。$\bar{u}_o$ 表示每个控制间隔内输出电压的平均值，是一个随 α 的不同而变化的量。

令要得到的正弦波输出电压为

$$u_o = U_{om}\sin\omega_o t \tag{5-7}$$

式中：U_{om} 为输出电压最大值；ω_o 为输出电压角频率。

比较式（5-6）和式（5-7），可得出触发角要满足的公式

$$\cos\alpha = \frac{U_{om}}{U_{do}}\sin\omega_o t \tag{5-8}$$

因此

$$\alpha = \arccos\left(\frac{U_{om}}{U_{do}}\sin\omega_o t\right) \tag{5-9}$$

上式就是应用余弦交点法求交 - 交直接变频电路触发角 α 的基本公式，是给 P 组还是给 N 组的晶闸管施加触发脉冲要根据负载电流的正负来决定。

以下用图 5-23 对余弦交点法进行说明，在图 5-23 中，电网中相邻两个线电压的交点为 $\alpha = 0°$ 的点。$u_{s1} \sim u_{s6}$ 是线电压所对应的同步余弦信号，$u_{s1} \sim u_{s6}$ 比相对应的线电压超前 30°，原因是为了使 $\alpha = 0°$ 时刻的 $u_{s1} \sim u_{s6}$ 为余弦信号，即 $u_{s1} \sim u_{s6}$ 的最大值正好和相应线电压 $\alpha = 0°$ 时刻相对应，以满足式（5-6）中余弦信号的需求。载波（$u_{s1} \sim u_{s6}$）的下降段与调制波（u_o）的交点时刻作为晶闸管的触发时刻，触发时刻用 u_P 表示，然后得到与该载波对应的线电压所在的两相晶闸管触发脉冲 u_g，用来触发两个晶闸管。

在交 - 交直接变频电路中，其输出电压是由许多段电网电压拼接而成的。输出电压或调制波的一个周期内拼接用的电网电压段的数量越多，输出电压波形越接近正弦波或调制波，如果输出电压频率增高或调制波周期减小，在输出电压一个周期内所含拼接用的电网电压段数就减少，波形畸变就会变得严重。交 - 交直接变频电路输出电压波形畸变与输出上限频率之间很难确定一个明确的界限。就常用的 6 脉波相控式三相桥式全控整流电路而言，一般认为，交 - 交直接变频电路输出电压的上限频率不高于电网频率的 1/3～1/2，即电网频率为 50Hz 时，交 - 交直接变频电路输出电压的上限频率约为 20Hz。

交 - 交直接变频电路采用的是相控式整流电路，其输入电流的相位总是滞后于输入电压，即不论负载功率因数是滞后的还是超前的，输入的电流总是滞后于输入电压，而且触发角 α 越大，滞后角度越大，位移因数越低。另外，负载的功率因数越低，负载有功电流占总电流的比例越低，输入端有功电流占总电流的比例也越低，输入端的功率因数也越低。

5.3.2 三相交 - 交直接变频电路

三相交 - 交直接变频电路由三组输出电压相位各差 120° 的单相交 - 交变频电路组成，三相交 - 交直接变频电路常用的两种接线方式分别是公共交流母线进线方式和输出星形联结方式。

（1）公共交流母线进线方式。图 5-24 为公共交流母线进线方式的三相交 - 交直接变频

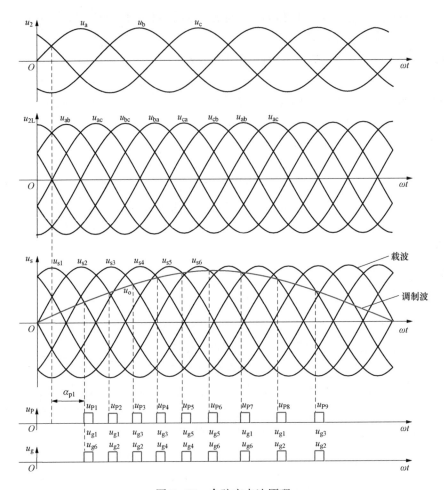

图 5-23　余弦交点法原理

电路简图，由三个独立控制的、输出电压相位各差 120° 的单相交 - 交直接变频电路构成，三个单相交 - 交直接变频电路电源进线端公用，为了防止电源通过两个单相交 - 交直接变频电路中的晶闸管构成回路而短路，公共交流母线进线方式的三相交 - 交直接变频电路输出端必须隔离，常用隔离变压器来实现隔离。

　　（2）输出星形联结方式。图 5-25 为输出星形联结方式的三相交 - 交直接变频电路。电路由三个独立控制的、输出电压相位各差 120° 的单相交 - 交直接变频电路构成，三个单相交 - 交直接变频电路输出端通过负载连接在一起，为了防止电源通过两个单相交 - 交直接变频电路中的晶闸管构成回路而短路，输出星形联结方式的三相交 - 交直接变频电路输入端必须隔离，常用三个隔离变压器来实现隔离。

　　为了减小输入端电流的谐波，可以应用多重化整流电路构成三相交 - 交直接变频电路，如图 5-26 所示，应用 12 脉波相控式整流电路构成了三相交 - 交直接变频电路，a 相输出电压为 12 脉动的电压。该电路适用于更高电压和更大容量的交流电动机四象限运行控制领域。

　　本节介绍了交 - 交直接变频电路，变频电路中交 - 交间接变频电路也应用非常广泛，其先把交流电变成直流电，再把直流电逆变成可变频率的交流电，也叫交 - 直 - 交间接变频电路。和交 - 直 - 交间接变频电路相比，交 - 交直接变频电路有以下优点：交流到交流只经历了一次变换，效率较高；可方便地控制电动机实现四象限运行；低频输出电压波形接近正弦波。缺点是：所用器件较多，接线复杂；受电网频率、变换电路脉波数和一个输出电压周期内拼接用的电网电压段数的限制，输出电压频率较低；因为应用相控式整流电路，输入端功率因数较低；输入电流谐波含量较大，且频谱复杂，所以交 - 交直接变频电路主要用于 500kW 或 1000kW 以上的大功率、低转速的交流调速系统中。

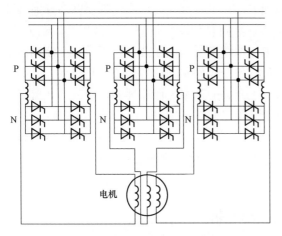

图 5 - 24　公共交流母线进线方式的三相交 - 交
直接变频电路

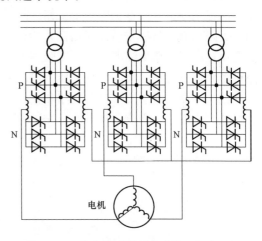

图 5 - 25　输出星形联结方式的三相交 - 交
直接变频电路

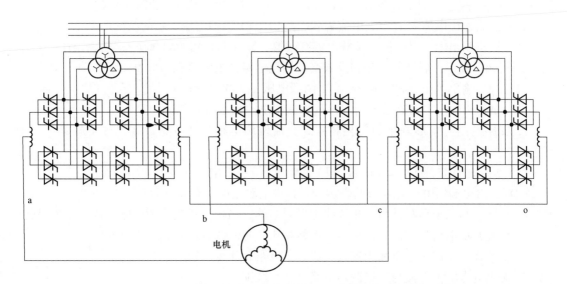

图 5 - 26　12 脉波相控式整流电路构成的三相交 - 交直接变频电路

 本章小结

本章讲述了交流 - 交流变换电路，包括交流调压电路、交流调功电路、交流电力电子开

关和交 - 交直接变频电路。

（1）交流调压电路中主要讲述了相控式交流调压电路和斩控式交流调压电路。相控式交流调压电路包含了单相相控式交流调压电路和三相相控式交流调压电路。在单相相控式交流调压电路中学习了触发角与负载阻抗角之间不同关系下的工作情况及输出电压波形。在三相相控式交流调压电路中，重点讲述了三相三线星形联结方式和支路控制三角形联结方式下不同触发角时的波形。在三相相控式交流调压电路中，晶闸管触发角以及导通的个数较为复杂，需仔细分析，难点是由一个工作区间转换到下一个工作区间时的晶闸管关断与导通的原因。支路控制三角形联结方式是在无功补偿设备（晶闸管控制电抗器）中常用的联结方式，需要重点掌握电路带纯电感时不同触发角下的工作情况及输出电压波形。斩控式交流调压电路可得到近似为正弦波的负载电压，电流的正负与各个器件驱动信号的关系是难点。

（2）本章介绍了交流调功电路和交流电力电子开关的基本工作原理和控制方法，重点理解交流调压电路、交流调功电路、交流电力电子开关之间的区别。

（3）本章讲述了交 - 交直接变频电路的基本工作原理，对比交 - 直 - 交间接变频电路，阐述了直接变频电路的特点，要求掌握交 - 交直接变频电路的上限频率、输入侧功率因数等规律。

习题及思考题

1. 在单相相控式交流调压电路中，交流输入侧的电源电压有效值为 220V，频率为 50Hz，负载为阻感负载，其中 $R=6.28\Omega$，$L=20\text{mH}$，触发角 $\alpha=\pi/3$，要求：
（1）画出输出电压 u_o、负载电流 i_o 和晶闸管 VT1 两端电压 u_{VT1} 的波形；
（2）试求输出电压有效值、负载电流有效值、输入端有功功率和输入端功率因数。

2. 三相三线星形联结的三相相控式交流调压电路带电阻负载，触发角 $\alpha=\pi/6$，要求：
（1）画出输出电压 u_o 和晶闸管 VT1 两端电压 u_{VT1} 的波形；
（2）试给出输出电压有效值的表达式，其中电源相电压有效值为 U_2。

3. 支路控制三角形联结的三相相控式交流调压电路带纯电感负载，触发角 $\alpha=2\pi/3$，要求：
（1）画出输出电压 u_{aL} 和晶闸管 VT1 两端电压 u_{VT1} 的波形；
（2）试给出输出电压有效值的表达式，其中电源相电压有效值为 U_2。

4. 支路控制三角形联结与三相三线星形联结的三相相控式交流调压电路各有什么特点？

5. 交流调功电路与相控式交流调压电路相比，有何特点？

6. 斩控式交流调压电路和相控式交流调压电路有什么区别？

7. 交流电力电子开关与交流调功电路有什么区别？

8. 交 - 交直接变频电路与交 - 直 - 交间接变频电路相比有何特点？

9. 交 - 交直接变频电路输出电压的上限频率约为电网频率的多少？制约输出电压频率提高的因素有哪些？

10. 三相交 - 交直接变频电路有哪两种接线方式？它们各有什么特点？

第 6 章 电力电子技术的应用

[思维导图]

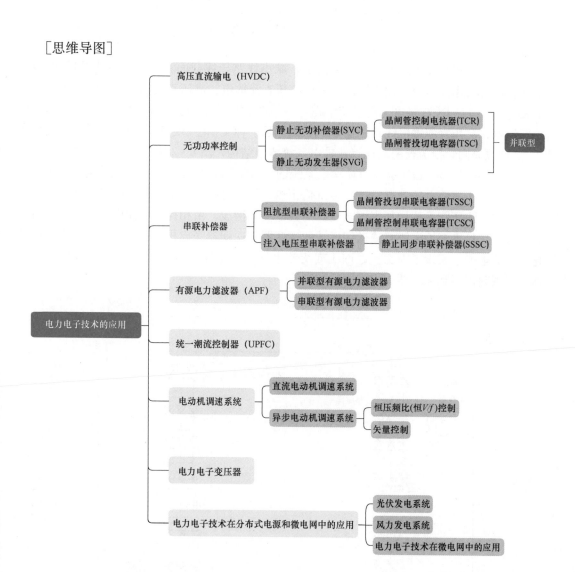

　　电力电子技术的应用十分广泛，几乎与电能变换和控制有关的领域均涉及了电力电子技术，例如开关电源技术领域、新能源发电技术领域、微电网技术领域、新能源汽车技术领域等。本章主要介绍电力电子技术在电力系统中的典型应用。

6.1　高压直流输电

　　高压输电可提高输电线的电能传输能力，减小线路导线截面积，降低线路投资和功耗，电能传输既可采用高压交流输电，也可采用高压直流输电。高压直流输电（high voltage DC transmission，HVDC）是电力电子技术在电力系统领域应用较为成熟的技术。高压直流输电由整流器、高压直流输电线路和逆变器构成，是一种交 - 直 - 交变换电路。图 6 - 1 给出了基于 12 脉波晶闸管换流器的高压直流输电系统典型结构，图 6 - 2 给出了基于 MMC 的 VSC（voltage source converter）高压直流输电系统的典型结构。在图 6 - 1 中，交流电网 1 提供能量，由换流变压器将电压升高后送到多重化相控式整流电路，多重化的目的是消除交流侧电流谐波、增大耐压能力和增加直流电压脉动数以消除谐波。由相控式整流电路将高压交流变为高压直流，经直流输电线路输送到远端的逆变器，逆变器完成相控有源逆变后将直流电能转化为交流电能，实现了由交流电网 1 向交流电网 2 的电能传输。在图 6 - 2 中，应用全控型器件实现整流器和逆变器。

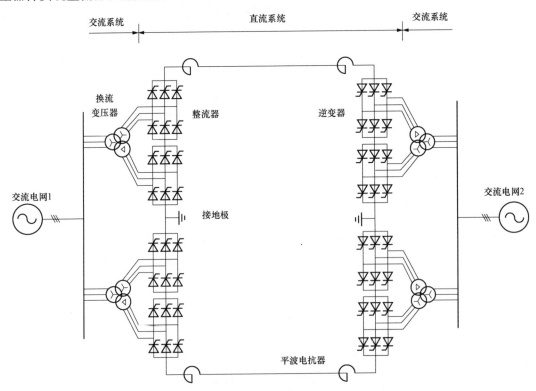

图 6 - 1　基于晶闸管换流器的高压直流输电系统的典型结构

　　与高压交流输电技术相比，高压直流输电技术具有以下优势：

（1）更有利于进行远距离和大容量的输电，有利于海底或者地下电缆输电。交流输电

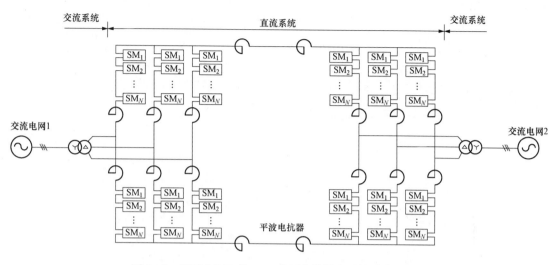

图 6-2 基于 MMC 的 VSC 高压直流输电系统的典型结构

时，交流线路中存在电感和电容参数，输电距离受限，尤其在海底或者地下传输时电感和电容两个参数影响更为明显，高压直流输电中，不受线路电感和电容参数的影响，导线上没有感抗和容抗，使得在线路上没有无功损耗。另外，直流输电线路没有集肤效应问题，导线的截面积能得到充分利用，相同输电容量下直流输电线路占地面积也小。

（2）更有利于联网。交流直接联网需要解决同步、稳定性等问题，通过直流联网实际上是交-直-交的联网，直流输电起到了直流输电所连的两侧交流电网频率变换的作用，更无须两侧交流电网同步运行。甚至有些高压直流输电工程的目的主要是实现两个交流电网的联网，而不是远距离输电，这就是"背靠背"直流工程，中间没有远距离输电线路。

（3）可控性更强。高压直流输电中的整流器和逆变器都是由电力电子电路构成，电力电子电路的快速可控性可以迅速而且精确地控制有功功率，还可以改善所连交流系统的稳定性和限制短路电流等。

高压直流输电也有缺点，例如直流输电换流站的设备多、造价高、运行费用高、可靠性低等，还有变换系统产生谐波、直流断路器技术没有很好解决等问题。

基于晶闸管换流器的高压直流输电常用的控制方法如图 6-3 所示，基于 MMC 的 VSC 高压直流输电常用的控制方法与之相类似，只是控制器件开通和关断的信号生成部分有区别。图 6-3（a）为定电流控制方法，控制直流电流达到指定的恒定值（电流指令），图 6-3（b）为定电压控制方法，控制直流电压达到指定值（电压指令），图 6-3（c）为定功率控制方法，调整直流电流使直流功率达到指定值（功率指令）。以整流器的定电流控制为例来说明高压直流输电控制原理，实际电流与电流指令形成负反馈控制闭环，α_0 为 $t=0$ 时的触发角 α 的初值，当 $I_d > I_d^*$ 时，目标是使 I_d 减小，此时误差信号为负，由于触发角 α 增大，电流 I_d 减小，所以为了形成负反馈，需要误差信号乘以 -1，之后 $\Delta\alpha > 0$，触发角 α 增大，使得输出直流侧电压平均值减小，电流 I_d 减小，最后稳态时 $I_d = I_d^*$；当 $I_d < I_d^*$ 时，目标是使 I_d 增大，闭环控制实现触发角 α 减小，使得输出直流侧电压平均值增大，电流 I_d 增大，最后稳态时 $I_d = I_d^*$。定电压控制方法和定功率控制方法的原理与定电流控制方法相似，都是形成负反馈控制闭环。

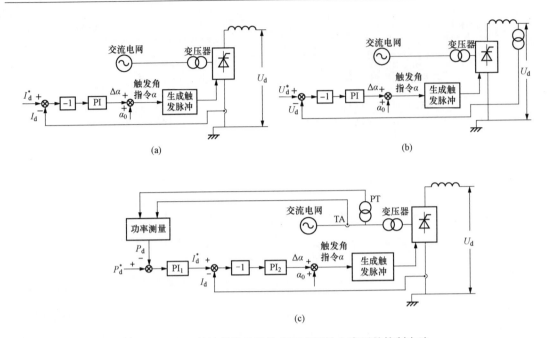

图 6-3　基于晶闸管换流器的高压直流输电常用的控制方法
(a) 定电流控制方法；(b) 定电压控制方法；(c) 定功率控制方法

6.2　无功功率控制

无功功率的影响在第 2.3 节中已经做了介绍，控制无功功率可提高功率因数，可调整电压使电网电压稳定，进而改善电网供电质量。无功功率补偿装置是常用的控制无功功率的装置，常并联在系统节点上，故属于并联补偿装置。

如图 6-4 所示的电力系统中，S 点为电源，电压、有功功率和无功功率分别为 U_S、P_S、Q_S，L 点为负荷，电压、有功功率和无功功率分别为 U_L、P_L、Q_L，线路电抗为 X，电源电压 $\dot{U}_\mathrm{S}$ 超前于 L 点电压 $\dot{U}_\mathrm{L}$ 的相角为 δ。可得 L 点（线路末端）的感性无功功率为

$$Q_\mathrm{L}=\frac{U_\mathrm{L}(U_\mathrm{S}\cos\delta-U_\mathrm{L})}{X} \tag{6-1}$$

线路中的无功电流 I_Q 流经线路感抗 X 时引起的电压降为

$$\Delta U=I_\mathrm{Q}X=\frac{Q_\mathrm{L}X}{U_\mathrm{L}} \tag{6-2}$$

电源端输出的感性无功功率 Q_S 为

$$Q_\mathrm{S}=\frac{U_\mathrm{S}(U_\mathrm{S}-U_\mathrm{L}\cos\delta)}{X} \tag{6-3}$$

如果在负荷节点 L 处并联一个静止无功补偿器，例如输出感性无功补偿功率为 Q_C，则 L 点的无功功率降为 $Q_\mathrm{L}-Q_\mathrm{C}$，无功电流降为 I'_Q，电压变为 U'_L，这时节点电压降将减小为

$$\Delta U'=I'_\mathrm{Q}X=\frac{(Q_\mathrm{L}-Q_\mathrm{C})X}{U'_\mathrm{L}} \tag{6-4}$$

电源端输出的感性无功功率将减小为

$$Q_S = \frac{U_S(U_S - U'_L \cos\delta)}{X} \tag{6-5}$$

由式（6-4）和式（6-5）可知，并联静止无功补偿器后，负荷无功功率被补偿，系统的电压降变小，也就是电压损耗变小，发电机、变压器和输电线路等电力设备中的无功功率变小，可以发送更多的有功功率，提高了利用率。

6.2.1　静止无功补偿器

静止无功补偿器（static var compensator，SVC）是由晶闸管控制电抗器（thyristor controlled reactor，TCR）和晶闸管投切电容器（thyristor switched capacitor，TSC）构成，如图 6-5 所示，可以输出容性无功，也可以输出感性无功，是应用广泛的一种无功补偿装置。以下具体介绍其构成和基本原理。

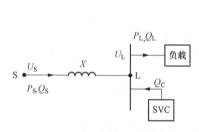

图 6-4　含无功功率补偿的电力系统

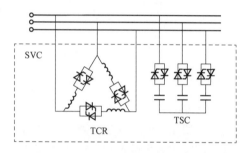

图 6-5　SVC 电路图

1. 晶闸管控制电抗器

晶闸管控制电抗器是第 5 章中交流调压电路带电感性负载的一个典型应用，可以是单相相控式交流调压电路，也可以是支路控制三角形联结的三相相控式交流调压电路。图 6-6 给出了两种 TCR 调节系统电压时的控制方法，图 6-6（a）给出了只有电压反馈的控制方法的控制框图，检测系统电压 U，与系统电压指令值 U^* 进行比较，误差经过 PI 调节器后生成 TCR 的电流指令，然后进入线性化环节生成触发角 α，其控制闭环为负反馈，最终使得 $U = U^*$。图 6-6（b）为包含电压外环和电流内环的双闭环控制方法，目的是改善控制性能，两个闭环均为负反馈闭环，最终使得 $U = U^*$。其中控制闭环中线性化环节是对 TCR 的基波电流与触发角 α 之间非线性关系的线性化。

因为 TCR 是相控交流调压电路带纯电感负载，因此触发角 α 的移相范围为 $90° \sim 180°$，通过控制触发角，可以连续调节 TCR 输出的无功电流。

2. 晶闸管投切电容器

晶闸管投切电容器是第 5 章中交流电力电子开关的一个典型应用，如图 6-7（a）所示。图 6-7（b）给出了 TSC 电路投切原理说明，预先给电容充电达到交流电源电压的峰值，TSC 投入时刻为交流电源和电容电压相等的时刻。此时，开关两端电压相等，电容器电压不会产生跃变，电流从零开始变化，无冲击电流。在 t_1 时刻前，电容两端电压 u_C 已经由上一次导通时段（晶闸管 VT1 导通）充电至电源电压正的峰值，在 t_1 时刻，u_S 与 u_C 相等，给 VT2 触发脉冲，VT2 导通，电容电流 i_C 从零开始流通，此时电容放电，电流为负，在电流变为正的时刻触发 VT1，电路继续导通，以后 VT1 和 VT2 在电流过零点交替导通。当切除电容时，在 t_2 时刻 i_C 过零处，VT2 关断，撤除 VT1 和 VT2 触发脉冲，VT1 和 VT2 均关断，u_C 保持在 VT2 导通结

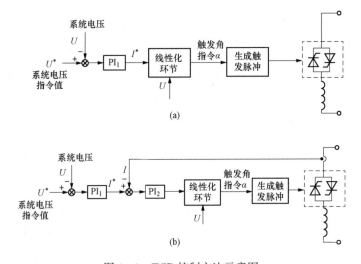

图 6 - 6　TCR 控制方法示意图

（a）只有电压反馈的控制方法示意图；（b）带电流内环的电压反馈控制方法示意图

束时的电压，即电源电压负峰值，为下一次通过 VT1 投入电容做准备。开始投入电容时 VT2 导通而投入，切除电容时刻是流过 VT2 电流为零的时刻，下一次开始投入电容时 VT1 导通而投入，这样可以在多次投入时，VT1 和 VT2 导通次数基本相等以增加晶闸管使用寿命。图 6 - 7（c）给出了投切控制框图，检测晶闸管两端电压，输入到电平转换和限幅电路中，输出要检测的信号，过零点检测电路检测出电压过零时刻，投切指令信号与过零信号经过逻辑门电路后生成开通信号，将晶闸管开通脉冲经高频调整和功率放大后去触发晶闸管。

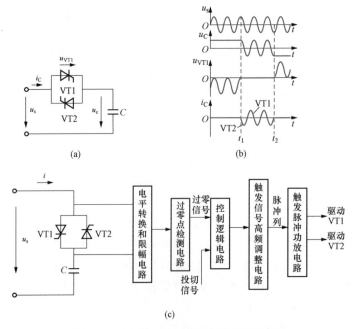

图 6 - 7　TSC 电路、投切原理及控制框图

（a）TSC 电路；（b）投切原理说明；（c）投切控制框图

因为 TSC 中电容预先充以电源电压峰值的电压，所以晶闸管的最大耐压应该是电源电压峰值的 2 倍。

6.2.2　静止无功发生器

静止无功发生器（static var generator，SVG），也称为静止同步无功补偿器（static synchronous compensator，STATCOM），也是一种常用的无功补偿装置。SVG 常采用电压型变换电路来实现，可以应用 PWM 控制，与电压型 PWM 整流电路或者电压型 PWM 逆变电路原理相似，区别是变换电路交流侧的电流与电源电压之间的相角不同，SVG 的交流侧电流为无功电流，电压型 PWM 整流电路的交流侧电流为有功电流。SVG 电路图如图 6-8（a）所示，工作原理可由图 6-8（b）所示的单相等效电路来说明。在图 6-8（c）和图 6-8（d）所示的相量图中，电网电压为 $\dot{U}_s$，SVG 吸收的无功电流为 $\dot{I}_s$，SVG 输出的基波电压为 $\dot{U}_I$，电抗器 X（$X=\omega L$）上的电压为 $\dot{U}_L$，通过 $\dot{U}_I$ 控制 $\dot{U}_L$，间接控制 SVG 吸收的无功电流，该电流可以是容性无功电流，如图 6-8（c）所示，可以是感性无功电流，如图 6-8（d）所示。

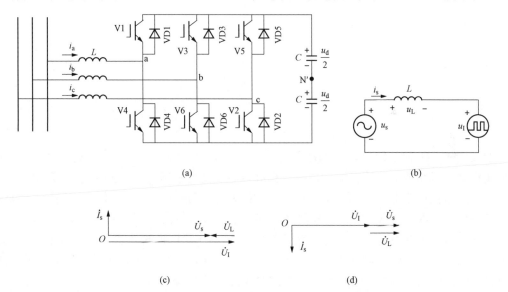

图 6-8　SVG 电路、单相等效电路及工作相量图
（a）SVG 电路；（b）单相等效电路；（c）吸收容性无功（电流超前）；（d）吸收感性无功（电流滞后）

与 SVC 相比，SVG 有以下特点：

（1）提供的最大无功功率仅受半导体器件限制，不受电网电压下降的影响。因为 SVG 能控制其变换电路交流侧电压的幅值和相位，始终可以提供最大无功电流，SVC 所能提供的最大无功电流由电网电压和电抗器或电容器的阻抗决定，因而最大无功电流随着电网电压的降低而减小，因此 SVG 的运行范围比 SVC 大。

（2）SVG 的无功功率调节速度更快。由于 SVG 应用全控型器件，其响应速度比 SVC 快。

（3）SVG 输出电流谐波含量小。在采取多重化或 PWM 控制技术等措施后可减少 SVG 输出电流中谐波的含量。

（4）SVG 变换电路中滤波用的电抗器和电容元件远比 SVC 中使用的电抗器和电容元件要小，电抗器和电容器的体积和成本将大幅减少。

（5）SVG 使用数量较多的较大容量全控型器件，其价格比 SVC 使用的晶闸管高得多。

6.3　串 联 补 偿 器

除了并联补偿装置外，串联补偿装置也可以改善供电质量和提高输电容量，其串联在线路中。本节主要介绍补偿线路阻抗的阻抗型串联补偿器和注入电压型的串联补偿器。

1. 阻抗型串联补偿器

阻抗型串联补偿的基本原理如图 6-9 所示，S 点为输电线路的送端，电压、有功功率和无功功率分别为 U_S、P_S、Q_S，L 点为受端，电压、有功功率和无功功率分别为 U_L、P_L、Q_L，线路电抗为 X_L，送端电压 $\dot{U}_S$ 超前于受端电压 $\dot{U}_L$ 的相角为 δ。可得 L 点（受端）的有功功率 P_L 和感性无功功率 Q_L 分别为

$$P_L = \frac{U_S U_L}{X_L} \sin\delta \tag{6-6}$$

$$Q_L = \frac{U_L (U_S \cos\delta - U_L)}{X_L} \tag{6-7}$$

线路中的有功电流 I_P 和无功电流 I_Q 流经线路感抗 X 时引起的电压降 ΔU_P 和 ΔU_Q 分别为

$$\Delta U_P = \frac{X_L P_L}{U_L} \tag{6-8}$$

$$\Delta U_Q = \frac{X_L Q_L}{U_L} \tag{6-9}$$

如果增加了串联补偿器，例如串联电容器，可以改变等效电抗，由 X_L 变为 $X_L - X_C$。可以实现减小线路压降以改善电压质量、提高输电线路的传输功率极限值等功能。

常用的阻抗型串联补偿器是晶闸管投切串联电容器（thyristor switched series capacitor，TSSC）和晶闸管控制串联电容器（thyristor controlled series capacitor，TCSC）。

晶闸管投切串联电容器是一种串联补偿器，由一对反并联的晶闸管与电容器并联构成，如图 6-10 所示，相当于交流电力电子开关与电容器并联，通过开关的开通和关断投入或切除串联在电网中的电容器，可以由多个 TSSC 串联，通过增加或减小串联电容的数量，达到分级补偿的目的。

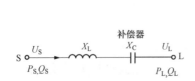

图 6-9　串联补偿的基本原理

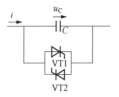

图 6-10　TSSC 电路图

晶闸管投切串联电容器（TSSC）与晶闸管投切电容器（TSC）相比，实现补偿电压的原理不同，TSSC 是通过改变传输线路的电抗值来提高线路末端电压，TSC 是对线路末端的负荷的无功功率进行就地补偿，减小无功电流引起的线路压降来提高末端电压。

晶闸管控制串联电容器也是一种串联补偿装置，由一个固定电容器和一个带纯电感的调压电路并联构成，如图 6-11 所示，通过晶闸管对流过电抗 $X(X = \omega L)$ 的电流 i_L 进行控制，

在电压 u_c 作用下，等效电感可调，既可使 L、C 并联后的等效电抗为感性，也可以使等效电抗为容性，且可通过晶闸管触发角连续调节该等效电抗值，控制原理与 TCR 相近。

　　TCSC 的控制原理如图 6-12 所示，触发角 α 以线路电流 i 的零点为起点，检测线路电流 i，因为 i 中谐波电流严重，所以需要滤波电路进行滤波后得到基波电流 i_1，经过同步锁相环电路后可得到基波电流的过零点，在基波电流 i_1 过零点为起点得到触发角 α，再由触发脉冲发生器产生触发脉冲来触发 VT1 和 VT2。控制电路中电流—触发角变换器是与 TCR 控制相似的线性化环节。在控制闭环中，期望的补偿后总的电抗 X^* 作为指令值，实际总的电抗 X 与指令值进行比较，经过 PI 调节器后生成电感电流指令 i_L^*，然后去改变触发角后触发晶闸管，最后改变实际电抗 X，形成负反馈闭环，使得 $X=X^*$。TCSC 的电抗闭环控制方案也适用于 TSSC，但不是控制触发角，而是控制多个串联的 TSSC 数量来调节电抗的值。

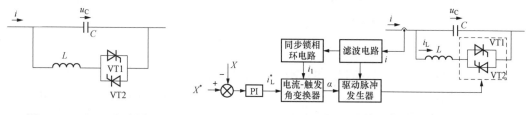

图 6-11　TCSC 电路图　　　　　　　　图 6-12　TCSC 控制原理

2. 注入电压型串联补偿器

　　静止同步串联补偿器（static synchronous series compensator，SSSC）也是一种可控串联补偿装置，属于常用的注入电压型的串联补偿器。如图 6-13 所示，SSSC 与 SVG 一样，采用了基于全控型器件的电压型变换电路，其主要作用是将变换电路输出电压端串联接入线路。按照其注入电压与原系统电压的关系可将 SSSC 分为两类：一类是注入装置所注入的电压相量和网侧线路电流相量正交，即注入的是无功功率，此类装置实际上在网侧线路中模拟出一个可调电容或可调电感，与 TCSC 的阻抗补偿的作用原理相同；另一类是注入电压相量的方向和网侧线路电压方向相同或存在一定角度，因为注入电压和线路侧绕组中的电流方向相同或存在一定角度，所以 SSSC 需要注入有功功率和无功功率，这就要求 SSSC 直流侧需要储能设备提供有功功率，当注入电压相量的方向和网侧线路电压方向相同时，总的输出电压将是网侧电压和注入电压的代数和，此时 SSSC 起到了电压调节器的作用，常称为动态电压恢复器（dynamic voltage restorer，DVR）。

　　图 6-14 给出了 SSSC 的控制框图，图中串联补偿器控制闭环中有三个指令值，分别是注入无功电压指令值 U_{Cq}^*、注入有功电压指令值 U_{Cp1}^*、变换电路直流侧电容电压指令值 U_{dc}^*。

　　在注入无功电压闭环中，注入无功电压指令的绝对值 $|U_{Cq}^*|$ 作为指令，实际注入的无功电压的检测值 U_{Cq} 作为反馈，经过 PI 调节器生成变换电路端口输出电压的无功部分 U_q^*。注入有功电压闭环由两部分并联而成，其中一部分是变换电路直流侧电压控制闭环，变换电路期望的直流侧电压 U_{dc}^* 作为指令，实际直流电压 U_{dc} 作为反馈，经过 PI 调节器生成变换电路端口输出电压的有功部分之 ΔU_{dc}，由 ΔU_{dc} 产生的有功电压是用于消除变换电路直流侧电压的上升或下降；另一部分是所注入的有功电压控制，控制注入的有功电压，指令值为 U_{Cp1}^*。为了方便有功控制，可以将 ΔU_{dc} 与 U_{Cp1}^* 相加作为总的有功电压指令 U_{Cp}^*，然后形成闭环控制，将实际有功电压的检测值 U_{Cp} 作为反馈，经过 PI 调节器后生成变换电路端口输出

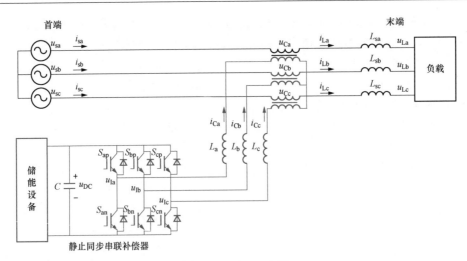

图 6 - 13　SSSC 电路

电压的有功部分 U_p^*。由 U_q^* 和 U_p^* 可以求出变换电路端口电压的幅值 U_{pq} 和超前线路电流 i 的相角 θ_{pq}，锁相环可得到线路电流 i 的相角 θ，与 θ_{pq} 相加后可得变换电路端口电压的相角 θ_C，经过 PWM 控制和驱动电路去驱动全控型器件，输出幅值为 U_{pq} 和相角为 θ_C 的端口电压，最终实现网侧线路电压的控制。

　　动态电压恢复器也可以应用 6 - 14 所示的控制方法，只是需要实时地、精确地计算出注入电压指令的瞬时值，然后控制变换电路注入相应的补偿电压，实时补偿电网电压的扰动。

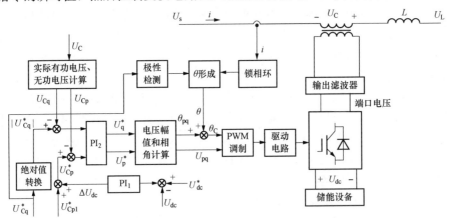

图 6 - 14　SSSC 控制框图

SSSC 与应用晶闸管的串联补偿装置的对比如下：

　　（1）SSSC 产生独立的可控的补偿电压，与线路电流大小无关，TSSC 提供的补偿电压与线路电流成比例。

　　（2）SSSC 在直流侧有储能设备时既可以向系统注入无功功率，也可以向系统提供有功功率。

　　（3）TSSC 和 TCSC 采用可靠性较高的晶闸管，晶闸管的额定电压和额定电流较大，使得应用晶闸管的串联补偿装置容量更容易做大。

　　（4）SSSC 应用全控型器件，在采用多重化或者 PWM 控制技术时，输出电流谐波较少，应用晶闸管的串联补偿装置会向电网注入低次谐波电流。

（5）应用晶闸管的串联补偿装置直接与较高电压等级的输电线耦合，对绝缘性能要求很高，SSSC 通过耦合变压器串联接入线路，变换电路可以工作在较低的电压，对绝缘性能要求相对较低。

6.4　有源电力滤波器

在第 2.3 节中讲述了谐波电流和谐波电压对电网产生的危害，有源电力滤波器（active power filter，APF）是一种谐波补偿装置，可有效抑制谐波电流和谐波电压，改善用电质量。按有源电力滤波器与被补偿负载之间的连接方式可分为并联型有源电力滤波器和串联型有源电力滤波器。

1. 并联型有源电力滤波器

并联型有源电力滤波器属于并联补偿装置的一种。并联型 APF 与 SVG 一样，常采用电压型变换电路来实现，也可以应用 PWM 控制。其电路、控制原理和波形如图 6-15 所示，

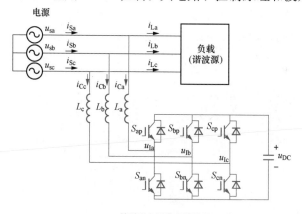

并联型有源电力滤波器

(a)

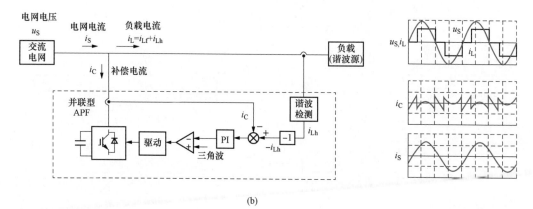

(b)

图 6-15　并联型 APF 电路、控制原理和波形

（a）并联型 APF 电路；（b）控制原理与波形

负载电流 i_L 中包含基波电流 i_{Lf} 和谐波电流 i_{Lh}，并联型 APF 检测出谐波电流 i_{Lh} 并取负后作为并联型 APF 的电流闭环的电流指令，通过电流闭环控制使得输出电流 $i_C = -i_{Lh}$，这样电源电流 i_S 中就没有了谐波电流，只含有基波电流。

2. 串联型有源电力滤波器

串联型有源电力滤波器是属于串联补偿装置的一种。串联型 APF 串联在电网和负载之间，用来抑制电网电流中的谐波电流。其电路、控制原理和波形如图 6-16 所示，串联型 APF 可以等效为一个电压源，控制其补偿电压 u_C 正比于电源的谐波电流 i_h，即 $u_C = K i_h$，此时，串联型 APF 相当于串入电网一个很大的谐波阻抗，其等效阻值为 $K\ \Omega$，而对基波的阻值为 0。当 K 足够大时，电网电流的谐波分量将比不串入串联型 APF 时明显减小。图 6-16（b）给出了串联型 APF 的控制原理和波形，控制系统检测电网电流的谐波分量 i_h，乘系数 K 后作为串联型 APF 的输出电压的指令，通过三角波比较控制方式生 PWM 脉冲波来控制 IGBT，最终产生与输出电压指令相对应的补偿电压 u_C。如图 6-16（b）中波形所示，在未投入串联型 APF 前电源电流 i_S 包含大量谐波，投入串联型 APF 后，串联型 APF 产生补偿电压 u_C，相当于串入电网很大的谐波阻抗来抑制电源的谐波电流，补偿后的电源电流 i_S 的波形非常接近正弦波，说明投入串联型 APF 后电源电流 i_S 的谐波含量大幅度减小了，达到了抑制电源电流 i_S 中的谐波的目的。负载电压 u_L 的波形这时已不是一个正弦波，而是一个含有谐波电压的阶梯波。

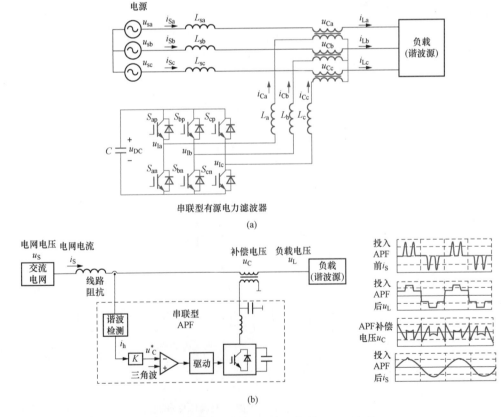

图 6-16 串联型 APF 电路、控制原理和波形
(a) 串联型 APF 电路；(b) 控制原理与波形

6.5 统一潮流控制器

并联补偿器具有控制电网无功功率和电压的功能，串联补偿器具有改善供电质量和控制潮流的功能，将两者结合起来就构成了统一潮流控制器（unified power flow controller, UPFC）。统一潮流控制器是由两个背靠背的电压型变换电路组合而成的变换装置，是综合了多种功能的补偿设备，UPFC 能够有选择地控制影响电力系统中线路潮流的参数（电压、阻抗和相位角等），也可以同时统一控制影响电力系统中线路潮流的参数。可以实现并联补偿功能，例如并联无功控制和接入点处的电压控制，也可以实现串联补偿功能，例如电压注入控制、有功和无功功率注入控制（潮流控制）和 SSSC 控制模式。同时，可以对以上并联补偿和串联补偿功能进行适当的组合实现多功能控制功能。

UPFC 的电路图如图 6 - 17 所示，两个电压型变换电路背靠背构成主电路，由于应用的是全控型器件，两个变换电路既可以工作在整流状态，也可以工作在逆变状态，两个变换电路的功率可以双向流动。UPFC 有多种工作模式，其串联变换电路部分和并联变换电路部分的控制方法与前面讲述的串联补偿和并联补偿相近，控制方法中需要注意的是两个变换电路之间有功功率的流动。

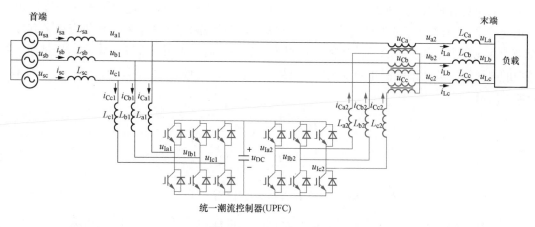

图 6 - 17 UPFC 电路图

UPFC 的单相等效电路如图 6 - 18 所示，其并联侧等效为电流源，串联侧等效为电压源。

1. 并联侧工作模式

（1）无功功率控制模式。在无功功率控制模式中，并联侧变换电路可以补偿容性或感性无功功率，控制系统由无功功率控制闭环和电流控制闭环构成，将无功功率补偿指令与输出的无功功率相减，生成并联变换电路的补偿电流指令，通过电流闭环使并联侧变换电路的输

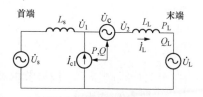

图 6 - 18 UPFC 的单相等效电路

出电流等于补偿电流指令，最终实现输出的无功功率等于无功功率补偿指令。此外，通过直流侧电压闭环控制使并联侧变换电路输入或输出有功电流，以维持直流侧电压恒定。

（2）自动电压控制模式。在自动电压控制模式中，并联侧将自动调节并网点的电压，控

制系统由电压控制闭环和电流控制闭环构成,将电压指令与实际电压值相减,生成并联变换电路的补偿电流指令,通过电流闭环使并联侧变换电路的输出电流等于补偿电流指令,最终实现并网点的电压值等于电压指令。

2. 串联侧工作模式

串联侧有 4 种工作模式,分别是电压补偿模式、阻抗补偿模式、相角调节模式和综合补偿模式。

(1) 电压补偿模式。如图 6 - 19 (a) 所示,$\dot{U}_1$ 为并网点的母线电压,$\dot{U}_c$ 为 UPFC 的串联补偿电压,当 $\dot{U}_1$ 与 $\dot{U}_c$ 方向相同或者相反时,经 UPFC 补偿后的并网点的母线电压幅值可以变大或者减小,而电压相位并不发生变化。末端有功功率 P_L 和无功功率 Q_L 分别为

$$P_L = \frac{(U_1 + U_c) U_L}{X_L} \sin\delta \qquad (6 - 10)$$

$$Q_L = \frac{U_L \left[(U_1 + U_c) \cos\delta - U_L \right]}{X_L} \qquad (6 - 11)$$

式中:δ 为电压 $\dot{U}_1$ 超前于末端电压 $\dot{U}_L$ 的相角;X_L 等于 ωL_L。

(2) 阻抗补偿模式。如图 6 - 19 (b) 所示,此时 UPFC 串联侧输出的电压与线路电流呈正交关系,因此 UPFC 串联侧只输出无功功率,与线路之间没有任何有功交换,其效果相当于在线路中附加了等效阻抗,使线路阻抗得到补偿后变大或者变小,串联侧通过注入线路中的电压滞后或超前线路电流 90°来对线路进行容性或感性补偿。末端有功功率 P_L 和无功功率 Q_L 分别为

$$P_L = \frac{U_1 U_L}{X_L - X_c} \sin\delta \qquad (6 - 12)$$

$$Q_L = \frac{U_L (U_1 \cos\delta - U_L)}{X_L - X_c} \qquad (6 - 13)$$

式中:X_c 为 UPFC 串联侧在线路中的等效阻抗,其值等于 U_c / I_L。

(3) 相角调节模式。如图 6 - 19 (c) 所示,当母线电压 $\dot{U}_1$ 与 UPFC 串联侧注入电压 $\dot{U}_c$ 进行相加后,其相角发生了变化,而幅值并未发生变化,此时 UPFC 实现的是母线电压相位调节的功能。末端有功功率 P_L 和无功功率 Q_L 分别为

$$P_L = \frac{U_1 U_L}{X_L} \sin(\delta - \beta) \qquad (6 - 14)$$

$$Q_L = \frac{U_L \left[U_1 \cos(\delta - \beta) - U_L \right]}{X_L} \qquad (6 - 15)$$

式中:β 为母线电压 $\dot{U}_1$ 被调节的相角。

(4) 综合补偿模式。如图 6 - 19 (d) 所示,综合补偿模式是前三种模式中 UPFC 功能的综合应用,可以同时实现电压补偿功能、阻抗补偿功能和相角调节功能,UPFC 串联侧注入电压 $\dot{U}_c$ 由用于电压补偿的相量、用于阻抗补偿的相量和用于相角调节的相量相加后得到。

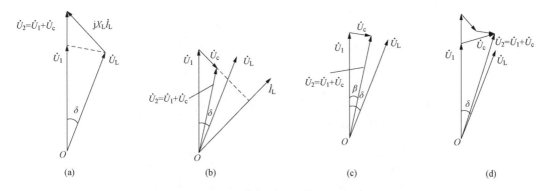

图 6-19　UPFC 的串联侧工作模式

（a）电压补偿模式的相量图；（b）阻抗补偿模式的相量图；（c）相角调节模式的相量图；
（d）综合补偿模式的相量图

6.6　电动机调速系统

电力电子技术在电力传动系统中的应用非常广泛，在直流电动机调速和交流电动机调速中都有应用。电力电子装置是电源与电动机之间的接口设备，用于控制电动机的转速，以使电动机输出所需的转速。

6.6.1　直流电动机调速系统

直流不可逆调速系统和直流可逆调速系统是直流电动机调速常用的两种系统，直流不可逆调速系统的直流电动机主要工作在第 1 象限，直流可逆调速系统的直流电动机可以四象限运行，本节主要介绍直流可逆调速系统，直流不可逆调速系统的基本原理与直流可逆调速系统中直流电动机在第 1 象限的工作原理相近。

如图 6-20 所示，直流可逆调速系统由反并联的两组整流电路构成，分为正组 P 和反组 N，两组变换电路均可实现整流和相控有源逆变，可实现直流电动机的四个象限运行，图 6-21 给出了对应直流电动机四个象限运行的两组变换电路的工作情况，正组变换电路触发角和逆变角分别用 α 和 β 表示，反组变换电路触发角和逆变角分别用 α' 和 β' 表示，逆变角等于 π 减去触发角。

第 1 象限：直流电动机正转，工作在电动运行状态，正组变换电路 P 工作在整流状态，此时触发角 $\alpha < \pi/2$，$E_M < U_{d\alpha}$。

第 2 象限：直流电动机正转，工作在发电运行状态，反组变换电路 N 工作在相控有源逆变状态，此时逆变角 $\beta' < \pi/2$（触发角 $\alpha' > \pi/2$），$E_M > U_{d\beta'}$。

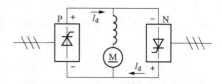

图 6-20　两组晶闸管整流电路反并联的直流可逆调速系统

第 3 象限：直流电动机反转，工作在电动运行状态，反组变换电路 N 工作在整流状态，此时触发角 $\alpha' < \pi/2$，$E_M < U_{d\alpha'}$。

第 4 象限：直流电动机反转，工作在发电运行状态，正组变换电路 P 工作在相控有源逆变状态，此时逆变角 $\beta < \pi/2$（触发角 $\alpha > \pi/2$），$E_M > U_{d\beta}$。

两个反并联的变换电路工作时，需要注意环流的影响，所谓环流是指不经过直流电动机

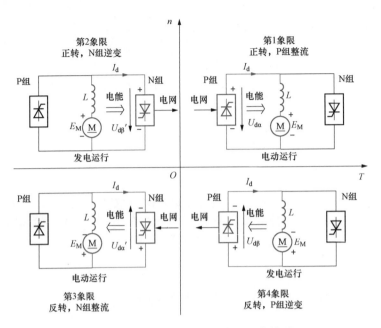

图 6-21   直流电动机四个象限工作情况

而直接在两组变换电路之间流通的短路电流。如图 6-22（a）所示，两个三相半波变换电路反并联构成直流可逆调速系统，两个三相半波变换电路同时给负载提供电流，该电路是一种有环流可逆调速系统，环流与两组变换电路的触发角有关。假设 P 组变换电路整流时触发角为 α，且 N 组变换电路工作在逆变或者待逆变状态，逆变角为 β'，严格保证 $\alpha = \beta'$ 的配合控制关系，该电路中两组三相半波变换电路均工作，直流电动机在各象限之间切换时，其过渡过程的转速变化较为平滑。两组变换电路输出电压平均值相等，极性相抵，无平均值环流，但两组变换电路输出电压瞬时值不相等，会产生脉动环流，可增加平衡电抗器（环流电抗器）来限制环流。图 6-22（b）给出了通过控制变换电路输出电压来调速的控制框图，在调整触发角和逆变角时 α 和 β' 同时变化，且要保证 $\alpha = \beta'$，在调整过程中一组变换电路工作在整流状态，另一组变换电路处于待相控有源逆变状态；或者一组变换电路工作在相控有源逆变状态，另一组变换电路处于待整流状态，调节 α 和 β' 的大小可以调节直流电动机的转速。系统调节过程：当负载转矩增大时，直流电动机转速降低，反电动势降低，这时通过转速闭环来控制电流指令增大，使得触发角减小，变换电路输出电压增大，直流电动机转速增大，形成负反馈闭环，最终使得 $n = n^*$。

无环流的直流可逆调速系统如图 6-23（a）所示，其既没有直流平均值环流，也没有瞬时脉动环流，两组变换电路在任何时刻只有一组投入工作，另一组变换电路的触发脉冲被逻辑电路封锁，而使该电路处于阻断状态，两组变换电路不允许同时工作，否则可能出现电源通过两个变换电路中的晶闸管短路的现象，两组变换电路分时工作不存在环流。当两组变换电路之间需要切换时，不能简单地把原来工作着的一组变换电路的触发脉冲立即封锁，而同时给原来封锁着的另一组变换电路的晶闸管立即施加触发脉冲，因为晶闸管是半控型器件，关断需要电流降为零，如果已导通的一组变换电路仍然在续流，而另一组变换电路中的晶闸管被触发，那么可能会形成两组变换电路同时导通的现象，将有很大的环流产生，电路中又

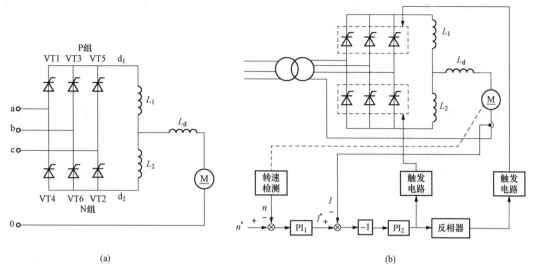

图 6-22　三相半波变换电路反并联的有环流直流可逆调速系统

（a）三相半波变换电路反并联的有环流直流可逆调速电路；（b）控制框图

无抑制环流的电抗器存在，所以会因过流而烧毁晶闸管。故通过逻辑控制电路来实现原导通的变换电路的电流降为零而关断后，间隔一段时间后再给另一组变换电路的晶闸管施加触发脉冲，如图 6-23（b）所示。

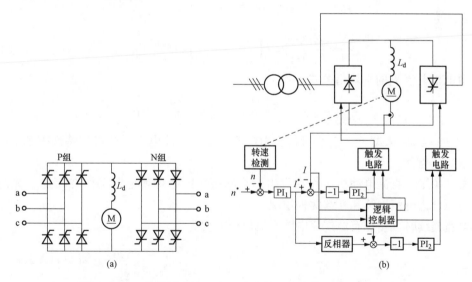

图 6-23　三相桥式变换电路反并联的无环流直流可逆调速系统

（a）三相桥式变换电路反并联的无环流直流可逆调速电路；（b）控制框图

在第 1 象限，直流电动机工作在电动运行状态，P 组变换电路工作在整流状态。直流电动机可看作是一种反电动势负载，与第 2 章介绍的整流电路带直流电动机负载工作情况相同，电流容易出现断续现象，这对整流电路和直流电动机负载都是不利的。为此，通常在电枢回路串联一个平波电抗器，以使电流在较大范围内连续。

（1）电流连续时直流电动机的机械特性。如果平波电抗器L_d的值和直流电动机的负载电流足够大，负载电流i_d近似为一条直线，整流电路直流电压方程为

$$U_d = E_M + I_d R_a \tag{6-16}$$

R_a为电枢电阻，E_M为直流电动机的反电动势，其值为

$$E_M = C_e \Phi n \tag{6-17}$$

式中：C_e为电动势常数，由直流电动机结构决定；Φ为直流电动机磁场每对磁极下的磁通量；n为直流电动机的转速。

以三相半波可控整流电路带直流电动机负载为例，输出直流电压为$U_d = 1.17 U_2 \cos\alpha$（$U_2$为整流变压器二次侧相电压有效值），由式（6-16）和式（6-17）可得转速与电流的机械特性关系为

$$n = \frac{1.17 U_2 \cos\alpha}{C_e \Phi} - \frac{I_d R_a}{C_e \Phi} \tag{6-18}$$

不同α时转速n与I_d的关系如图6-24所示，是一组平行的直线，调节触发角α可以调节直流电动机的转速。

（2）电流断续时直流电动机的机械特性。如果平波电抗器L_d的值或者直流电动机的负载电流较小时，负载电流i_d就会出现断续现象。以三相半波可控整流电路直流调速系统为例，忽略电阻R_a时，列写微分方程，利用$\omega t = \pi/6 + \alpha$和$\omega t = \pi/6 + \alpha + \theta$时$i_d = 0$（$\theta$为晶闸管导通角）的两个点，可求解出反电动势和转速的值为

$$E_M = \frac{\sqrt{2}U_2}{\theta} \left[2\sin\left(\frac{\pi}{6} + \alpha + \frac{\theta}{2}\right) \sin\left(\frac{\theta}{2}\right) \right] \tag{6-19}$$

$$n = \frac{\sqrt{2}U_2}{C_e \Phi \theta} \left[2\sin\left(\frac{\pi}{6} + \alpha + \frac{\theta}{2}\right) \sin\left(\frac{\theta}{2}\right) \right] \tag{6-20}$$

再由电枢电流I_d的平均值公式可得

$$I_d = \frac{3\sqrt{2}U_2}{2\pi \omega L_d} \left[\cos\left(\frac{\pi}{6} + \alpha + \frac{\theta}{2}\right) \left(\theta \cos\frac{\theta}{2} - 2\sin\frac{\theta}{2}\right) \right] \tag{6-21}$$

由式（6-20）和式（6-21）可得电枢电流断续时直流电动机的机械特性如图6-25中虚线所示。

在第2象限，直流电动机工作在发电运行状态，N组变换电路工作在相控有源逆变状态，也可以分为电流连续和断续两种情况。

当电流连续时，相控有源逆变电路直流电压方程为

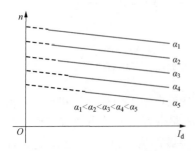

图6-24　电流连续时以电流表示的
直流电动机机械特性

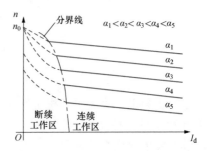

图6-25　电流断续和连续时以电流
表示的直流电动机机械特性

$$U_d = E_M + I_d R_a \tag{6-22}$$

以三相半波变换电路反并联的有环流直流可逆调速电路为例，在相控有源逆变时，由于 $U_d = -U_{d0}\cos\beta = -1.17U_2\cos\beta$，$E_M$ 反接，可得

$$E_M = -(U_{d0}\cos\beta + R_a I_d) \tag{6-23}$$

转速与电流的机械特性关系为

$$n = -\left(\frac{1.17U_2\cos\beta}{C_e\Phi} + \frac{I_d R_a}{C_e\Phi}\right) \tag{6-24}$$

转速公式中的负号表示相控有源逆变时直流电动机的转向与整流时相反，不同 β 时转速 n 与 I_d 的关系是一组平行的直线，调节逆变角 β 可以调节直流电动机的转速。

电流断续时直流电动机的机械特性方程与整流时电流断续时的机械特性表达式相近，把 $\alpha = \pi - \beta$ 代入式（6-19）、式（6-20）和式（6-21）即可得到电流断续时直流电动机的机械特性。

图6-26给出了直流电动机在四象限中的机械特性曲线，第1象限和第4象限中的特性属于一组变换电路，第2象限和第3象限中的特性属于另一组变换电路，两个变换电路输出电压极性相反，故分别标以正组变换电路和反组变换电路。直流电动机的运行工作点在四个象限之间变化时，表明直流电动机在电动运行和发电制动运行之间转换，或在正转和反转之间转换，相应的变换电路的工况在整流和相控有源逆变之间转换，能量在直流电动机轴上存储的机械能与交流电能之间转换。

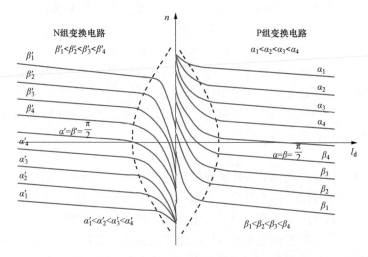

图6-26　直流电动机在四象限中的机械特性曲线

6.6.2　异步电动机调速系统

电力电子技术在异步电动机调速系统中应用广泛，变频器常被应用于异步电动机调速系统，对于异步电动机的定子频率进行控制，控制方式有恒压频比（恒 V/f）控制、矢量控制和直接转矩控制等，这些不同控制方式具有各自特长的控制性能。

1. 恒压频比（恒 V/f）控制

图6-27给出了异步电动机应用恒压频比控制的变频调速系统原理框图。极对数确定的异步电动机的转速主要由供电电源的频率决定，电动机的转速可通过改变供电电源的频率来

进行调整。电动机频率的变化可能导致磁饱和，会造成励磁电流增大，会降低功率因数和效率，由感应电动势的方程可知磁通密度与电压和频率的比值成正比，故需要对调速用的变频器的输出电压和频率的比值进行控制，使该比值保持恒定来维持异步电动机气隙磁通为额定值，即恒压频比控制，以获得良好的运行性能。

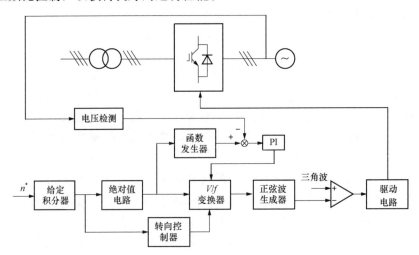

图 6-27　异步电动机恒压频比控制的变频调速系统原理框图

在调速系统原理框图中，转速指定为 n^*，变频器输出频率和输出电压指令可由 n^* 得出，且保持 V/f 恒定。图中的给定积分器是防止在速度指令阶跃变化时产生过大的电流和转矩冲击，将阶跃信号变为斜坡信号，使得速度指令按斜坡变化，从而使电动机的电压和转速能平缓地升高和降低。在控制系统中，电动机的正反转由速度指令值的正负控制，但频率和电压给定信号不需要反映极性，故图中增加了绝对值电路。V/f 控制器给出频率和电压值，经过正弦波生成器得到调制波，然后与三角波进行比较生成 PWM 脉冲波，通过驱动电路驱动 IGBT，输出 V/f 恒定的电压波形。

2. 矢量控制

矢量控制是基于异步电动机的按转子磁链定向的动态数学模型，将定子电流在旋转坐标系中分解为两个垂直的分量：一个是励磁电流分量，其与转子磁链矢量重合；另一个为转矩电流分量，其与转子磁链矢量垂直。将异步电动机的控制方法转变为两个独立的类似直流电动机调速的控制方法，通常直流电动机电枢电流控制被认为是控制性能最好的控制方式，参照直流电动机闭环调速的控制方法，分别独立地对两个分解后的电流分量进行控制，其原理图如图 6-28 所示，图中包含两个控制外环，分别是转速控制闭环和磁链控制闭环，分别与各自反馈的物理量相减，经过调节器后生成两个电流分量，然后进行电流闭环控制。其中函数发生程序的功能是根据不同转速得到不同工况下的磁链指令，转子磁链计算的功能是得到转子磁链和得到旋转坐标系的旋转所需参数。矢量控制需要实现转速和磁链两个控制闭环的解耦，控制系统较为复杂，但该控制方法应用了直流电动机的控制方法，矢量控制的控制性能与直流电动机的控制性能具有同等的效果和水平。

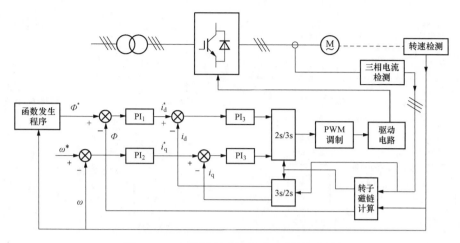

图 6-28　矢量控制交流调速系统原理框图

6.7　电力电子变压器

变压器是利用电磁感应原理对交流电压进行变换的电力设备，主要用于实现电压等级的变换和电气隔离。随着电力电子技术的发展，近几十年产生了电力电子变压器。电力电子变压器（power electronic transformer，PET）是一种新型变压器，是将电力电子变换技术与基于电磁感应原理的变压器技术相结合的设备，可以实现电压（或电流）的幅值、相位、频率、相数、相序和波形等的变换。因为应用了电力电子变换电路，电力电子变压器适用于交流-交流的变换、直流-直流的变换、交流-直流的变换和直流—交流的变换，所以电力电子变压器可分为交流-交流电力电子变压器、直流-直流电力电子变压器、交流-直流电力电子变压器和直流-交流电力电子变压器。如图 6-29 所示，电力电子变压器包含电力电子变换电路和高频变压器。电力电子变压器一次侧连接到交流或者直流电源，一次侧电力电子变换电路将输入的交流电或直流电变换成高频交流电，经过高频变压器输出高频交流电，通过二次侧电力电子变换电路，将高频交流电变换成所需要的电能形式，并提供给二次侧负载。电力电子变换电路包含主电路部分和控制电路部分，根据电压、容量等的需求，主电路有多种拓扑或变换电路，例如在交流电力电子变压器中一次侧和二次侧的电力电子变换电路可以应用直接 AC-AC 变换电流，也可以应用 AC-DC-AC 变换电路。高频变压器的作用是电压变换和电气隔离。

与传统的变压器相比，电力电子变压器具有以下特点：

（1）电力电子变压器采用高频变压器，相对于工频变压器所需铁芯材料少，其体积小，质量小；

（2）电力电子变压器含有控制系统，具有高度可控性，可以控制一次侧、二次侧的电压或电流，可实现潮流控制或电能质量调节功能，例如保证一次侧电流为正弦波，实现一次侧高功率因数，保持二次侧负载电压恒定，保证二次侧输出电压为正弦波等；

（3）电力电子变压器具有智能控制器，可以实现变压器自身的检测、诊断、保护、恢复等功能，也可以通过通信来实现变压器智能化控制等功能；

（4）电力电子变压器具有断路器的功能，与传统变压器需要额外的继电保护装置不同，电力电子变压器本身可实现继电保护装置所具有的功能；

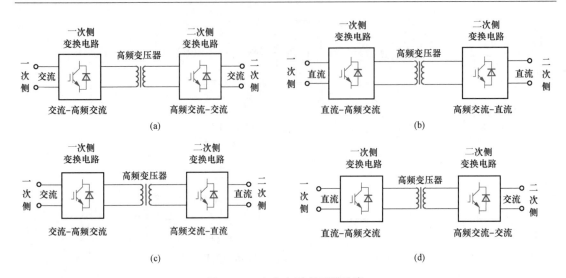

图 6-29　电力电子变压器种类

(a) 交流 - 交流电力电子变压器；(b) 直流 - 直流电力电子变压器；

(c) 交流 - 直流电力电子变压器；(d) 直流 - 交流电力电子变压器

（5）与传统的变压器相比，电力电子变压器应用多级电力电子变换电路，整体效率较低，且造价较高。

目前，交流 - 交流电力电子变压器比其他三种电力电子变压器应用更广泛，其拓扑结构形式有多种，如图 6-30 所示，根据电力电子电路变换级数的不同，可以分为两级型、三级型和四级型 3 类，在三级型中，根据直流母线电压的等级又分为高压直流母线型和低压直流母线型两类。在图 6-30（a）中，由高压交流侧 AC-AC 变换电路、高频变压器和低压交流侧 AC-AC 变换电路构成，两极型电力电子变压器的变换级数和使用器件数量少，变换效率高，功率密度大，然而由于没有直流环节，当一次侧有电压扰动时，二次侧也会有电压扰动。在图 6-30（b）中，由高压交流侧 AC-AC 变换电路、高频变压器、AC-DC 变换电路和 DC-AC 变换电路构成，在图 6-30（c）中，由高压交流侧 AC-DC 变换电路、DC-AC 变换电路、高频变压器和低压交流侧 AC-AC 变换电路构成，这两类电路包含了直流侧，二次侧交流电压受一次侧交流电压扰动的影响减小，但仍然有 AC-AC 变换电路，在第 5.3 节中介绍的交 - 交直接变频电路的缺点在该电路中也会存在。在图 6-30（d）中，由高压交流侧 AC-DC 变换电路、DC-AC 变换电路、高频变压器、AC-DC 变换电路和 DC-AC 变换电路构成，其包含了直流侧，二次侧交流电压受一次侧交流电压扰动的影响减小，没有 AC-AC 变换电路，二次侧体现了交 - 直 - 交间接变频电路的优点，但其变换次数多，结构复杂。

图 6-31 给出了两个交流 - 交流电力电子变压器实例，图 6-31（a）为应用 H 桥串联多电平整流电路的电力电子变压器，高压交流侧应用 H 桥串联多电平整流电路，经过高压整流、高压逆变、高频变压器、低压整流和低压逆变后得到二次侧低压交流电压。图 6-31（b）为应用 MMC 整流电路的电力电子变压器，高压交流侧应用 MMC 整流电路，用多个串联的电容对整流后的直流侧电压进行分压，然后经过逆变电路、高频变压器、整流电路和低压逆变电路后得到二次侧低压交流电压。

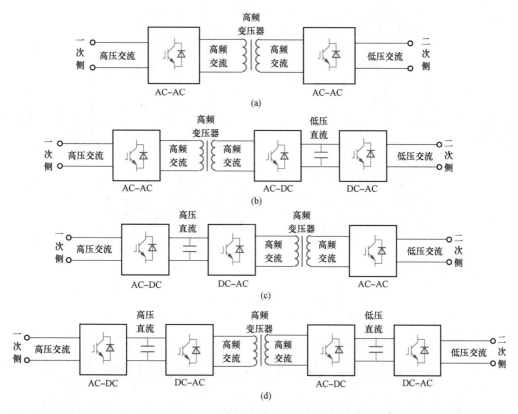

图 6 - 30　交流 - 交流电力电子变压器种类

（a）两级变换型；（b）三级变换型（低压直流母线型）；（c）三级变换型（高压直流母线型）；（d）四级变换型

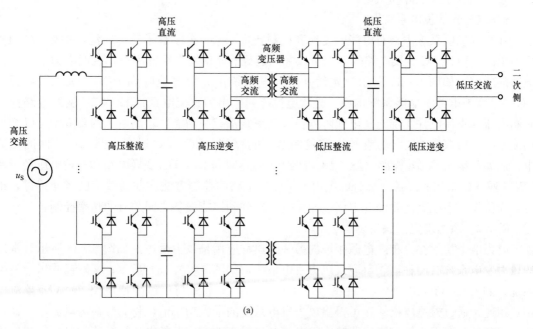

（a）

图 6 - 31　交流 - 交流电力电子变压器实例（一）

（a）应用 H 桥串联多电平整流电路的电力电子变压器

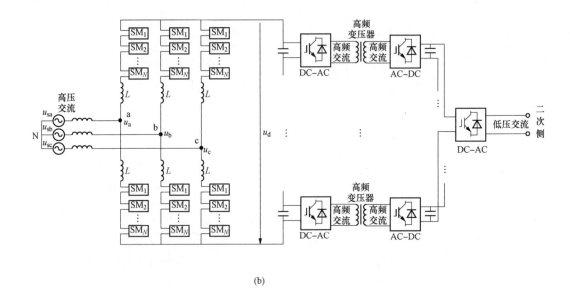

(b)

图 6 - 31　交流 - 交流电力电子变压器实例（二）

（b）应用 MMC 整流电路的电力电子变压器

6.8　电力电子技术在分布式电源和微电网中的应用

在以新能源发电为主的分布式电源系统和微电网中，存在电能的变换与控制，主要通过电力电子装置完成这一功能，以下以光伏发电、风力发电及微电网为例，简单介绍一下电力电子技术在分布式电源和微电网中的应用。

6.8.1　光伏发电系统

在光伏发电系统中含有电能的变换和控制装置，电力电子技术应用广泛，例如 DC - DC 变换电路、DC - AC 变换电路等，以下以并网运行的光伏发电系统为例，说明电力电子变换电路的应用。如图 6 - 32 所示，光伏并网发电系统由光伏电池阵列、DC - DC 变换电路、DC - AC 变换电路、储能系统构成。光伏电池阵列输出的直流电经过 DC - DC 变换电路变为较高电压的直流电并实现光伏电池阵列最大功率跟踪控制功能，较高电压的直流侧可以增加储能系统，由双向 DC - DC 变换电路控制电能的存储，DC - AC 逆变电路输出并网的交流电。例如系统由 Boost 电路（DC - DC 变换电路）、双向 DC - DC 变换电路和三相电压型半桥 PWM 逆变电路构成。各个部分的电力电子变换电路的控制方法在前面章节已经介绍过，组合成光伏发电系统后需要注意电网、光伏电池阵列和储能设备之间的有功功率控制。

6.8.2　风力发电系统

电力电子技术在分布式电源领域的另一个典型应用是风力发电。如图 6 - 33 所示，常用的风力发电系统有两种：①直驱式风力发电系统，如图 6 - 33（a）所示；②双馈式风力发电系统，如图 6 - 33（b）所示。在图 6 - 33（a）中，发电机与机侧变换电路（PWM 整流电路）相连，通过检测风机转速可得出风力发电系统的最大功率值，将其转换为电流值，通过电流闭环控制使得机侧变换电路输入的电流与该最大功率值下的电流指令值相等，机侧变换电路的电流频率与由发电机转速得到的电压频率相等，这一点与变频调速系统原理相近；网

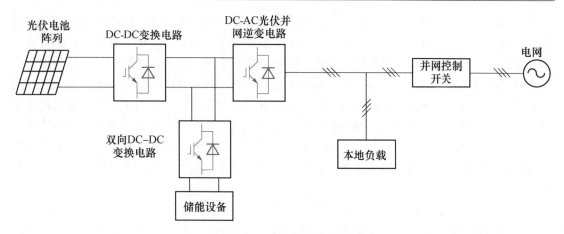

图 6-32 光伏发电系统

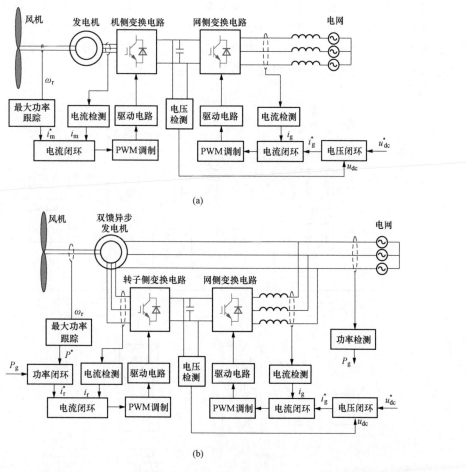

(a)

(b)

图 6-33 风力发电系统
(a) 直驱式风力发电系统;(b) 双馈式风力发电系统

侧变换电路（PWM 逆变电路）与电网相连，控制直流侧电压恒定，将网侧变换电路的功率输送到电网中，其原理在电压型 PWM 逆变电路中已经讲述。直驱式风力发电系统中能量转化和流通过程是：风能转化为电能，经过机侧变换电路向直流侧存储，同时网侧变换电路将直流侧的能量注入电网。在图6-33（b）中，双馈异步发电机定子与电网相连，根据双馈异步发电机的模型可知，通过转子侧变换电路的有功电流和无功电流的控制，可以控制定子侧流入电网的有功功率和无功功率。检测风机的转速可得到风机最大输出功率值，作为流入网侧有功功率的指令，通过功率闭环和电流闭环使转子侧变换电路输出与风机最大输出功率值下的转子电流指令相等的电流，最终使得注入电网的有功功率跟踪最大功率值，网侧变换电路的控制方法与电压型PWM逆变电路的控制方法相近，控制网侧变换电路的输出电压的基波幅值以及与电网电压的相角来控制并网功率，在并网的同时控制网侧变换电路的直流侧电压恒定。

6.8.3　电力电子技术在微电网中的应用

微电网是小型的独立的发配电系统，其可以并在电网上运行，也可以孤岛运行。主要包含多种分布式电源、储能装置、负载等，也包含监控、保护、管理系统等，微电网是一个能够实现自我监控、保护和管理的独立自治发配电系统。在如图6-34所示的微电网中，电能的变换和控制过程都需要用到电力电子技术，AC-DC变换、DC-DC变换和DC-AC变换被广泛应用到了微电网中，例如光伏发电、风力发电等分布式电源的电能变换过程用到了电力电子技术，蓄电池的电能存储过程也需要用到电力电子技术等。

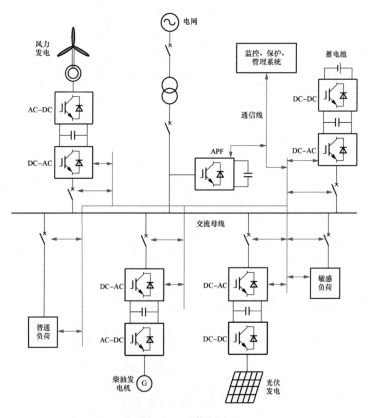

图6-34　微电网

本章小结

本章讲述了电力电子技术在电力系统中的典型应用，需要了解各种应用的场合和特点，理解这些装置的功能与基本工作原理。

（1）本章介绍了高压直流输电技术，要求理解高压直流输电的基本原理和特点，尤其需要掌握与高压交流输电相比高压直流输电的应用场合和技术优势。

（2）在无功功率控制中讲述了 SVC 和 SVG 的基本工作原理，这两种设备属于并联补偿设备，控制无功功率可提高功率因数，可调整电压使电网电压稳定，进而改善电网供电质量。SVC 包含了属于交流调压电路的 TCR 和属于交流电力电子开关的 TSC；SVG 与电压型 PWM 整流电路或者电压型 PWM 逆变电路原理相似，区别是变换电路交流侧的电流与电源电压之间的相角不同，SVG 的交流侧电流为无功电流。

（3）串联补偿器也可以改善供电质量和提高输电容量，串联补偿器分为补偿线路阻抗的阻抗型串联补偿器（包含 TSSC 和 TCSC）和注入电压型的串联补偿器（包含 SSSC 和 DVR）。需要重点掌握这几种电路的工作原理和控制方法。

（4）有源电力滤波器分为并联型和串联型两种，其工作原理与 SVG 和 SSSC 相近，区别是其用于谐波补偿。统一潮流控制器是由并联型和串联型补偿装置构成，结合了两类装置的功能及优点。

（5）电动机调速系统是电力电子技术重要的一种应用，可用于直流电动机调速和异步电动机调速。在直流电动机调速系统中，变换电路的直流侧输出电压和负载电流的波形与电动机四象限运行的关系是难点；在异步电动机调速中，需要掌握恒压频比控制和矢量控制的调速方法的基本原理。

（6）电力电子变压器由电力电子变换电路和高频变压器构成，可以实现电压（或电流）的幅值、相位、频率、相数、相序和波形等的变换，应用到了多种电力电子变换电路。

（7）电力电子技术在分布式电源和微电网中的应用非常广泛，有电能变换和控制的地方就有电力电子装置。要求了解光伏发电、风力发电、微电网中电力电子设备的作用和基本功能。

本章所提及的电力电子技术的每种应用都十分复杂，本章只是介绍了这些应用的基本知识，如果想了解更具体的应用技术，需要针对某一种应用专门进行学习。

习题及思考题

1. 高压直流输电的基本原理是什么？有何特点？
2. 在 TCR 中，为什么晶闸管的触发角要大于或等于 90°？
3. 电源电压相同时，单相 TCR 与单相 TSC 的晶闸管耐压需求是否相同，为什么？
4. SVG 与 SVC 相比，各有什么优缺点？
5. 晶闸管控制串联电容器 TCSC 应用于哪种场合？其基本工作原理是什么？
6. 试论述静止同步串联补偿器 SSSC 的基本工作原理。
7. SSSC 与应用晶闸管的串联补偿装置相比，各有什么优缺点？

8. 在直流电动机调速系统中，直流电动机是如何实现四象限运行的，其基本工作原理是什么？

9. 异步电动机恒压频比控制变频调速系统的工作原理是什么？

10. 与传统的变压器相比，电力电子变压器有何特点？

11. 光伏发电系统是如何应用电力电子变换电路实现并网发电的？试阐述其基本工作原理。

12. 风力发电系统是如何应用电力电子变换电路实现并网发电的？试阐述其基本工作原理。

参 考 文 献

[1] 王兆安，刘进军. 电力电子技术. 5 版 [M]. 北京：机械工业出版社，2009.

[2] 张兴，黄海宏. 电力电子技术. 2 版 [M]. 北京：科学出版社，2018.

[3] 石新春，杨京燕，王毅. 电力电子技术 [M]. 北京：中国电力出版社，2006.

[4] 康华光，陈大钦，张林. 模电电子技术基础：模拟部分. 6 版 [M]. 北京：高等教育出版社，2013.

[5] 袁立强，赵争鸣，宋高升，等. 电力半导体器件原理与应用 [M]. 北京：机械工业出版社，2011.

[6] 赵莉华. 电力电子技术. 2 版 [M]. 北京：机械工业出版社，2015.

[7] 张兴，张崇巍. PWM 整流器及其控制 [M]. 北京：机械工业出版社，2012.

[8] 肖世杰，阙波，李继红，等. 基于模块化多电平换流器的柔性直流输电工程技术 [M]. 北京：中国电力出版社，2018.

[9] 徐德鸿. 电力电子系统建模及控制 [M]. 北京：机械工业出版社，2013.

[10] 张卫平. 开关变换器的建模与控制 [M]. 北京：中国电力出版社，2006.

[11] 程汉湘，武小梅. 电力电子技术. 2 版 [M]. 北京：科学出版社，2010.

[12] 李发海，王岩. 电机与拖动基础. 4 版 [M]. 北京：清华大学出版社，2012.

[13] 王云亮. 电力电子技术. 3 版 [M]. 北京：电子工业出版社，2013.

[14] 中国南方电网有限责任公司组，广东电网公司. 高压直流输电基础 [M]. 北京：中国电力出版社，2010.

[15] 徐政，等. 柔性直流输电系统. 2 版 [M]. 北京：机械工业出版社，2017.

[16] 王兆安，刘进军，王跃，等. 谐波抑制和无功功率补偿. 3 版 [M]. 北京：机械工业出版社，2015.

[17] 任国海，付艳清. 电力电子技术 [M]. 北京：科学出版社，2012.

[18] 陈坚. 柔性电力系统中的电力电子技术——电力电子技术在电力系统中的应用 [M]. 北京：机械工业出版社，2012.

[19] 陈坚. 电力电子学——电力电子变换和控制技术 [M]. 北京：高等教育出版社，2004.

[20] 陈建业，蒋晓华，于歆杰，等. 电力电子技术在电力系统中的应用 [M]. 北京：机械工业出版社，2008.

[21] 张润和. 电力电子技及应用 [M]. 北京：北京大学出版社，2008.

[22] 电力电子学：电路、器件及应用（原书第 4 版）/（美）穆罕默德·H. 拉什德（Muhammad H. Rashid）著，罗昉，裴学军，梁俊睿，康继阳，蒋昊伟译. 北京：机械工业出版社，2018.

[23] 赵波. 微电网优化配置关键技术及应用 [M]. 北京：科学出版社，2015.